Con Revuela puedes acceder a un entorno de aprendizaje para ver tu libro digital, recursos, contenidos y relacionarte con tus docentes y compañeros.

Entrar en Revuela es muy fácil

Accede a la siguiente web:
smaprendizaje.com

Si ya tienes un usuario puedes seguir utilizándolo. Si no tienes usuario tendrás que registrarte en el entorno.

Accede con tus datos e introduce el código de licencia que aparece en la página izquierda para activar tu libro.

Si tienes alguna duda, puedes contactar con nosotros a través de la sección de Ayuda desde **smaprendizaje.com**.

REVUELA

W0337251

1

bachillerato

Tecnología e Ingeniería I

sm

Así aprendes con Revuela

Revuela te ofrece **situaciones de aprendizaje** contextualizadas, que vinculan el aprendizaje de la Tecnología y la Ingeniería con realidades actuales, que ocurren a nuestro alrededor o en otras partes del planeta, y que nos afectan a todos. Con Revuela actuarás para garantizar la igualdad de oportunidades a nivel local y global.

Este libro te permite trabajar de distintas maneras:

1 **Bloque a bloque.** En el orden que tienen las situaciones en el libro. Los bloques se articulan en torno a los saberes básicos curriculares, cuyos contenidos se interrelacionan entre sí. De esta manera, se han agrupado en 3 grandes bloques: **Automatización**, **Diseño y Arquitectura Sostenible**, y **Electrónica y Mecanismos**.

2 **Adaptado a tu clase.** El profesorado puede elegir el orden que considere más adecuado para los intereses de tu clase.

Así son las **situaciones de aprendizaje** de Revuela:

Herramientas que vas a utilizar
Aquí te especificamos las herramientas que vas a usar.

Empezamos
Conocerás el proyecto que vas a desarrollar a lo largo de la situación de aprendizaje.

Aquí encontrarás una descripción de las tareas que vas a realizar a lo largo de la situación.

Descargable
Documento con las evidencias clave de la situación de aprendizaje.

Ruta de aprendizaje
Objetivos de aprendizaje de la situación, que consta de tres etapas: Planificación, Desarrolllo y Publicación.

Se incluyen descargables que te ayudarán a comprender los contenidos o la realización de las prácticas.

Se presentan los contenidos, programas y aplicaciones, que van a tratarse en la práctica o prácticas siguientes, de una manera muy visual.

Enlaces web que te permitirán acceder a ciertos servicios, instalar programas, etc.

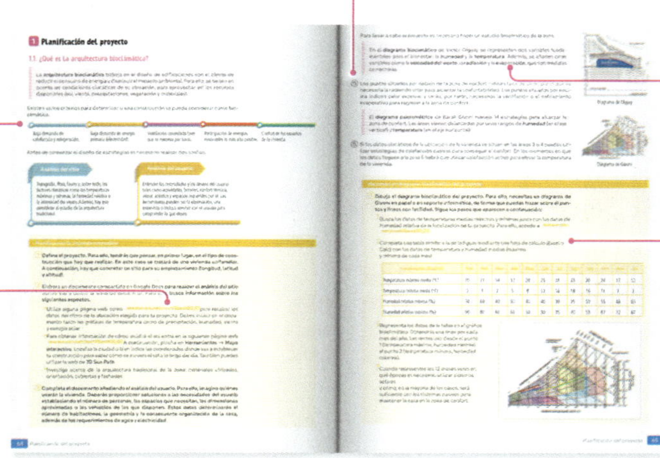

En ocasiones se incluyen definiciones de términos o conceptos importantes para el desarrollo del proyecto.

Las prácticas incorporan uno o varios procedimientos secuenciados.

Conceptos clave

Para que consolides de forma gráfica y estructurada todos los contenidos clave de la situación de aprendizaje.

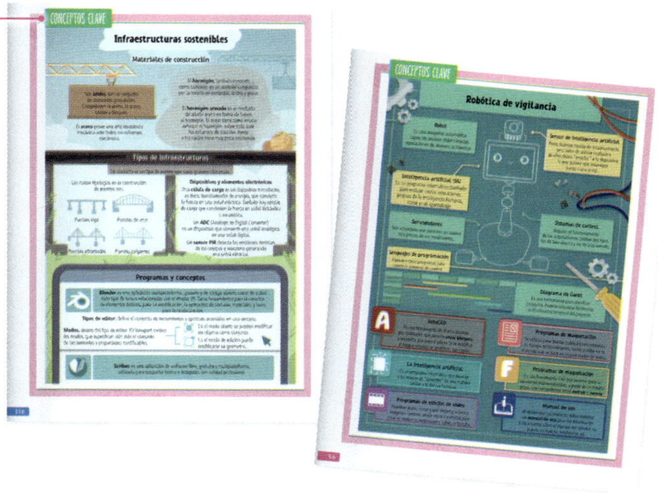

Actividades finales

Actividades para que consolides los aprendizajes de la situación de aprendizaje.

En tu entorno digital encontrarás una rúbrica y actividades interactivas para valorar las competencias y conocimientos que has adquirido en la situación.

Ampliación del proyecto

Para ampliar y profundizar en algunos de los contenidos tratados en la situación.

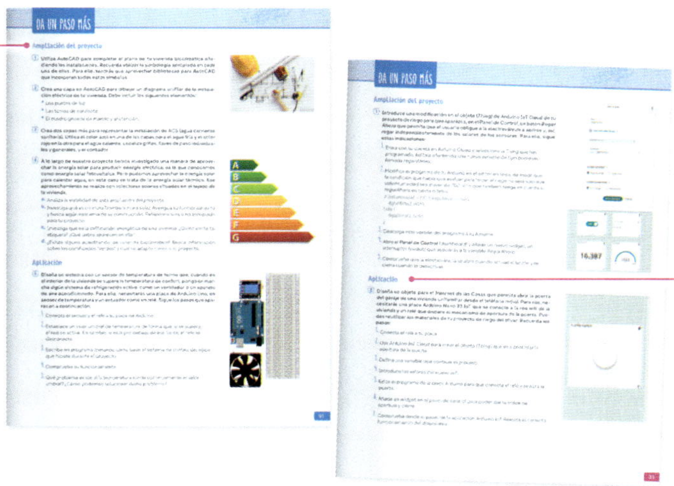

Aplicación

Para aplicar y poner en práctica lo que has aprendido en otros supuestos que pueden resultar interesantes.

En las páginas de este libro verás estos iconos.
Indican distintos recursos que encontrarás en tu entorno digital.

Materiales

- Vídeo
- Documentos

Avance de tu aprendizaje

- Metacognición
- Autoevaluación

Índice

Bloque 1 AUTOMATIZACIÓN

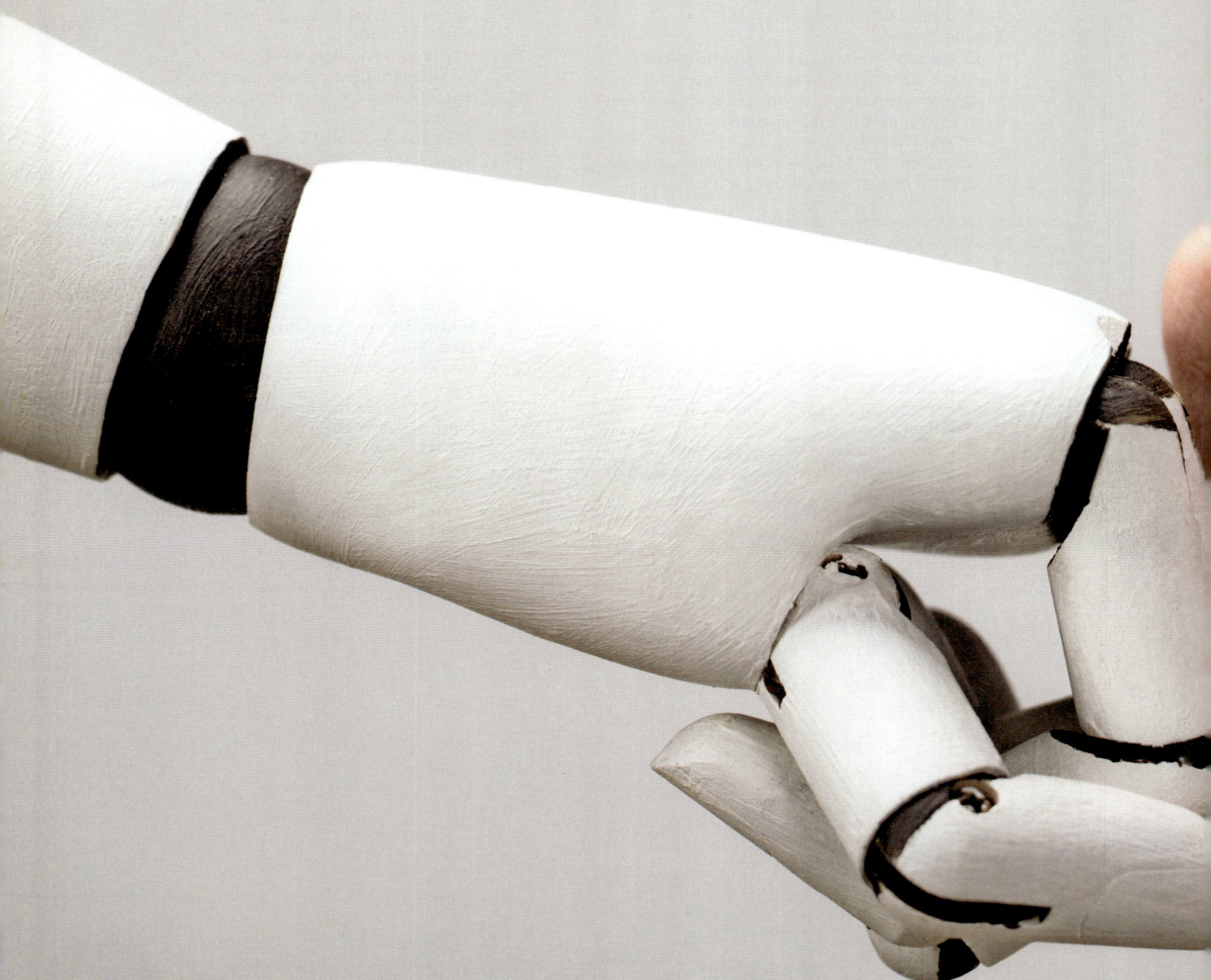

1.1. Agricultura inteligente.
1.2. Robótica de vigilancia.

1.1 Agricultura inteligente

¡EMPEZAMOS!

Vas a automatizar el sistema de riego de un olivar y monitorizar a través de la nube los valores de humedad del suelo y su temperatura, con el fin de optimizar el consumo de agua y la producción de aceituna.

Para ello, deberás aplicar técnicas de Design Thinking y realizar las siguientes tareas:

- Informarte sobre la importancia y las dificultades del cultivo del olivo.
- Descubrir qué es la agricultura inteligente.
- Emplear herramientas de CAD para distribuir las canalizaciones de agua y electricidad en el olivar, y diseñar piezas del sistema de riego.
- Programar placas de control que controlen el riego.
- Subir las medidas de los sensores a la nube para poder acceder a ellos desde cualquier lugar.
- Desarrollar un dispositivo del Internet de las Cosas (IoT).
- Estudiar la viabilidad de tu solución tecnológica.

HERRAMIENTAS QUE VAS A UTILIZAR

A lo largo del proyecto usarás herramientas informáticas, así como dispositivos electrónicos y electromecánicos:

- Placas Arduino UNO y Arduino Nano 33 IoT.
- Sensores de temperatura y de humedad del suelo.
- Relé y electroválvula.
- Punto de acceso wifi para conectar tu dispositivo a la nube.
- Suite ofimática como Office, LibreOffice o Google Docs para los informes, presentaciones y presupuestos que harás con tus compañeros.
- Programas de CAD como AutoCAD y Fusion 360.
- Herramientas de Design Thinking como Mural, para el seguimiento del proyecto y las puestas en común con tus colaboradores.
- Una plataforma de Internet de las Cosas, como Arduino IoT Cloud, para almacenar los datos de tus sensores y, así, acceder a ellos.

LibreOffice The Document Foundation

Office

ARDUINO

MURAL

RUTA DE APRENDIZAJE

PLANIFICACIÓN

1. Aplicar estrategias de Design Thinking en un proyecto de agricultura inteligente.
2. Crear un prototipo de una pieza de riego con actitud emprendedora.

DESARROLLO

3. Expresar de forma gráfica un modelo en 2D y 3D usando herramientas CAD.
4. Renderizar una pieza usando la herramienta Fusion 360.
5. Controlar el funcionamiento de un riego automático utilizando lenguajes de programación.
6. Conocer los distintos dispositivos que pueden utilizarse en una placa Arduino.
7. Monitorear parámetros del riego automático utilizando el IoT.
8. Aprender la importancia del testeo en la realización de un proyecto de agricultura inteligente.

PUBLICACIÓN

9. Elaborar documentación técnica para presupuestar un proyecto.
10. Presentar de forma dinámica un proyecto utilizando Prezi.

1 Planificación del proyecto

1.1. ¿Qué técnicas utilizamos para planificar el proyecto?

Existen múltiples estrategias de planificación de proyectos; una de las más usadas es el **Design Thinking**. Para llevar a cabo nuestro propósito, debemos asegurarnos de que comprendemos los problemas y qué soluciones se dieron en situaciones similares en el pasado.

> El **Design Thinking** es un proceso que se emplea en el ámbito empresarial, que busca soluciones a necesidades de los **usuarios** mediante técnicas que ya han sido usadas por diseñadores de productos para encontrar soluciones que sean tecnológicamente **posibles** y económicamente **viables**. Requiere de trabajo **colaborativo**.

Esta técnica comprende **cinco fases** en las que se salta de una a otra, no siempre de manera consecutiva, y que iremos viendo durante el proyecto.

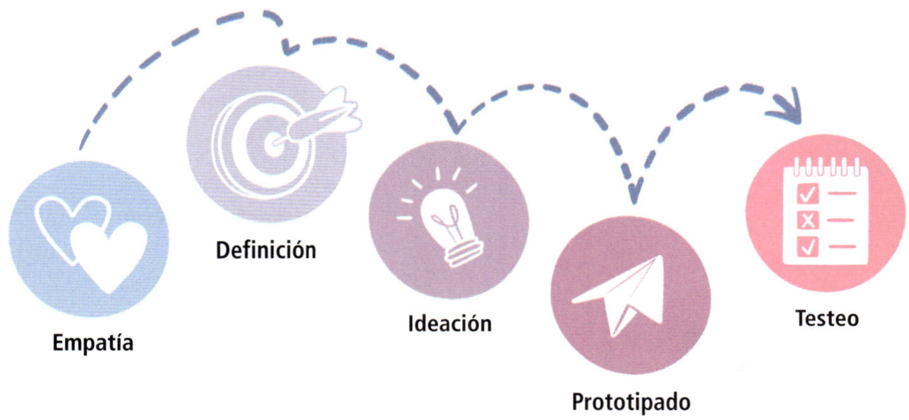

> **Fase de empatía** es la primera etapa y, en ella, se establece una **profunda relación** con los **usuarios** o clientes para llegar a **entender** con el mayor detalle posible cuáles son sus **necesidades** reales. Se desarrolla mediante el uso de técnicas de investigación, entrevistas cualitativas, observación encubierta y muchas otras.

Comenzamos la planificación con la fase de empatía

1 **Ofrece la mejor solución posible a tu proyecto. Para ello, vas a emprender una investigación sobre el cultivo del olivo poniendo especial atención a los problemas de los usuarios del sector. Sigue estos pasos:**

1. Busca información sobre los siguientes aspectos:
   - **Contexto en España:** importancia histórica del cultivo del olivo y situación actual del cultivo del olivo.
   - **Factores de calidad:** factores de crecimiento de las aceitunas, enfermedades que afectan al olivo y problemas relacionados con la escasez de mano de obra en el campo y con los robos de las cosechas.
   - **Producción:** productos derivados de la aceituna, impacto de la industria en la provincia de Jaén, y otros usos del olivo y de sus desechos.

   Cuando investigues acerca de los factores de calidad y la producción, céntrate en averiguar cuáles son los problemas relacionados con ellos.

2. Una vez recopilada la información, utiliza una herramienta colaborativa de edición de texto (Word o Writer) para realizar un informe con las cuestiones estudiadas.

3. Para terminar esta fase, céntrate en los problemas que acarrean las necesidades y los distintos métodos de riego, y la influencia del cambio climático en las estaciones y temperaturas en Jaén.

Una vez hemos empatizado con el cultivo del olivo y nos hemos acercado a algunas de sus problemáticas, toca pasar a una fase en que busquemos soluciones a los problemas encontrados en la etapa anterior. Se trata de la **fase de definición**.

> **Fase de definición:** de toda la información obtenida durante la fase de empatía, nos quedamos con aquella que nos parezca **importante** para la búsqueda de la **solución idónea**. Esto permite aclarar necesidades, separando lo fundamental de lo accesorio.

En este momento del proyecto, parece que la mejoría en la explotación del olivar pasa por dejar atrás la agricultura tradicional y sustituirla por **agricultura inteligente**.

> La **agricultura inteligente** permite que, a través del uso de **tecnologías** que recogen, procesan y actúan según datos recopilados en tiempo real, se obtenga un **mayor control** sobre la producción. Estos datos pueden, además, estudiarse con técnicas de Big Data e Inteligencia Artificial, para mejorar el producto o la producción.

Una de las técnicas más empleadas en Design Thinking es ***Rose***, ***thorn***, ***bud***. Se utiliza para hacer aflorar los aspectos positivos y negativos, y áreas de mejora en el desarrollo de un proyecto. En este contexto, ***rose*** es algo que funciona bien o que es positivo; ***thorn*** (designado con color azul), algo que no funciona o que es negativo, y ***bud*** (representado con color verde), una oportunidad de mejora o una idea no explorada aún.

> ***Affinity Clusters*** es una técnica gráfica de organización de ideas. En numerosas ocasiones es usada junto con *Rose, thorn, bud* para buscar conclusiones. Esta técnica mixta consiste en dar a los participantes diez minutos para pensar al menos dos observaciones de cada tipo (*rose*, *thorn* y *bud*) y escribirlas en **tarjetas** del color de dicho tipo. Luego, por turnos, cada persona lee sus tarjetas y las expone sobre la mesa. Además, si cree que su tarjeta está relacionada con otras que ya se encuentran sobre la mesa, puede agruparlas. Estos grupos de tarjetas pueden tener nombre. Cualquier persona puede crear una nueva tarjeta en cualquier momento. Al finalizar la actividad, se hace una reflexión en común de los aspectos y de las ideas que han aparecido.

Utilizamos herramientas colaborativas para aplicar Design Thinking

1 **Elabora un mural junto con tus compañeros para sintetizar todo lo que has investigado en la fase anterior. Para ello, vas a usar Mural, una aplicación web.**

1. Entra en **www.e-sm.net/revti1bach01_01**.
2. Regístrate gratis. Crea tu espacio de trabajo dándole un nombre y compártelo con tus compañeros añadiendo sus direcciones de correo.
3. Observa las plantillas de inicio rápido *Templates*.
4. Usa el buscador de plantillas para buscar *Rose, thorn, bud & affinity clusters*. Aparece una plantilla en la que reconocerás las notas adhesivas de colores. Selecciónala y pulsa sobre ***Create Mural***. Agrega a tus compañeros de equipo.
5. Proponed una frase que defina el reto que hay que resolver. Completad la actividad. Si necesitáis crear tarjetas podéis copiar y pegar las que ya tenéis o, si lo preferís, podéis pulsar en el icono de la pegatina de la barra de la izquierda y arrastrar el tipo de tarjeta que necesitéis a vuestro mural.
6. Fijaos en las ideas aportadas, y realizad una puesta en común y una reflexión.
7. No olvidéis guardar y descargar vuestro trabajo en formato pdf.

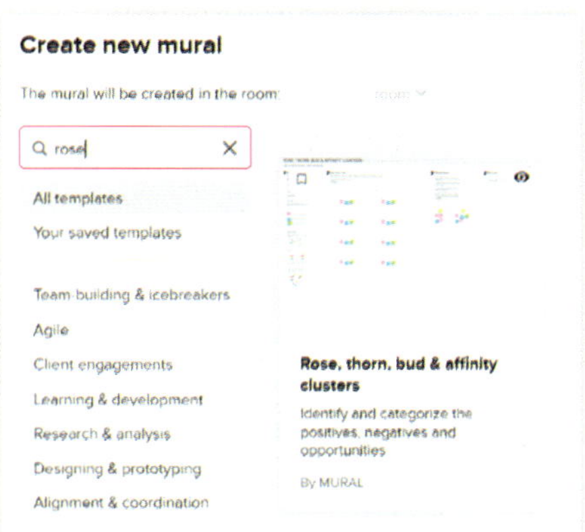

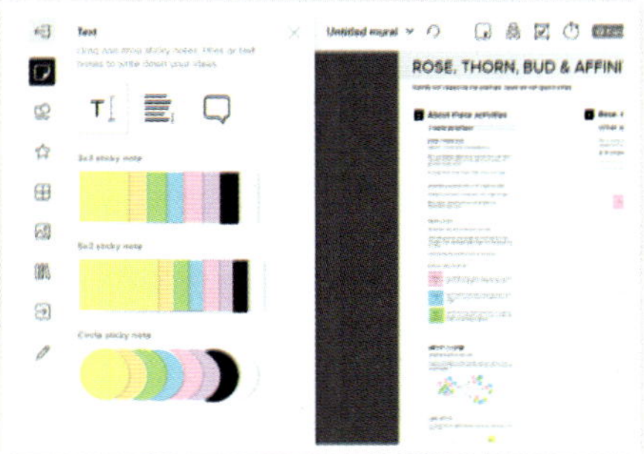

1.2. ¿Cómo hacemos un análisis de viabilidad?

Una vez descartada toda la información que no será útil para la realización de nuestro proyecto, llega el momento del desarrollo de las soluciones que pondrán fin a los problemas planteados.

Fase de ideación: el objetivo de esta fase es la producción de **ideas**, cuantas más, mejor. En un principio pueden parecer descabelladas o sin sentido, pero no por ello deberán descartarse. Procuraremos no quedarnos con las más obvias y nos permitiremos **explorar soluciones** más allá de las convencionales. Las actividades que se llevan a cabo en este momento invitan a la **creatividad** y a no ponerse límites.

Viabilidad de un proyecto: debemos procurar siempre que el proyecto sea rentable, y no solo desde el punto de vista económico. Para ello, hemos de estudiar los siguientes aspectos:

- **Viabilidad técnica:** ¿pueden implementarse soluciones a las necesidades con las tecnologías existentes? ¿Tenemos las capacidades y los conocimientos técnicos necesarios para sacar adelante el proyecto?
- **Viabilidad operacional:** ¿las ideas propuestas resolverán las necesidades que se nos plantearon?, ¿son fiables?, ¿son fáciles de aplicar y de mantener?
- **Viabilidad económica:** ¿obtendremos un beneficio económico? Para estudiar la viabilidad económica hemos de hacer un estudio pormenorizado de costes y de beneficios.
- **Viabilidad legal:** ¿existe algún conflicto entre nuestras propuestas y las leyes vigentes?, ¿respetamos las leyes de protección de datos, de derechos de autor...?
- **Viabilidad social y ambiental:** el impacto de nuestro proyecto en la sociedad y en el medioambiente, ¿es asumible desde el punto de vista de los efectos sociales y medioambientales que pueda conllevar?, ¿es sostenible?

El ***brainstorming*** o **lluvia de ideas** resulta una técnica muy útil para encontrar soluciones a problemas produciendo el mayor número de ideas posible en un tiempo dado. Se trata de una técnica en **grupo** y **colaborativa**. Para llevarla a cabo, el grupo se reúne y, tras plantear con claridad el problema, un mediador anota todas las ideas que surjan, sin excepción, límites ni restricciones. De todas las que se presenten, se votan las tres o cuatro que brinden una mejor solución al problema. Finalmente, tras discutirlo entre todos, se selecciona la que se va a aplicar.

Hacemos un estudio de viabilidad de nuestro proyecto

1 **Realiza una sesión de *brainstorming* para obtener el mayor número de soluciones posible para cada problema planteado en la actividad anterior. Para ello, utiliza de nuevo la herramienta Mural y la plantilla *Brainstorming and idea priorization*. Elabora varios planes de acción posibles que reúnan, cada uno, una forma distinta de solucionar los problemas.**

2 **Realiza un estudio de viabilidad para cada plan de acción. Para ello, sigue los pasos:**

1. Crea una tabla de doble entrada con tu editor de texto (Word o Writer). A la izquierda incorpora los nombres de los diferentes planes escogidos y en la parte superior escribe los cinco criterios de viabilidad.
2. Rellena cada celda con una puntuación de 0 a 10.
3. Descarta cualquier opción que no alcance 5 en uno de los criterios de viabilidad.
4. Evalúa la puntuación total de cada propuesta y comparte tu conclusión con tu grupo para seleccionar entre todos el plan ganador.

	VIABILIDAD					
	OPERACIONAL	ECONÓMICA	TÉCNICA	LEGAL	SOCIAL	TOTAL
Opción A						
Opción B						
Opción C						
Opción D						

1.3. ¿Cómo realizamos un prototipo?

Tras la selección de las ideas que darán solución a los problemas planteados, hay que modelarlas para acercar, por fin, el proyecto a la realidad. Pasamos, así, al prototipado.

Fase de prototipado: en esta fase vamos de la abstracción de las ideas a la **concreción** de la solución propuesta. Durante la construcción de los prototipos aparecen **dificultades** y **oportunidades de mejora** que quedarían inexploradas si no les dedicáramos esta fase. Los prototipos deberán ser **funcionales**, y una vez testeados, nos llevarán al diseño final o nos devolverán a una fase anterior para ser mejorados.

Los pasos previos a la construcción de un prototipo son:

Boceto: dibujo a mano alzada en el que podemos añadir información adicional en forma de anotaciones.

Croquis: diagrama detallado con las proporciones y las formas mucho más definidas.

Planos: gráficos delineados dibujados con instrumentos como regla, escuadra, etc.

Preparamos un prototipo y planificamos las instalaciones

1 **Realiza los tres pasos previos de un prototipo. Para ello, sigue estos pasos:**

1. Haced una lista de los elementos del plan de acción que creéis que merecen la realización de un prototipo, como las piezas del sistema de riego.
2. Ahora, realizad bocetos y croquis de cada uno de ellos.
3. Elegid un elemento, el que creáis que sería más fácil de construir su prototipo, y dibujad un plano que lo determine espacialmente de manera inequívoca.

2 **Realiza un croquis de las instalaciones usando Paint.**

1. Busca la finca en www.e-sm.net/revti1bach01_02. Localiza el olivar triangular de la fotografía. Mide el lado izquierdo, pulsando el botón derecho y seleccionando **Medir distancia**. Anota el valor para usarlo más tarde.
2. Haz una captura de pantalla y ábrela en Paint. Borra las áreas externas a la finca triangular. Guarda el archivo resultante con el nombre ***Finca.png***.

3. Diseña con color azul la red de distribución del agua, de manera que llegue a todos los olivos. La acometida está en la edificación que se ve en la parte noroeste del terreno. Usa líneas de color azul y cuyo grosor represente el diámetro de la tubería, que será cada vez menor según pases de las tuberías principales a las secundarias. Debes intentar minimizar la longitud total de la canalización, para reducir costes.
4. Añade las localizaciones de las electroválvulas. Represéntalas con cuadrados azules. Guarda el archivo como ***Finca con agua.png***.
5. Abre de nuevo ***Finca.png*** para hacer la instalación eléctrica. Usa líneas de color rojo. Debe partir desde la edificación y llegar a cada electroválvula. Además, tiene que alimentar los puntos de acceso wifi repartidos por la finca y que conectarán nuestros sensores a internet. El área de cobertura de los puntos de acceso es un círculo de 30 m de radio. Representa su posición y cobertura con círculos morados. Guarda el archivo como ***Finca con electricidad.png***.

2 Desarrollo del proyecto

2.1. ¿Cómo digitalizamos los croquis utilizando CAD?

La primera concreción que vamos a hacer de nuestro proyecto es la instalación de riego de los olivos. Para ello, partimos de los croquis realizados en la fase de prototipado.

> **Programa CAD** es el nombre con el que se conoce la tecnología para el diseño y la documentación técnica que reemplaza los diseños manuales por un proceso **automatizado**.

Para ayudarnos en esta tarea, usaremos el programa de CAD más extendido, **AutoCAD**, en su versión educativa. **AutoCAD**, como muchos otros programas CAD, trabaja con capas.

> Una **capa** es un dibujo de un conjunto de objetos que puede mostrarse o esconderse a voluntad en un programa de CAD. Por ejemplo, la capa de acotación o la de la instalación eléctrica en un plano de vivienda. Las capas se superponen unas a otras.

Pasamos a limpio el croquis utilizando AutoCAD

1 Realiza el croquis creado previamente sobre la finca utilizando AutoCAD:

1. Inicia AutoCAD y abre un documento nuevo escogiendo **Nuevo → acadiso.dwt**. Inserta en él la imagen creada en la fase de prototipado ***Finca.png***. Para ello, busca el icono **Enlazar** dentro de la pestaña **Inserción** y selecciona la imagen. Quedará en la capa inicial de tu proyecto nuevo. Configura las unidades de tu proyecto en metros; para ello, escribe **UNIDADES** en la línea de comandos y selecciona **Metros**.

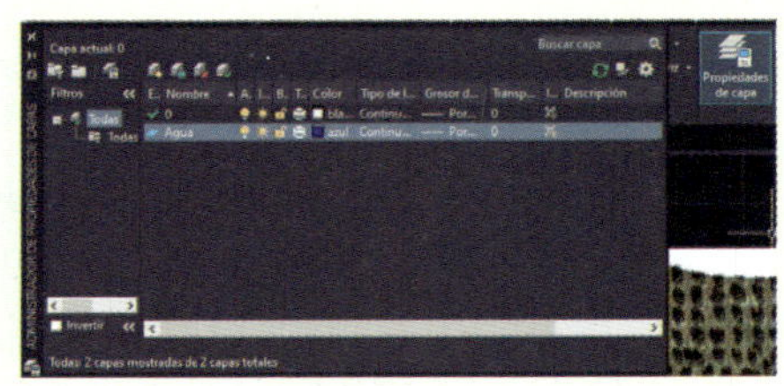

2. Dibuja una línea vertical que mida 250 m (la longitud aproximada del lado izquierdo del terreno) a la izquierda del olivar. Para ello, usa el icono **Línea**, y marca el punto inicial y el final (observa que va mostrando la longitud según lo vas estirando). A continuación, utiliza la herramienta **Alinear** en la línea de comandos para ajustar la escala del dibujo. Haz que el vértice superior izquierdo del terreno se corresponda con el punto superior de la línea, y el vértice inferior izquierdo, con el punto inferior de la línea. Acepta el ajuste de escala.

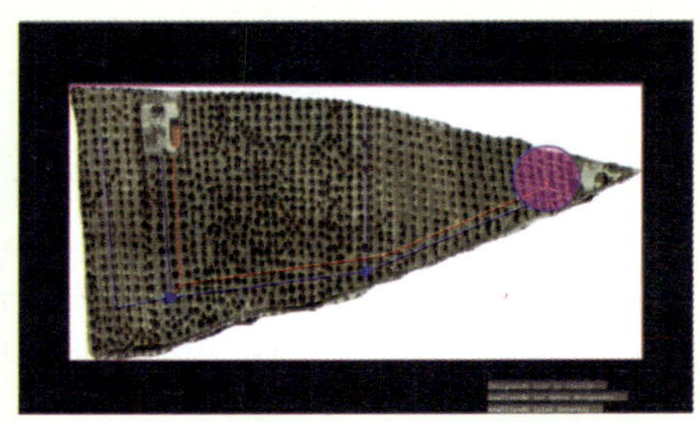

3. Crea una nueva capa. Para ello, selecciona **Inicio → Propiedades de capa → Nueva capa**. Asígnale el nombre ***Agua*** y el color azul para los objetos que dibujes en ella. Defínela como la capa actual para trabajar. Representa, con líneas, las tuberías desde la caseta a todos los olivos, y con cuadrados, las electroválvulas. Utiliza el icono **Rectángulo**, en **Inicio**, para dibujar los cuadrados. Rellénalos de color sólido con el icono **Sombreado** debajo del anterior.

4. Crea otra capa llamada ***Electricidad***, de color rojo, para dibujar la instalación eléctrica como lo hiciste en el croquis. Añade círculos de 30 m de radio para ubicar la cobertura de las antenas wifi. Dibújalas en morado e intenta cubrir todo el olivar.

5. Guarda tu trabajo en el menú principal y expórtalo en pdf.

2 Apunta los datos en una hoja de cálculo (Excel o Calc).

1. Anota la longitud de las tuberías que se van a instalar de cada grosor, la de la instalación eléctrica, el número de electroválvulas, el de puntos de acceso wifi y el de sensores inteligentes. Utiliza el plano para tomar las medidas necesarias.

	Elemento	Cantidad
Agua	Tubería grosor 1	10m
	Tubería grosor 2	20m
	Tubería grosor 3	3m
Electricidad	Electroválvulas	30
	Puntos WiFi	40
	Cable	60m
	Sensores	200

2.2. ¿Cómo hacemos un modelo 3D de los prototipos?

La capacidad de proceso de las computadoras actuales permite, mediante programas CAD, crear modelos en **tres dimensiones** en tiempo real, lo que facilita mucho la labor de diseño. Además, la mayoría de estos programas posibilitan exportar los objetos diseñados para su posterior **fabricación digital** con máquinas, como impresoras 3D o cortadoras láser. Esto puede ser de vital importancia para todo tipo de proyectos, incluido el nuestro, que contendrá numerosas piezas de riego, todas iguales entre sí.

Fusion 360 es el *software* de *Autodesk* que usarás para este fin.

El **renderizado** es el proceso mediante el cual los programas CAD 3D generan una imagen tomando una fotografía de la geometría de la escena desde el punto de vista de un objeto cámara. Este proceso de **proyección** suele incluir el cálculo del comportamiento de las luces, y sus interacciones con las mallas y sus materiales, y crea una imagen que puede llegar a ser tremendamente realista.

Creamos una pieza de riego en 3D

1. **Descarga Fusion 360 a través del enlace: www.e-sm.net/revti1bach01_03. Para ello, primero has de rellenar un cuestionario y demostrar tu condición de estudiante. En unos días recibirás un correo mediante el cual podrás descargarlo e instalarlo.**

2. **Diseña una pequeña pieza de plástico en forma de T que permita llevar el agua desde una tubería principal de 32 mm de diámetro a otra secundaria de 25 mm.**

   1. Abre Fusion 360 y pulsa sobre **Crear boceto** para dibujar el perfil de plástico que al girar dará forma a la parte de la pieza que une las tuberías. Ajusta las dimensiones para que una tubería de 32 mm de diámetro interior pueda encajar a presión en los dientes de tu pieza. Fíjate en la figura. Cada cuadro tiene 2 mm de lado.

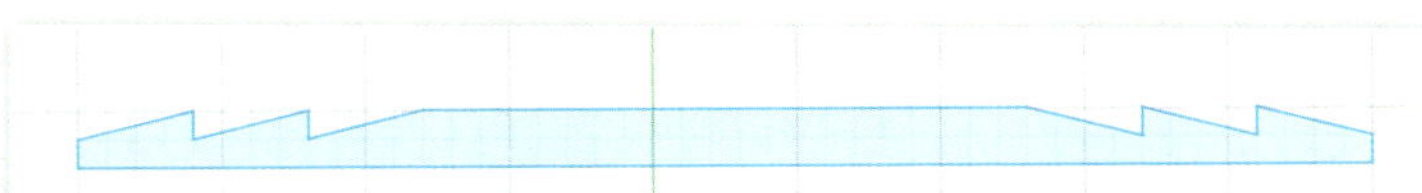

   2. Selecciona en **Sólido** → **Crear** → **Revolución** para construir el objeto 3D a partir de la sección en 2D dibujada en el paso anterior. Debes elegir el perfil que se va a girar, que es la figura dibujada, y situar el eje de giro, que es horizontal, a 16 mm por debajo de la misma. Automáticamente se genera un cilindro con las muescas, para que encaje la tubería a presión.

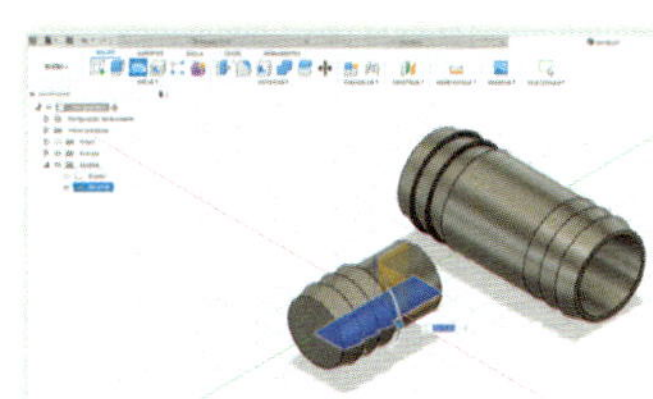

   3. Repite el proceso con la parte de la pieza que llevará el agua a la tubería secundaria. Esta es más estrecha, por lo que su eje estará a 14 mm de la figura plana que rotará.

   4. Mueve las dos piezas para que adquieran la forma de T que buscamos.

   5. Haz los agujeros de las piezas para que el agua circule. Selecciona, para ello, **Sólido** → **Crear** → **Agujero**. A continuación, habrás de elegir las caras circulares de los cilindros, y definir el diámetro y la profundidad del agujero.

   6. Une los dos objetos en uno solo. Selecciona **Sólido** → **Modificar** → **Combinar**. Escoge uno de ellos como cuerpo destino y el otro como cuerpo de herramienta, a continuación, selecciona la opción **Unir**.

   7. **Renderiza** el objeto para darle un aspecto fotorrealista. Puedes escoger el material con el que lo construirás. Selecciona **Sólido** → **Modificar** → **Material físico**. En la ventana busca algún plástico y arrástralo sobre el objeto.

3. **Repite los pasos para el elemento del que hiciste un plano en la fase de prototipado.**

2.3. ¿Cómo utilizamos la placa Arduino?

Para poder automatizar nuestro sistema de riego hay que utilizar una placa controladora programable. Vas a usar la placa Arduino, por su bajo coste y su facilidad de programación.

Una **placa controladora programable** es un dispositivo digital que se usa para automatizar procesos electromecánicos como sistemas de iluminación, control de maquinarias, etc. Una de las más populares es Arduino.

La placa Arduino dispone de un microcontrolador con **entradas** y **salidas digitales**, y **entradas analógicas**. De este modo, puedes conectar sensores a sus pines de entrada, para medir magnitudes físicas de su entorno, procesar esta información y actuar a través de sus salidas sobre relés, servomotores o electroválvulas.

Además, la placa dispone de **pines** en los que puedes implementar puertos de comunicación con otros dispositivos, lo que te será útil para, por ejemplo, hacer una conexión inalámbricamente con ella.

Preparamos la placa Arduino

1 **Instala el entorno de desarrollo integrado (IDE) de Arduino. Para ello, sigue estos pasos:**

1. Entra en www.e-sm.net/revti1bach01_04.
2. Haz clic sobre la pestaña **Software** y selecciona la última versión de IDE disponible. Fíjate que hay opciones para los distintos sistemas operativos.
3. Descarga el instalador de la versión escogida y sigue los pasos que se van indicando hasta completar la instalación.

2 **Comprueba que la placa funciona correctamente. Para ello, descargarás un programa de prueba en tu placa siguiendo estos pasos:**

1. Monta el led en la placa como se ve en la imagen. La patilla larga del led debe estar unida a una resistencia de 220 Ω.
2. Conecta tu placa Arduino al ordenador mediante el cable USB.
3. Abre el IDE de Arduino y entra en **Herramientas** → **Placa**. Selecciona el modelo Arduino UNO.
4. Haz clic en **Herramientas** → **Puerto**. Selecciona el puerto COM que tu ordenador le ha asignado a tu placa.
5. Carga el programa Blink entrando en **Archivo** → **Ejemplos** → **01.Basics** → **Blink**.
6. Compila y descarga el programa a la placa con el icono **Subir**.
7. Comprueba que todo funciona correctamente. Al cabo de unos segundos, el led incorporado al pin 13 parpadeará.
8. Cambia la velocidad de parpadeo modificando el programa.

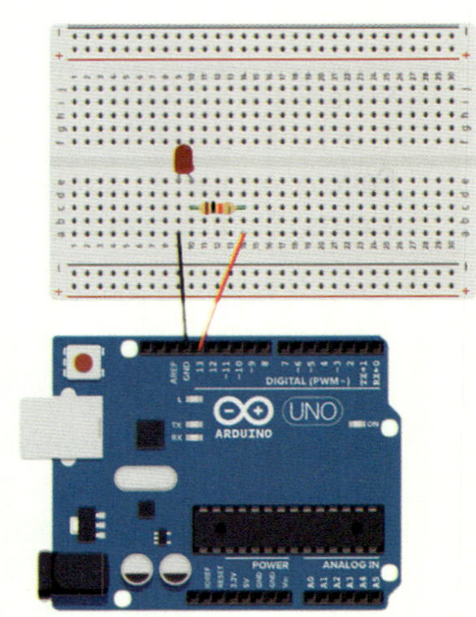

La placa Arduino puede ser programada en distintos lenguajes como bloques o C.

Un **programa** es un conjunto de comandos u órdenes que se ejecutan en un orden determinado. Este orden puede ser secuencial o puede haber saltos a otras partes del programa si se cumplen ciertas condiciones. Para programar necesitas conocer los comandos y las estructuras de control del lenguaje.

Las **características** principales del **lenguaje C** que se usan en Arduino son:

- Un programa siempre incluye, al menos, dos funciones: ***void.setup()***, que se ejecuta al principio una sola vez, y se usa para configurar los pines de entrada y salida o la comunicación con otros dispositivos, y ***void.loop()***, que se ejecuta después de *void.setup()* y se repite todo el tiempo mientras la placa esté alimentada. Sus comandos se ejecutan uno detrás de otro, y al llegar al último se vuelve a ejecutar el primero.
- Se pueden utilizar **variables** para almacenar datos que usará el programa. Se suelen definir e inicializar al principio del programa, antes de la función *void.setup()*.
- Las estructuras de control incluyen **bucles infinitos** (*while(true)*), **bucles finitos** (*for*) y **condicionales** (*if...else*), entre otras.
- Pueden definirse nuevas funciones para ser utilizadas repetidamente dentro del programa.

Hacemos nuestro primer programa en Arduino

1 **Programa el encendido de un led con pulsador. Vamos a hacer que, cuando el botón esté pulsado, un led se encienda y, al dejar de pulsarlo, se apague.**

1. Monta el circuito de la imagen. Observa cómo se ha conectado el pulsador, y piensa qué voltaje habrá en el pin digital de entrada cuando lo pulses y cuando lo sueltes.
2. Abre el IDE de Arduino y conecta tu placa mediante el cable USB.

3. Crea un nuevo *sketch* o programa.
4. Define la variable *pulsado* de tipo booleana ya que solo puede tomar dos valores.

```
boolean pulsado;
```

5. En la función *setup()* define el modo de uso de los pines. El pin 13 será de salida, porque en él está conectado el led. El pin 2 será de entrada, porque a él hemos conectado el pulsador.

```
void setup(){
      pinMode(13,OUTPUT);
      pinMode(2,INPUT);
}
```

6. En la función *loop()* evalúa mediante una condición si el botón está pulsado o no. Si lo está, haz que el led luzca, poniendo el pin en HIGH (5 V) y si no, en LOW (0 V). Para saber si está pulsado o no, lee el valor del pin digital 2. Si lo está, le llegarán 5 V, y el resultado será 1. Si no, será 0. Almacena este valor en la variable *pulsado*.

```
void loop(){
      pulsado = digitalRead(2);
      if (pulsado == 1){
            digitalWrite(13,HIGH);
      }
      else{
            digitalWrite(13,LOW);
      }
}
```

2.4. ¿Qué dispositivos conectamos a nuestra placa?

Para poder controlar el riego de nuestro olivar, necesitamos conocer en todo momento dos magnitudes importantes: **temperatura** y **humedad** del suelo. Para ello, usaremos sensores.

> Los **sensores** son dispositivos electrónicos capaces de medir diferentes magnitudes físicas y transformarlas en información que nuestro controlador pueda interpretar. Generalmente, transforman los valores medidos en señales eléctricas. Existen multitud de sensores diferentes.

Nosotros usaremos dos sensores analógicos, que transformarán los valores medidos de temperatura y humedad en un voltaje entre 0 y 5 voltios:

Sensor de temperatura TMP36

Componente analógico que devuelve un valor de tensión proporcional a la temperatura a la que está sometido. Se utiliza en sistemas de control ambiental, protección térmica, alarmas contra incendios, etc.

Sensor de humedad FC-28

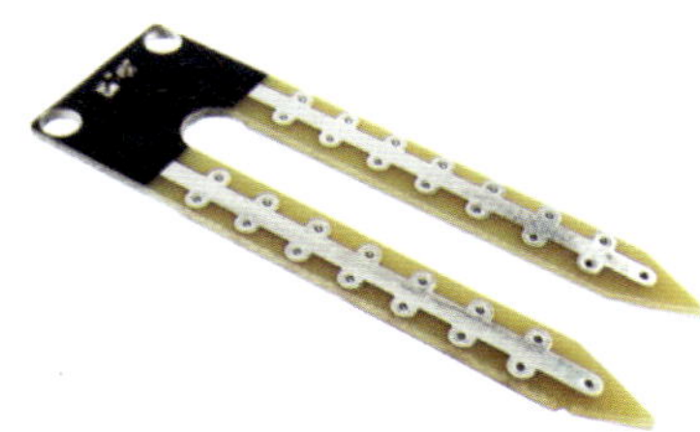

Higrómetro que mide y detecta el nivel de humedad presente en el suelo. Se utiliza en sistemas automáticos de riego para saber cuándo es conveniente poner en marcha el sistema de bombeo.

Conectamos los sensores a la placa Arduino

1 Conecta tus dos sensores a entradas analógicas de la placa Arduino. Previamente investiga sobre sus características, sobre todo si no son los modelos TMP36 y FC-28. Luego, sigue estos pasos:

1. Monta el circuito de la imagen. Usarás las entradas analógicas A0, para el sensor de temperatura y A1, para el de humedad.
2. Haz uso del monitor serie incluido en el IDE de Arduino para monitorizar los valores medidos por los sensores. Para ello, establece la comunicación con el puerto serie, mediante *Serial.begin(9600)*, y utiliza los comandos *Serial.print()* o *Serial.println()* para verlos.
3. Escribe el siguiente código para el programa.

```
float valorTemperatura = 0.0;
int valorHumedad = 0;
void setup(){
  Serial.begin(9600);
}
void loop(){
  valorHumedad = analogRead(A1);
  Serial.print("Humedad: ");
  Serial.println(valorHumedad);
  float medidaTemperatura = 5.0/1024.0*analogRead(A0);
  valorTemperatura = medidaTemperatura *100.0 – 50.0;
  Serial.print("Temperatura: ");
  Serial.print(valorTemperatura);
  Serial.println(" °C");
  delay(1000);
}
```

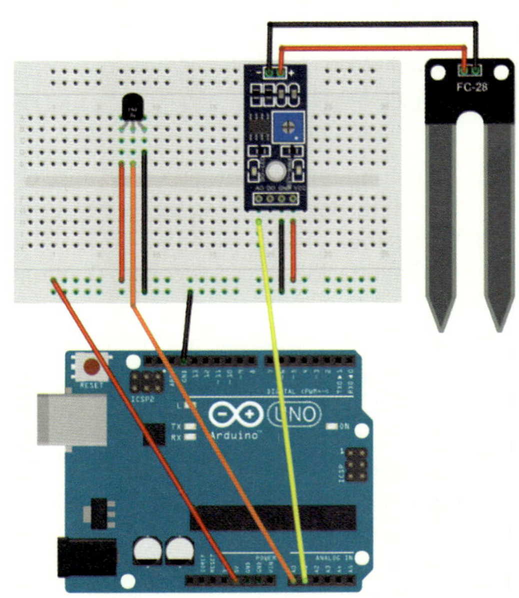

Una vez que nuestra placa Arduino es capaz de recibir la información del entorno, deberá procesarla para finalmente activar el riego de la instalación mediante una electroválvula.

Una **electroválvula** es un dispositivo electromecánico que abre o cierra el flujo que circula a través de un conducto. Funciona con voltajes de 12 o 24 V de corriente continua, o con 220 V de alterna.

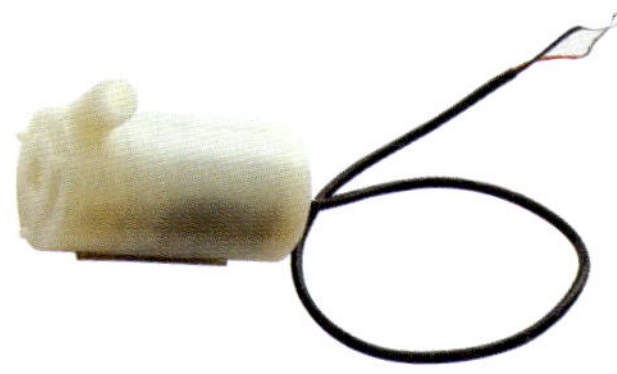

Esta válvula la activaremos mediante los pines digitales de salida de Arduino. Pero estos elementos presentan varios problemas: el voltaje máximo a su salida es de 5 V y la intensidad de corriente es insuficiente para activar una electroválvula. Por ello, usaremos un relé que la corriente que sale por un pin digital sí podría activar.

Un **relé** es un dispositivo electromecánico que consta de dos partes:

- **Bobina**, por la que una pequeña corriente puede circular creando un campo magnético.
- **Conmutador**, accionado por el campo magnético creado por la bobina.

Así, podemos cambiar la posición del conmutador haciendo pasar corriente por la bobina del relé. Una vez activado el relé, su conmutador cerrará el circuito eléctrico de la electroválvula, y hará que se abra para permitir que el agua la atraviese y riegue, así, nuestros olivos.

Conectamos salidas digitales a nuestra placa Arduino

1. **Conecta tu relé a la placa Arduino. Sigue estos pasos:**

   1. Monta el circuito de la figura.
   2. Programa la placa para que, cuando el valor leído del potenciómetro sea mayor que 700, el relé se active y, con ello, luzca la bombilla conectada a él:

```
void setup(){
  pinMode(2, OUTPUT);
}
void loop()
{
  if (analogRead(A0) > 700) {
    digitalWrite(2, HIGH);
  } else {
    digitalWrite(2, LOW);
  }
}
```

   3. Gira lentamente el potenciómetro, y observa cómo llega un momento en que se activa el relé y la bombilla se enciende.

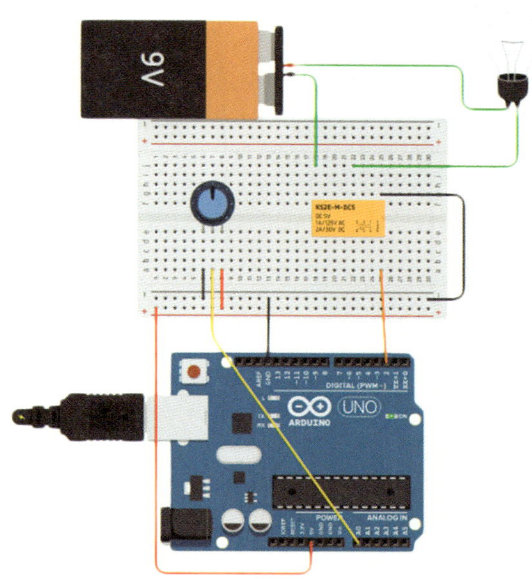

2. **Conecta la electroválvula al relé en el circuito anterior. Sustituye la bombilla por la electroválvula que hayas escogido. No olvides alimentarla con el voltaje necesario.**

2.5. ¿Cómo conectamos los elementos del riego automático?

Las electroválvulas que permitirán el paso del agua a través de las tuberías suelen funcionar con corriente alterna de 220 V. El relé permite separar nuestro circuito de control formado por la placa Arduino y los sensores del circuito de potencia conectado a la instalación eléctrica del olivar. Esta última es especialmente peligrosa en exteriores, por lo que debes manejarla con extrema precaución. Observa estas reglas:

- Debes aislar convenientemente las conexiones de las inclemencias del tiempo.
- Utiliza cables del grosor apropiado y suficiente para la potencia eléctrica de la electroválvula. Fíjalos con clemas. Nunca utilices empalmes.
- Conecta los elementos del circuito habiéndote asegurado previamente de que están desconectados de la red.

Controlamos el riego de un olivo con Arduino

1 **Monta y programa el riego automático. En este punto vas a conectar los sensores (higrómetro y sensor de temperatura), relé y electroválvula a la placa de Arduino UNO. Para ello, sigue estos pasos:**

1. Monta el circuito de la imagen.
2. Fusiona los dos programas para poder medir los valores de temperatura y humedad del suelo y conectar el relé cuando el suelo esté seco, es decir, cuando *valorHumedad* sobrepase un cierto nivel, por ejemplo, 700.

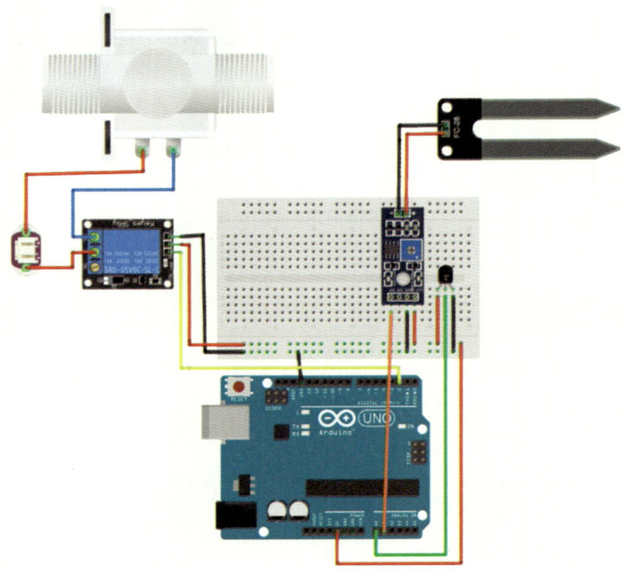

```
float valorTemperatura = 0.0;
int valorHumedad = 0;
void setup(){
  Serial.begin(9600);
  pinMode(2, OUTPUT);
}
void loop(){
  valorHumedad = analogRead(A1);
  Serial.print("Humedad: ");
  Serial.println(valorHumedad);
  float medidaTemperatura = 5.0/1024.0*analogRead(A0);
  valorTemperatura = medidaTemperatura *100.0 – 50.0;
  Serial.print("Temperatura: ");
  Serial.print(valorTemperatura);
  Serial.println(" °C");
  delay(1000);
  if (valorHumedad > 700) {
    digitalWrite(2, HIGH);
  } else {
    digitalWrite(2, LOW);
  }
}
```

2 **Pon a prueba tu sistema. Carga el programa en tu placa e introduce el higrómetro en un tiesto con tierra seca. Lleva un tubo con un gotero desde la salida de tu electroválvula y conecta el sistema. Si todo está bien, empezará a mojar la tierra hasta que el valor medido baje de 700, instante en el que dejará de regar. Puedes seguir la evolución de los valores a través del monitor serie del IDE de Arduino.**

2.6. ¿Cómo conectamos Arduino a internet?

El siguiente paso en nuestro proyecto consistirá en obtener de manera remota la información sobre la temperatura y humedad de nuestro olivar, para después permitir que el sistema automático regule sus valores. De este modo, intentaremos optimizar la producción de aceituna. Para ello, utilizaremos el Internet de las Cosas.

> El **Internet de las Cosas** o *IoT* es el conjunto de todos los objetos físicos conectados a internet que comparten la información de sus sensores con el fin de intercambiar datos e interactuar entre ellos, con o sin intervención humana directa. Dispones de varios ejemplos a tu alrededor: los asistentes virtuales como Alexa, cámaras de videovigilancia a las que nos podemos conectar desde nuestro móvil, neveras inteligentes que detectan qué productos básicos nos faltan y los encargan en línea, etc.

Las técnicas de **Inteligencia Artificial** y Big Data permiten encontrar patrones en los datos que llevan a tomar decisiones automáticas, a generar algoritmos encaminados a la mejora de procesos o a crear experiencias mejoradas en los usuarios. Por ejemplo, la información que nuestros teléfonos móviles aporta sobre nuestra ubicación y velocidad en cada momento permite que aplicaciones de tráfico nos recomienden en tiempo real la ruta más apropiada hacia un destino o, incluso, que sistemas expertos controlen de forma automática los semáforos de una ciudad para descongestionar ciertas zonas y mejorar la circulación.

Analizamos cómo conectar nuestro proyecto al IoT

1 **Analiza las posibilidades en función del dispositivo que se conectará y la forma en que lo hará. Busca información entre las siguientes opciones, y elabora un documento con las ventajas e inconvenientes de usar uno u otro elemento:**

Wifi Shield

NodeMCU

Arduino 33 IoT

2 **Valora las plataformas en la nube que pueden almacenar la información que le envíe tu dispositivo. Analiza en un documento la complejidad de la configuración y el coste del almacenamiento de los datos de las siguientes plataformas:**

Arduino IoT Cloud

Blynk IoT

Thingerio

Thingspeak

1 **Explora la posibilidad de crear una *app* para poder monitorizar datos desde tu móvil. Busca *apps* que permitan manejar tus datos desde tu teléfono móvil. Sigue estos pasos en tu búsqueda:**

1. Investiga *apps* que permitan monitorizar datos de Arduino con el móvil.
2. Elabora un esquema con la información recogida.
3. Defiende la opción que elegirías de entre todas las investigadas.

2.7. ¿Cómo empezamos a trabajar con el IoT?

Será muy importante para nuestro proyecto disponer de una conexión wifi con bajo consumo energético, ya que nuestros sensores estarán desatendidos en el campo. Para ello, nos será muy útil la placa Arduino Nano 33 IoT.

> La **placa Arduino Nano 33 IoT** es el dispositivo más barato de Arduino para adentrarnos en el mundo del Internet de las Cosas. Es idónea para construir redes de sensores que se conecten a la nube y alojar en ella datos, sin perder la posibilidad de controlar actuadores, como nuestras electroválvulas. Aparte de incluir una conexión wifi, dispone de Bluetooth y lleva un acelerómetro integrado. Además, consume muy poco, y es compatible con todo lo que hemos aprendido y programado con nuestra Arduino UNO; incluso supera a esta en la conectividad a internet pues, al programar tal conexión, la memoria disponible para el resto del programa sería muy pequeña.

La placa Arduino Nano 33 IoT es mucho más pequeña que Arduino UNO y la disposición de sus pines es diferente. Proporciona 3,3 V en lugar de 5 V, pero nuestros sensores y actuadores son compatibles, por lo que no apreciaremos diferencia alguna.

Instalamos las librerías y conectamos dispositivos a la placa

1 **Instala las librerías necesarias para usar Arduino Nano 33 IoT con el IDE de Arduino. Para usar la nueva tarjeta, debes incorporarla a tu IDE de Arduino. Para ello, sigue estos pasos:**

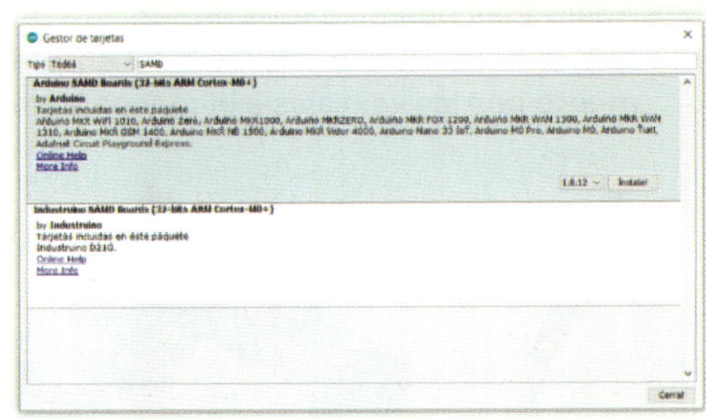

1. Abre el IDE de Arduino y sigue la ruta **Herramientas → Tarjetas → Gestor de tarjetas**. Se abre una ventana en donde puedes instalar nuevas placas que se podrán programar desde el IDE.
2. En el buscador de tarjetas, escribe *SAMD* y pulsa **Buscar**. De las opciones encontradas, instala *Arduino SAMD Boards (32-bits ARM Cortex-M0+)*.
3. Ahora vuelve a **Herramientas → Tarjetas** y selecciona **Arduino Nano 33 IoT**.
4. Conecta tu placa al ordenador y deja que se instalen los *drivers* automáticamente.
5. Finalmente, como para cualquier tarjeta Arduino, selecciona el puerto COM que le ha sido asignado.
6. En los ejemplos, busca *Blink*, modifica el tiempo de parpadeo y súbeselo a la placa. Si todo va bien, el programa se ejecutará en tu nueva placa y ya estará lista para ser usada.

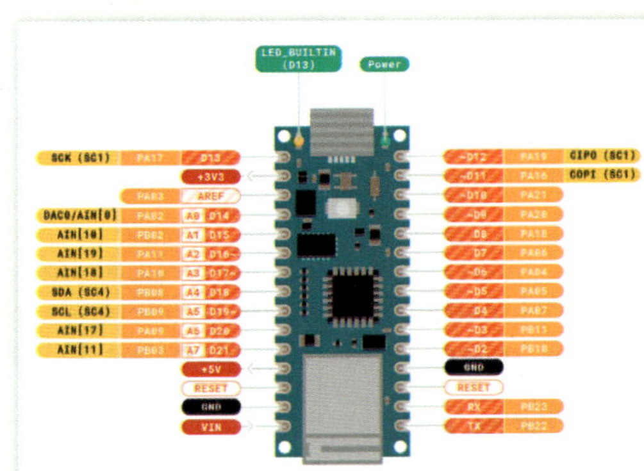

2 **Conoce las conexiones de la placa Arduino Nano 33 IoT. Observa el *pinout* de la placa de Arduino 33 IoT y realiza una comparación entre Arduino UNO y Arduino Nano 33 IoT.**

3 **Conecta los sensores y el relé a Arduino Nano 33 IoT. Para ello, monta el circuito fijándote en el esquema de las conexiones.**

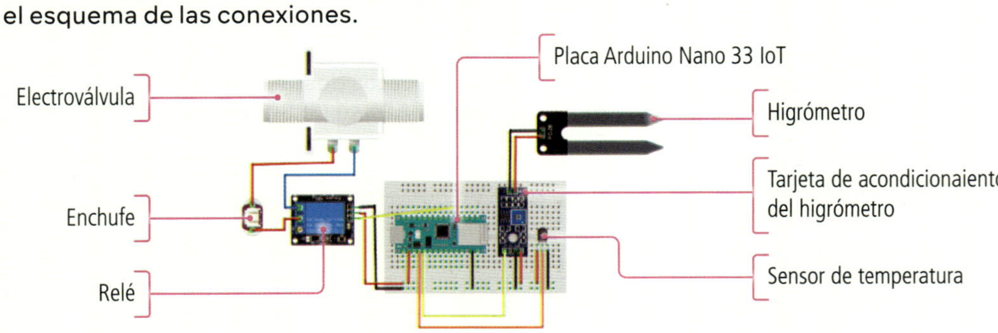

Una vez que ya hemos decidido qué dispositivo utilizar y qué información compartir, debemos encontrar la plataforma en la nube adecuada para gestionar nuestros datos y controlar el riego de nuestros olivos. Arduino IoT Cloud es idónea para este tipo de proyectos.

Arduino IoT Cloud es una plataforma de aplicación del Internet de las Cosas. Permite trabajar con una opción de uso gratuito limitada por el número de dispositivos, garantiza una total compatibilidad con las placas Arduino y, además, puede almacenar grandes cantidades de datos y tratarlos con técnicas de Big Data e Inteligencia Artificial. Su funcionamiento es básicamente el de un servidor de internet al que se conectan usuarios y dispositivos:

Una vez dentro de Arduino IoT Cloud, crearemos lo que sus desarrolladores han llamado *Thing* (Cosa).

Una **Cosa (*Thing*)** es un objeto formado por el dispositivo conectado, la red wifi a la que se conectará y unas variables que podremos controlar y modificar, a través de las cuales veremos el estado de nuestro dispositivo. Con todos estos parámetros definidos, se genera un *sketch* o programa, que modificaremos después para descargarlo en nuestra placa.

Empezamos a usar Arduino IoT Cloud

1 **Crea tu primera *cosa* en Arduino IoT Cloud. Para poder subir tu dispositivo a la nube de Arduino y que pase a formar parte del Internet de las Cosas hay que seguir unos sencillos pasos:**

1. Crea una cuenta en Arduino. Esta cuenta te permitirá usar el editor web de Arduino en cualquier navegador y te dará acceso a su Arduino Cloud. Para ello, entra en **www.e-sm.net/revti1bach01_05** y selecciona **Conéctese ahora**. Podrás entonces crear una cuenta nueva si lo deseas, o entrar con una cuenta de Google, Facebook o Apple.

2. Crea tu primera *cosa*, para ello pulsa en la pestaña *Thing* y, luego, en *Create Thing*. Observa cómo esto te llevará a la zona donde podrás configurar las distintas partes de tu *cosa*.

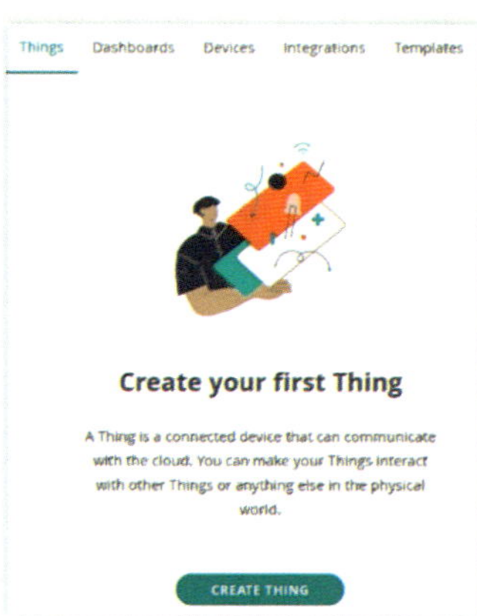

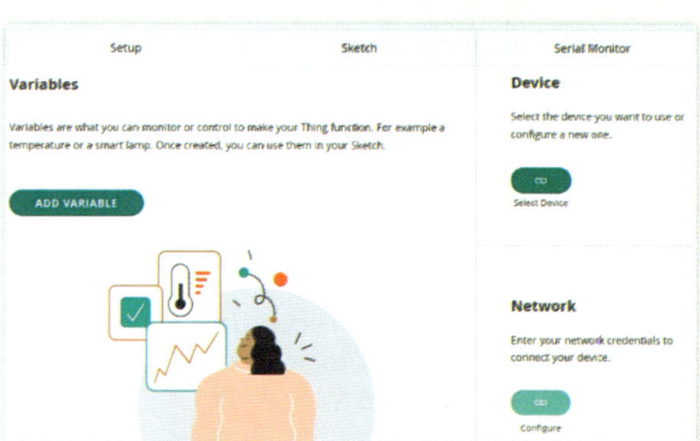

2.8. ¿Cómo conectamos nuestro proyecto a la nube?

Así como un campo de olivos consta de los propios árboles, de la tierra, del aire que lo rodea, etc., una *cosa* dispone de una serie de elementos que deben crearse y configurarse para su buen funcionamiento. Por ello, entre otras cosas, tendremos que asignar un código único a nuestra placa para reforzar su seguridad. Esto garantizará que nuestra placa no pueda ser suplantada por otra que aporte datos fraudulentos.

> **Arduino Create Agent** es un programa que permite cargar código sin ningún tipo de problema a cualquier placa de Arduino directamente desde el navegador.

Una vez queden configurados todos los elementos se creará un *sketch* básico.

Controlamos el riego de un olivo con Arduino

1. **Crea las variables. Como ya sabes, tus variables almacenan el valor de la humedad y el de la temperatura. Créalas siguiendo estos pasos:**
   1. Crea una variable de tipo *float* llamada *valorTemperatura*. Al hacerlo, elige que sea únicamente de lectura y que se actualice periódicamente cada vez que se produzca un cambio.
   2. Repite el mismo proceso creando una variable de tipo *int* llamada *valorHumedad*.

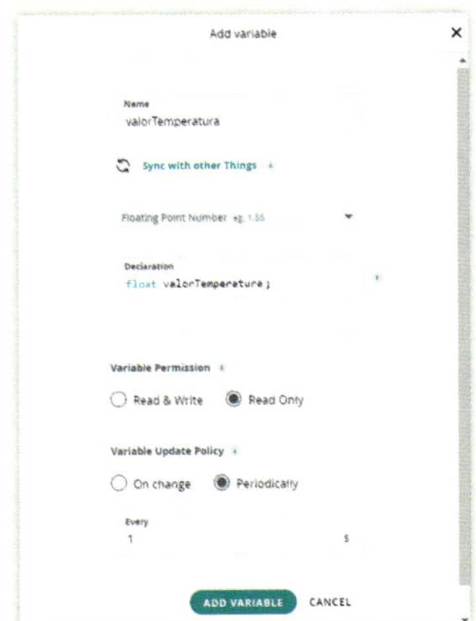

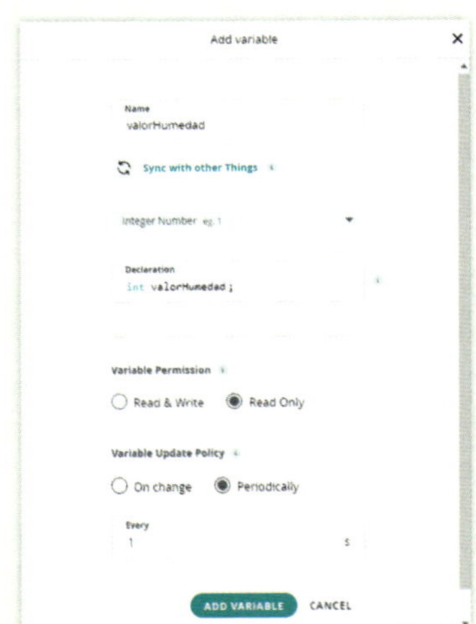

2. **Configura tu dispositivo. Tienes que configurar un nuevo dispositivo. Para ello, conecta tu placa Arduino Nano 33 IoT al ordenador y sigue estos pasos:**
   1. Selecciona **Configurar un nuevo dispositivo**.
   2. Pulsa **Configurar** una vez que tu equipo haya detectado tu placa.
   3. Asigna un nombre al dispositivo relacionado con tu proyecto.

3. **Instala Arduino Create Agent. Aunque tu placa Arduino ya cuenta con un chip que encripta la comunicación, vas a reforzar la seguridad de tu dispositivo. Para ello:**
   1. Instala **Arduino Create Agent** durante el proceso de configuración de los elementos de tu *cosa*.
   2. Da los permisos necesarios para que la instalación sea efectiva. Desde entonces tu dispositivo estará seguro.

4. **Configura el wifi. Para configurar el wifi necesitarás las credenciales de acceso, es decir, el SSID y su contraseña.**

5. **Observa el *sketch* básico que has creado tras la configuración. Una vez preparados todos los elementos se creará automáticamente un *sketch* básico con toda la información necesaria, para que tu placa se conecte de forma segura a la nube y comparta información con ella. Una vez lo tengas:**
   1. Pulsa en el botón que te permite abrir el editor web completo.
   2. Observa el código y recuerda que hasta ahora solo has programado cómo se comunica tu placa con la nube de Arduino.

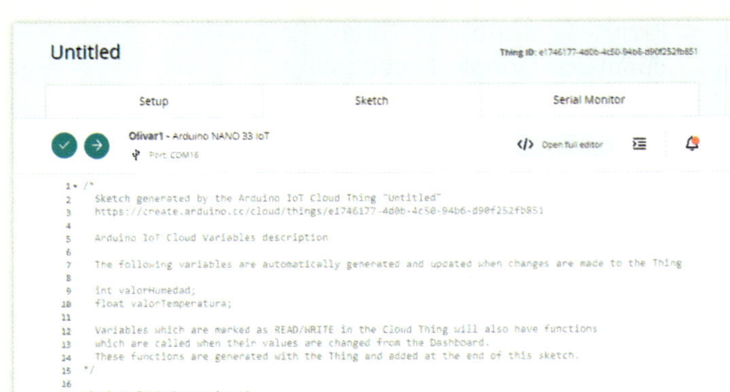

El programa que se crea en Arduino IoT Cloud tras configurar los dispositivos no incluye la función principal de leer los sensores y controlar el relé que abre y cierra la electroválvula de riego de nuestros olivos. Por ello, tendremos que hacer modificaciones en el **editor web**, donde distinguimos las siguientes partes:

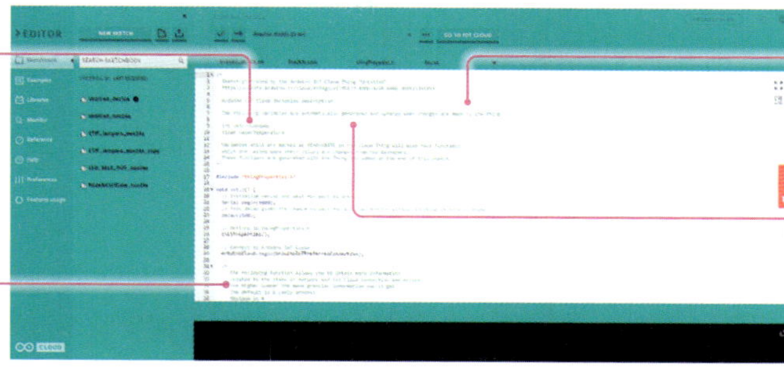

Modificamos nuestro *sketch* para programar todos nuestros elementos

1 **Incluye el programa que hiciste en Arduino UNO en tu nuevo *sketch*. Vas a mezclar los programas que ya tienes hechos, para ello sigue estos pasos:**

1. Escribe el siguiente código:

```
#include "thingProperties.h"          // Aquí incluyes la pestaña thingProperties que contiene las variables
                                      valorHumedad y valorTemperatura

void setup() {
 pinMode(2, OUTPUT);                  // El pin 2 será de salida porque a él se conecta el relé.
 Serial.begin(9600);                  // Abrimos una comunicación con el monitor serie para poder ver en él los valores
                                      de los sensores.

 delay(1500);                         // Esperamos un rato para poder abrir el puerto serie.
 initProperties();                    // Se inicializan las propiedades de nuestro Thing, identificador y variables.

 ArduinoCloud.begin(ArduinoIoTPreferredConnection);   // Se conecta a internet a través de nuestro wifi.
 setDebugMessageLevel(2);             // Seleccionamos el nivel de detalle de los mensajes de error y los muestra,
                                      si existen.

 ArduinoCloud.printDebugInfo();
}
void loop() {
 ArduinoCloud.update();               // Cada vez que se inicia el bucle principal, el programa se conecta con la nube
                                      y actualiza los valores de las variables en ella.

 valorHumedad = analogRead(A1);       // A partir de aquí, el programa es el mismo que hicimos para la Arduino UNO
                                      no conectada a la nube.

 Serial.print("Humedad: ");
 Serial.println(valorHumedad);
 float medidaTemperatura = 3.3/1024*analogRead(A0);
 valorTemperatura = medidaTemperatura *100.0 – 50.0;
 Serial.print("Temperatura: ");
 Serial.print(valorTemperatura);
 Serial.println(" °C");
 delay(1000);
 if (valorHumedad > 700) {            // Si el higrómetro detecta que el suelo está seco, esto provoca que el relé
                                      se dispare y abra la electroválvula.

 digitalWrite(2, HIGH);
 } else {
 digitalWrite(2, LOW);
 }
}
```

2. Guarda el programa modificado y cárgalo a la placa Arduino Nano 33 IoT. De este modo ya estará lista para cumplir su función de controlar el riego y enviar los valores de temperatura y humedad a la nube.

2.9. ¿Cómo es el panel de control de Arduino IoT Cloud?

Nuestra placa Arduino ya está lista para funcionar y subir información a internet, pero necesitamos poder monitorizarla desde alguna aplicación. Arduino IoT Cloud presenta un panel desde el que podemos controlar nuestros objetos conectados.

> **El panel de control (*dashboard*)** de Arduino IoT Cloud es una sección para cada una de las *cosas* que hayas desarrollado desde la que puedes añadir *widgets* a tu gusto y según tus necesidades, y también obtener la información que tus objetos conectados suben a la nube.

Personalizamos el panel de control de Arduino IoT Cloud

1 **Accede al panel de control de Arduino IoT Cloud, y añade y personaliza tus *widgets*. Construye tu panel de control y personalízalo para tu proyecto. Sigue estos pasos:**

1. Entra en Arduino IoT Cloud y selecciona la pestaña ***Dashboard***, arriba, junto a ***Things***. Pulsa en **Construir Panel de Control** (*Build Dashboard*).
2. Añade los *widgets* más adecuados para tu objeto. En nuestro caso, pueden ser un valor numérico para la temperatura, una aguja para la humedad y un *widget* que nos indique la fecha y la hora local en el olivar. Observa que cada *widget* se ha de relacionar (*link*) con una de las variables que definimos en nuestra *cosa*. Por ejemplo, el *widget Temperatura* lo debemos relacionar con la variable *valorTemperatura*.
3. Mueve y cambia el tamaño de los *widgets* para colocarlos a tu gusto. A partir de este momento, cada vez que entres en Arduino IoT Cloud, puedes consultar el *Dashboard* y, en tiempo real, ver la información que tu Arduino Nano 33 IoT te envía desde el olivar. Se actualizará al ritmo que definiste al principio de todo el proceso, cuando creaste las variables de la *cosa*.

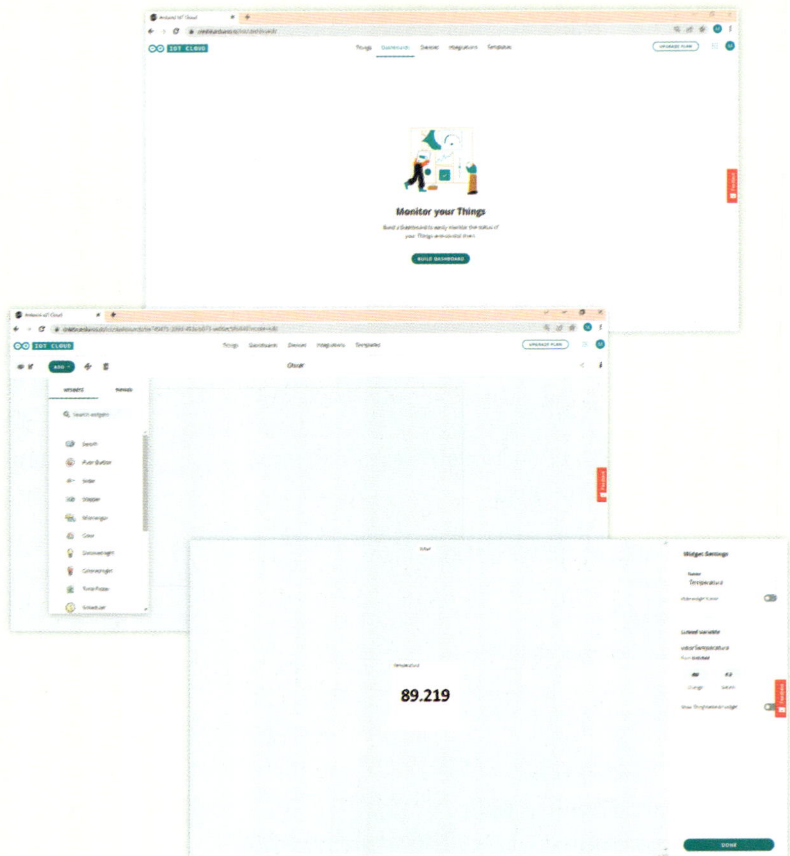

2 **Accede al panel de control de Arduino IoT Cloud desde tu teléfono móvil. Puedes acceder a tu *dashboard* desde una aplicación para dispositivos móviles; de ese modo tendrás siempre a mano la información de tu sistema. Sigue estos pasos para hacerlo:**

1. Descarga la app **IoT Cloud Remote** de Arduino desde la Play Store, para Android, o desde la AppStore, para iOS.
2. Regístrate con tu mismo usuario de Arduino IoT Cloud, y aparecerá tu *dashboard* con la información actualizada de tus sensores.
3. Observa que los *widgets* se colocan de forma automática para encajar del mejor modo posible en la pantalla de tu dispositivo móvil.

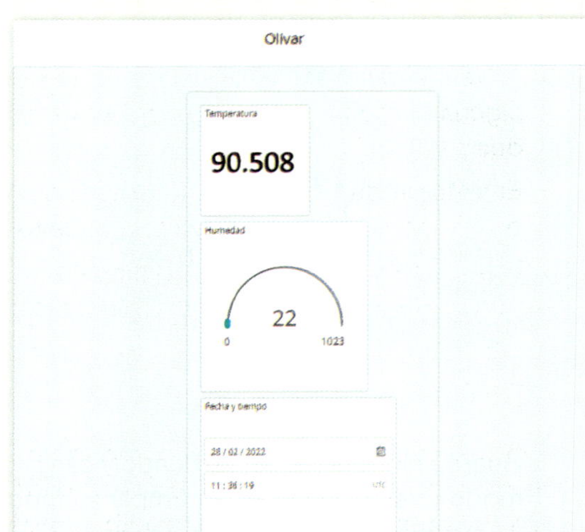

2.10. ¿Cómo testeamos nuestro proyecto?

En todo proyecto es esencial probar los prototipos para refinar la propuesta y conseguir así la mejor solución a nuestro problema. Para ello, se lleva a cabo una fase de testeo.

La **fase de testeo** es aquella en la que probamos nuestro prototipo con sus usuarios; de este modo nos transmitirán los problemas surgidos, carencias, etc., y nos llevarán a mejoras importantes. En esta fase es fundamental la experiencia del usuario, por lo que debe llevarse a cabo en las circunstancias más desfavorables de funcionamiento, de modo que salgan a la luz los problemas de diseño que han quedado ocultos durante fases anteriores. El testeo nos llevará a modificaciones que nos harán mejorar la solución y que deberán ser de nuevo testeadas.

Como no podemos testear las condiciones de funcionamiento de nuestro prototipo en un olivar, podemos buscar otra alternativa. Por ejemplo, un tiesto o jardinera de casa o del instituto.

Valoramos nuestro prototipo

1. **Analiza y valora con espíritu crítico tu prototipo. Ponte en el lugar del agricultor que te encargó el proyecto, y analiza y propón soluciones para los siguientes aspectos de tu trabajo:**
   - ¿Cómo le afecta la intemperie? ¿Puede aislarse mejor la electrónica? ¿Podrías diseñar una carcasa que soporte las inclemencias del tiempo?
   - ¿Cuántos días puede estar el sensor desatendido? ¿Cuánto dura la batería conectada a tu placa? ¿Cómo puede aumentar su duración? ¿Sería posible, en el olivar, alimentar las placas con cables?
   - ¿Qué alcance tiene la señal wifi de los puntos de acceso inalámbricos que usas? ¿Existen otros diseñados para funcionar al aire libre y con mayor alcance? En vez de wifi, ¿existen otras posibilidades para conectarse a internet?
   - Los sensores miden la temperatura del lugar y la humedad del suelo, pero ¿influye en algo la humedad del aire para obtener más y mejor aceituna? ¿Qué sensores habría que cambiar?
   - El sistema de riego propuesto está automatizado, pero ¿sería muy difícil incluir la posibilidad de activarlo a distancia de forma manual?
   - Los goteros tienen el problema de atascarse fácilmente, al entrar en ellos polvo y tierra. ¿Se podría modificar su diseño o buscar una solución a este problema?
   - Otras consideraciones de índole económica, estética o funcional que se te puedan ocurrir.

2. **Comparte tu análisis con tus compañeros. Utiliza Mural para discutir sobre vuestras valoraciones del prototipo. Una vez concluida la tarea, mostrad las propuestas de mejora mediante una presentación realizada con un programa de presentaciones.**

3 Publicación del proyecto

3.1. ¿Cómo elaboramos el presupuesto de nuestro proyecto?

Uno de los aspectos más importantes a la hora de que un proyecto sea viable es el económico. Por ello, es muy importante contar con un **presupuesto** que prevea todos los costes asociados a su diseño, implementación y explotación. Cada una de estas fases debe tener en cuenta una serie de elementos:

Diseño

- Horas de trabajo de los ingenieros.
- Trabajo de los técnicos que han desarrollado el prototipo.
- Costes de materiales.
- Desplazamientos hasta la finca del olivar para estudiar la situación de partida.

Implementación

- Coste de dispositivos e instalaciones tras la aprobación del proyecto.
- Dimensionamiento de dispositivos y electroválvulas.
- Presupuesto de canalizaciones de agua y eléctricas del proyecto.

Explotación

- Coste del mantenimiento una vez esté funcionando nuestro sistema de riego.
- Pago de las facturas de electricidad.
- Importe de la comunicación wifi.

Para la realización de presupuestos, las hojas de cálculo resultan de gran ayuda.

Una **hoja de cálculo** es un documento gestionado por un programa que relaciona la información disponible y permite la realización de cálculos matemáticos, la presentación de datos y la obtención de gráficos. Entre sus principales usos están los estudios y análisis financieros, la contabilidad, el control de balances de cuentas, la realización de presupuestos, el análisis de ventas y los estudios estadísticos.

Los programas **Excel**, de Microsoft Office, o **Calc**, de LibreOffice, son las hojas de cálculo más utilizadas para hacer presupuestos.

Elaboramos el presupuesto de nuestro proyecto

1 Realiza el presupuesto de tu proyecto. Ha llegado el momento de hacer números y plasmar sobre el papel el coste de hacer realidad tu proyecto. Para ello, sigue los pasos que aparecen a continuación:

1. En una hoja de cálculo, abre cuatro hojas dentro del libro o archivo: *Diseño*, *Implementación*, *Explotación* y *Resumen*.
2. En la hoja *Diseño*, incluye los costes asociados a este apartado. Define precios unitarios (por hora, por prototipo, etc.) y piensa en las unidades empleadas. No olvides desglosar los impuestos, como el IVA (impuesto sobre el valor añadido).
3. En la hoja *Implementación*, sigue un esquema como el del apartado anterior, con precios por unidad, o por metro en el caso de las canalizaciones. Investiga el precio de cada elemento. Incluye también el coste de la mano de obra y del transporte.
4. En la hoja de *Explotación*, evalúa el coste anual de funcionamiento, estimando el número de visitas previstas para el mantenimiento y su duración.
5. En la hoja *Resumen* presenta los resultados de las anteriores, sin entrar en detalles. Incluye gráficos que faciliten la comprensión del presupuesto total.

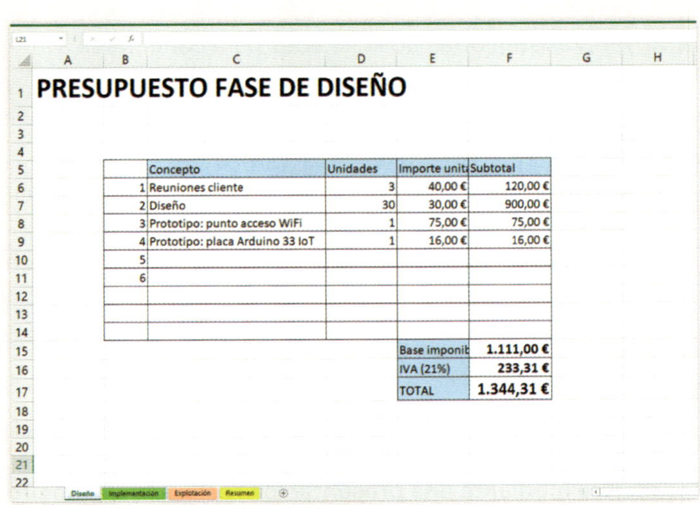

PRESUPUESTO FASE DE DISEÑO

	Concepto	Unidades	Importe unit	Subtotal
1	Reuniones cliente	3	40,00 €	120,00 €
2	Diseño	30	30,00 €	900,00 €
3	Prototipo: punto acceso WiFi	1	75,00 €	75,00 €
4	Prototipo: placa Arduino 33 IoT	1	16,00 €	16,00 €
5				
6				
			Base imponib	1.111,00 €
			IVA (21%)	233,31 €
			TOTAL	1.344,31 €

3.2. ¿Cómo presentamos y publicamos nuestro proyecto?

Una vez completado el proyecto, llega el momento de presentarlo y difundirlo. Esta etapa es fundamental, pues de ella depende, en buena parte, que se lleve finalmente a cabo el proyecto o que puedan nacer oportunidades para otros. También resulta una buena ocasión para recopilar los resultados y los problemas e, y mejorar, así, trabajos futuros.

> Una **presentación** es una manera de exponer un contenido, generalmente educativo o empresarial, con el fin de transmitirlo de forma eficaz y amena. Existen muchas herramientas para hacer presentaciones.

PowerPoint | Impress | Prezi | Genially

En los programas de presentaciones es muy importante cuidar algunos detalles:

- Distinguir entre su utilización como complemento a una actividad presencial o como una presentación completa. La cantidad de información y de detalle no será la misma en ambos casos.
- Utilizar un lenguaje y un diseño del aspecto en función del público al que va dirigida la presentación.
- Destacar las ideas más importantes que se quieren comunicar.
- Medir su duración y extensión. Presentaciones muy largas y llenas de información superflua pierden fuerza y hacen que el público pierda interés.

Elaboramos una presentación de nuestro proyecto con Prezi

1 **Elabora una presentación del proyecto con Prezi. Prezi es una de las herramientas web más utilizadas para hacer presentaciones dinámicas. Vas a utilizarla para hacer una gran presentación de tu proyecto. Sigue estos pasos:**

1. Abre tu navegador e introduce la dirección **www.e-sm.net/revti1bach01_06**.

2. Selecciona, en la parte superior derecha, la pestaña **Educación**, y luego pulsa en **Prueba Prezi gratis**. Regístrate introduciendo tus datos o a través de una cuenta de Google, Apple o Facebook. Cuando rellenes los datos tendrás acceso, como estudiante, a una cuenta básica gratuita.
3. Una vez dentro de Prezi, observa que no solo puedes hacer presentaciones, sino también grabar vídeos, hacer infografías, carteles, etc. Dedica un rato a ver sus posibilidades y los tutoriales para iniciarte en su uso.
4. Selecciona **Prezi Present** para elaborar tu presentación. Puedes empezarla desde cero y configurarla totalmente a tu gusto, o modificar alguna de las plantillas disponibles.

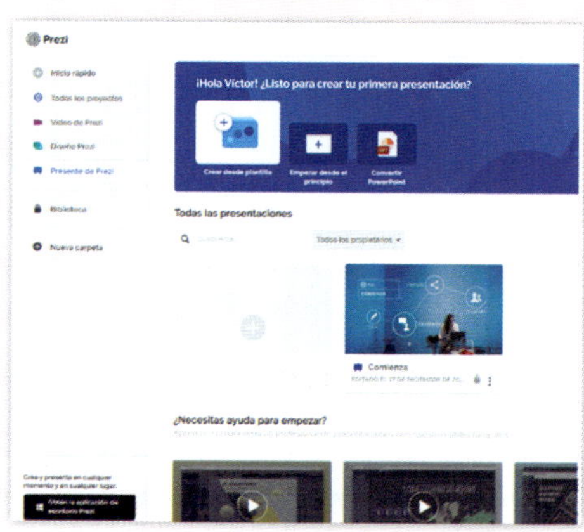

5. Construye tu presentación sobre el proyecto del riego del olivar teniendo en cuenta las siguientes características:
   - El público al que irá dirigida son tus compañeros de clase.
   - La presentación servirá para reforzar tu exposición en grupo.
   - Tienes un tiempo limitado de diez minutos para presentar tu trabajo.
6. Una vez terminada la presentación, compártela en tus redes sociales. Hazla visible y comparte el enlace que se crea.

CONCEPTOS CLAVE

Design Thinking

Para proporcionar soluciones atendiendo a las necesidades de los usuarios.

Empatía

Se establece una relación con los usuarios para llegar a entender en profundidad sus necesidades reales.

Definición

Se criba la información irrelevante para la búsqueda de la solución idónea.

Ideación

Se generan ideas y soluciones, sin rechazar ninguna.

Prototipado

Se pasa de la abstracción a la concreción de la solución propuesta, construyendo un prototipo.

Testeo

Se prueba el prototipo con sus usuarios, buscando problemas no solucionados o surgidos.

Agricultura inteligente

Uso de tecnologías para obtener datos en tiempo real que lleven a actuaciones sobre los cultivos y aumentar, así la producción.

Estudio de viabilidad

Para garantizar que el proyecto sea técnicamente factible, económicamente justificable, socialmente aceptable y legal. Se analizan las viabilidades operacional, económica, técnica, legal, social y ambiental.

Programas CAD

Dibujar planos de cualquier tipo.

Diseñar en 3D, renderizar, analizar y exportar ficheros para su fabricación digital.

ARDUINO

Es la placa de control más utilizada en el mundo educativo y *maker*. Dispone de entradas y salidas digitales y analógicas. Se puede programar con bloques o en el lenguaje C a través de su IDE (interfaz de desarrollo integrado).

Internet de las cosas (IoT)

Conjunto de objetos físicos conectados a internet que comparten la información de sus sensores para interactuar entre ellos, con o sin intervención de las personas.

Para trabajar con IoT necesitamos

Un dispositivo con conexión a internet, como puede ser la placa **Arduino Nano 33 IoT**.

Un interfaz para acceder desde un navegador, ***dashboard***, o una aplicación para dispositivos móviles, que permita acceder a los datos del objeto e interactuar con él de forma **remota**.

Una plataforma en la **nube** a donde se conecte el objeto, como **Arduino IoT** Cloud.

ACTIVIDADES FINALES

Design Thinking

1 Dibuja un esquema con las fases y características básicas del Design Thinking. Usa la herramienta Mural para ello.

2 En la pandemia provocada por el COVID-19, fue necesario implementar protocolos para mantener seguras las aulas. Utiliza el Design Thinking para elaborar propuestas para el uso seguro de los centros escolares. Compara tus soluciones con las que se aplicaron en tu centro. ¿Son muy diferentes?

Expresión gráfica

3 Explora la interfaz y algunas funcionalidades de AutoCAD. ¿Qué es una polilínea? ¿En qué consiste la referencia a objetos? ¿Con qué espacios de trabajo cuenta el programa?

4 Realiza una tabla comparativa de las características de AutoCAD y Fusion 360.

5 Usa Fusion 360 para diseñar un codo de 90º para la instalación de riego de tu olivar. Hazlo compatible, en cuanto a dimensiones, con la pieza que ya diseñaste.

Automatización de procesos

6 Quieres guardar en variables los siguientes datos: "plátano",'v', 50, 34'48. ¿Qué tipo de variable utilizarías para cada uno?

7 Representa en un mapa conceptual los tipos de pines que presenta una placa Arduino.

8 Comenta en tu cuaderno, línea a línea, qué realiza el siguiente programa de Arduino.

```
int Pines[] = {6,7,8,9,10,11,12,13};
int tiempo = 100;
void setup()
{
  for(int i = 0; i < 9; i++)
  {
    pinMode(Pines[i],OUTPUT);
  }
}
void loop()
{
  for(int i = 0; i < 8; i++)
  {
    digitalWrite(Pines[i],HIGH);
    delay(tiempo);
    digitalWrite(Pines[i],LOW);
  }
}
```

9 Conecta tres ledes a una placa Arduino. Añade un potenciómetro en una de sus entradas analógicas. Programa la placa para que cuando empieces a girar el potenciómetro se encienda un solo led; cuando alcances un tercio de su recorrido, se encienda también el segundo, y cuando llegues al segundo tercio, se enciendan todos.

10 Usa Tinkercad Circuits para diseñar, programar y simular un dispositivo que de forma automática conecte un pequeño ventilador cuando se supere determinada temperatura. Usa el mismo sensor de temperatura de tu proyecto, una placa Arduino y un relé que irá conectado al ventilador.

AUTODESK® TINKERCAD®

Internet de las cosas

11. Elabora una breve presentación para explicar cómo podrías controlar de manera remota el encendido y apagado de una lámpara en una vivienda, con el fin de simular la presencia de sus dueños cuando se encuentren de vacaciones fuera de ella y evitar, así, robos.

12. Explica qué es la Inteligencia Artificial y el Big Data y piensa cómo podrían utilizarse de forma conjunta. Expón un ejemplo.

13. Define qué es una *Thing* (cosa). ¿De qué partes consta?

14. Uno de los mayores problemas de los objetos conectados a internet es su seguridad. ¿A qué riesgos piensas que podría enfrentarse nuestro proyecto de riego inteligente? ¿Cómo podrían minimizarse?

Herramientas de publicación

15. Realiza una tabla comparativa de los principales *softwares* de presentación: Prezi, PowerPoint, Impress y Genially.

16. ¿Cuáles crees que son los aspectos más relevantes que deben tenerse en cuenta al realizar un presupuesto? ¿Cómo los reflejarías en una hoja de cálculo?

17. Investiga y busca el precio diario medio del MW·h en España a lo largo del año 2021. Confecciona una tabla con una hoja de cálculo con los datos obtenidos y elabora un gráfico a partir de ellos. Utiliza funciones de la hoja de cálculo que permitan obtener la media anual y los valores máximo y mínimo.

18. Haz una presentación de las opciones para proporcionar electricidad en un olivar al que no llegue la red eléctrica, de modo que sea autosuficiente. Investiga las tecnologías disponibles como, por ejemplo, la solar fotovoltaica. Utiliza Prezi para la presentación.

19. Utiliza la herramienta Mural junto a tus compañeros de equipo para mostrar las habilidades que habéis aprendido con el proyecto de agricultura inteligente.

Investigación

20. Busca en la web de Arduino las especificaciones de tu placa Arduino Nano 33 IoT. Haz una estimación de cuánto tiempo podría funcionar conectada a un *powerbank* de 4000 mAh. A la vista de los resultados, ¿crees que nuestro proyecto de riego puede alimentarse con baterías? ¿Por qué?

21. En la versión gratuita de Arduino IoT Cloud, puedes almacenar los datos de tus sensores durante 24 horas. Puedes acceder a ellos a través del panel de control (*dashboard*) de tu objeto (*Thing*). Recopila la información de la temperatura durante un día completo y, a continuación, realiza un análisis de datos en el que extraigas los valores máximos y mínimos y el valor medio. Usa una hoja de cálculo y dibuja una gráfica de temperatura en función de la hora del día.

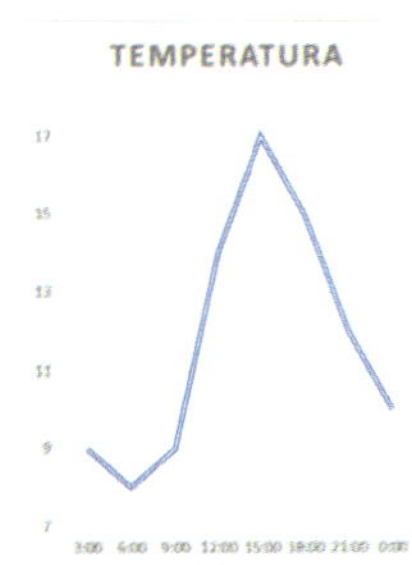

Ampliación del proyecto

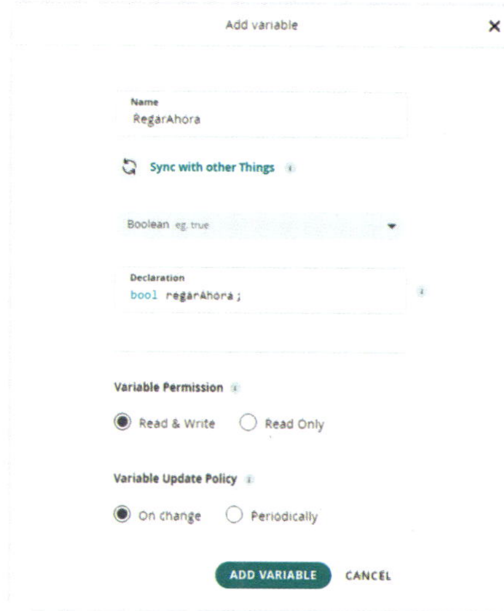

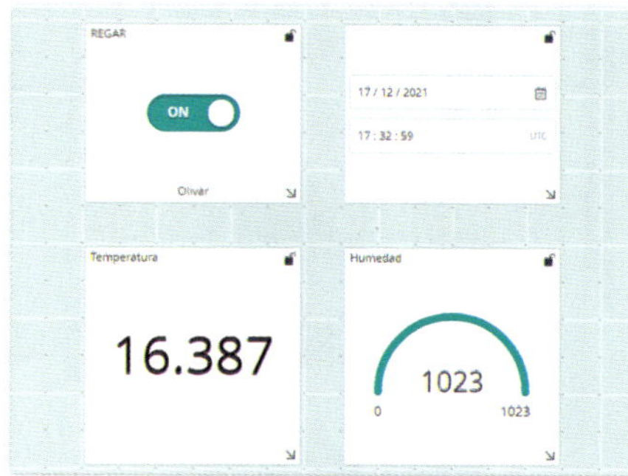

1 **Introduce una modificación en el objeto (*Thing*) de Arduino IoT Cloud de tu proyecto de riego para que aparezca, en el Panel de Control, un botón *Regar Ahora* que permita que el usuario obligue a la electroválvula a abrirse y, así, regar independientemente de los valores de los sensores. Para ello, sigue estas indicaciones:**

1. Entra con tu cuenta en Arduino Cloud y selecciona la *Thing* que has programado. Edítala añadiendo una nueva variable de tipo *booleano* llamada *regarAhora*.
2. Modifica el programa de tu Arduino en el editor en línea, de modo que la condición que habrá que evaluar para forzar el riego no será solo que *valorHumedad* sea mayor de 700, sino que también tenga en cuenta si *regarAhora* es cierto o falso:

```
if ((valorHumedad > 700) || (regarAhora == true)) {
   digitalWrite(2, HIGH);
} else {
   digitalWrite(2, LOW);
}
```

3. Descarga esta versión del programa a tu Arduino.
4. Abre el **Panel de Control** (*dashboard*) y añade un nuevo *widget*, un interruptor (*switch*) que asociarás a la variable *RegarAhora*.
5. Comprueba que la electroválvula se abre cuando activas el botón y se cierra cuando lo desactivas.

Aplicación

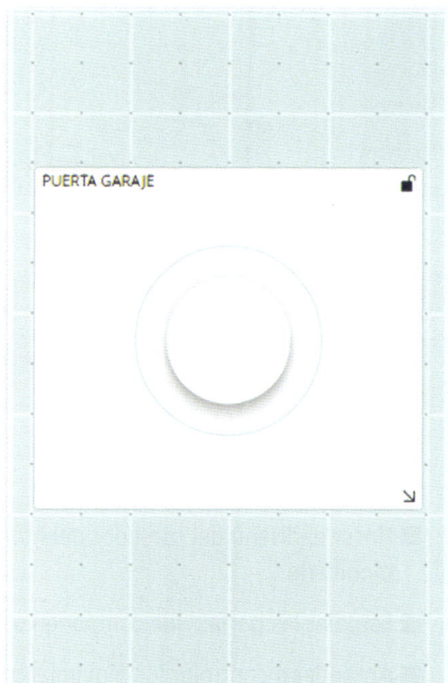

2 **Diseña un objeto para el Internet de las Cosas que permita abrir la puerta del garaje de una vivienda unifamiliar desde el teléfono móvil. Para ello, necesitarás una placa Arduino Nano 33 IoT que se conecte a la red wifi de la vivienda y un relé que dispare el mecanismo de apertura de la puerta. Puedes reutilizar los materiales de tu proyecto de riego del olivar. Recuerda los pasos:**

1. Conecta el relé a tu placa.
2. Usa Arduino IoT Cloud para crear el objeto (*Thing*) que va a controlar la apertura de la puerta.
3. Define una variable que controle el proceso.
4. Introduce los valores del nuevo wifi.
5. Edita el programa de la placa Arduino para que conecte el relé y se abra la puerta.
6. Añade un *widget* en el panel de control para poder dar la orden de apertura y cierre.
7. Comprueba desde el panel de la aplicación Arduino IoT Remote el correcto funcionamiento del dispositivo.

1.2 Robótica de vigilancia

¡EMPEZAMOS!

Una gran cadena hotelera quiere reforzar su seguridad para evitar que utilicen instalaciones y servicios del hotel personas que no son clientes. Te han propuesto que les ayudes diseñando unos robots vigilantes capaces de identificar a los clientes del hotel para poder distinguirlos de otras personas que no se alojen allí.

Para ello, deberás usar técnicas de Design Thinking y realizar las siguientes tareas:

- Contemplar todos los aspectos éticos que puede plantear el uso de inteligencia artificial.
- Hacer el diseño del comedor del hotel con sistemas CAD teniendo todo su mobiliario.
- Estudiar las partes que componen un robot, y saber cómo diseñarlas y construirlas.
- Aprender a controlar los movimientos de tracción diferencial.
- Diseñar rutas de movimientos en un robot.
- Aplicar el reconocimiento facial en un sistema de alarmas.
- Maquetar un manual de instrucciones, en el que se identifiquen las partes que deben figurar, para que resulte útil a los usuarios.

HERRAMIENTAS QUE VAS A UTILIZAR

A lo largo del proyecto usarás herramientas informáticas, así como dispositivos electrónicos y electromecánicos:

- Programas de diseño, ensayos de ingeniería y fabricación, como AutoCAD y Fusión 360.
- Herramientas de Design Thinking, como Miro y Visme, para realizar análisis y líneas del tiempo.
- Placa de Arduino Uno.
- Motores y servos.
- Sensor con cámara y con un chip de inteligencia artificial HuskyLens.
- Aplicaciones para maquetar documentos como Scribus.
- Aplicaciones para crear contenidos audiovisuales como OpenShot.
- Suite ofimática como procesadores de texto para los informes y los guiones.

RUTA DE APRENDIZAJE

PLANIFICACIÓN

1. Investigar la evolución de los robots.
2. Analizar las consecuencias éticas del uso de robots y de la inteligencia artificial.
3. Estudiar las posibilidades de la inteligencia artificial.
4. Planificar las tareas del proyecto.

DESARROLLO

5. Dibujar el plano de un edificio y diseñar una ruta para un robot.
6. Diseñar y construir el chasis de un robot.
7. Programar un sistema automático y los movimientos de un robot.
8. Utilizar la IA para realizar una serie de funciones en un robot.

PUBLICACIÓN

9. Elaborar un manual de uso con documentación técnica.
10. Hacer un vídeo del proyecto.

1 Planificación del proyecto

1.1. ¿Qué es un robot?

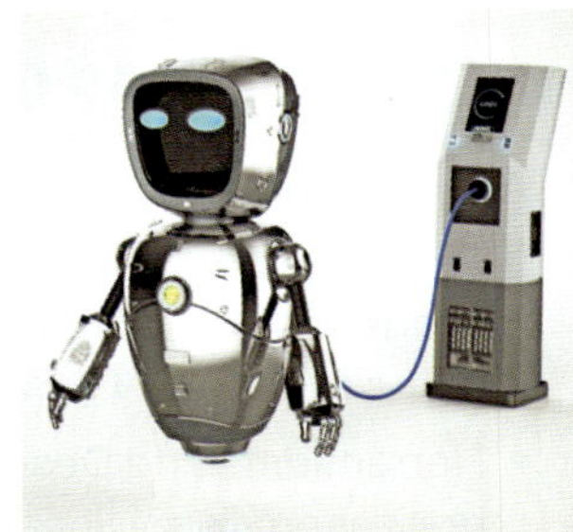

Un **robot** es una máquina automática capaz de realizar determinadas operaciones de manera autónoma. Suelen estar dotados de sensores para interactuar con el entorno que los rodea.

La robótica ha experimentado un notable avance en los últimos tiempos, incorporando algoritmos de inteligencia artificial que permiten a los robots aprender, realizar las tareas de forma autónoma y mejorar los procesos de producción.

La **inteligencia artificial (IA)** es un *software* diseñado para aprender automáticamente patrones o características en los datos que permiten presentar capacidades como el razonamiento, el aprendizaje o la creatividad.

Investigamos los robots

1. **Realiza un análisis sobre la evolución histórica de los robots. Para ello, tendrás que buscar información de los primeros sistemas automáticos hasta los robots de última generación. Ten en cuenta los siguientes datos para recabar información:**
   - En la antigua Grecia (siglo I d. C.) ya se crearon numerosos ingenios mecánicos automáticos como el de Herón de Alejandría, que permitía abrir las enormes puertas de un templo sin intervención humana.
   - En el siglo IX aparece el concepto de *autómata*, que es la máquina capaz de moverse por sí misma imitando los movimientos de un ser vivo.
   - En la Edad Media abundan los ejemplos de relojes y autómatas programables, aunque no pasaban de ser ingenios creados para el entretenimiento. Son los predecesores de lo que hoy conocemos como robots.
   - En los años cincuenta los robots se introducen en la industria, y es a partir de ese momento cuando podemos empezar a hablar de cinco generaciones de robots diferenciadas por cambios tecnológicos significativos.

2. **Crea una línea del tiempo con la información que has recabado. Las líneas de tiempo son herramientas que permiten sintetizar y organizar información teniendo en cuenta el momento en que ocurrieron los hechos. En la tuya deberás señalar fechas, hitos importantes en la historia de la robótica, e ilustrarlo con imágenes. Hay muchas herramientas informáticas para la creación de este tipo de recurso; usarás Visme.**
   1. Entra en **www.e-sm.net/revti1bach02_01**.
   2. Regístrate con una cuenta de correo y elige **Uso personal**.
   3. Busca alguna plantilla **Timeline** y escoge la que más se adapte a tu proyecto.
   4. En un procesador de textos Word o Writer, haz un listado con las fechas y nombres importantes.
   5. Trabaja sobre la plantilla y genera el documento final añadiendo las fechas, imágenes y un breve texto de cada momento señalado. No olvides guardarlo.

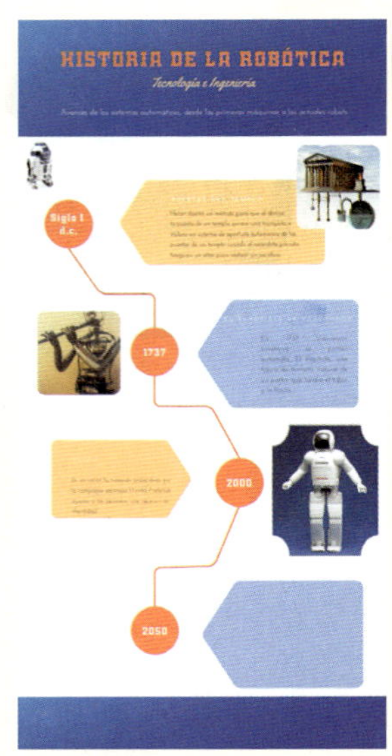

3. **Para concluir tu investigación sobre este tema, juntaos en grupos y responder entre todos las siguientes preguntas.**
   - ¿Dónde se enfoca el uso de robots actualmente? ¿Cuáles son las últimas tendencias?
   - En un futuro próximo, ¿qué trabajos crees que podrán desarrollar los robots?
   - En lo que concierne a tu proyecto del hotel, ¿qué tareas podrían realizar los robots?

1.2. ¿Qué consecuencias sociales provoca la robótica?

Es innegable que tanto la robótica como la inteligencia artificial supondrán un gran impacto en nuestra sociedad, pues generarán una transformación que afectará, fundamentalmente, a las relaciones laborales, y provocará cambios en las conductas de ocio. Modificará, por tanto, las relaciones humanas.

Las consecuencias de la expansión de los robots en la industria y en los hogares se pueden clasificar en varias categorías:

- Aumento del desempleo en trabajos que puedan ser automatizados.
- Formación y alta cualificación en robótica y tecnología.
- Cambios organizativos y mejora en la eficiencia de las empresas.
- Aumento de tiempo libre que afectará al ocio y al trabajo.

Analizamos el uso de robots en el hotel

1 **Analiza el impacto del uso de robots en el hotel. Ante la perspectiva de introducir el uso de robots en un entorno tan poco habitual como son los hoteles, deberás disponer de una lista de ventajas y desventajas que te permita visualizar el impacto de tu decisión de una manera objetiva. Para ello, utilizarás Miro.**

1. Entra en **www.e-sm.net/revti1bach02_02**.
2. Regístrate con una cuenta y una contraseña.
3. A continuación, crea un grupo. Debes darle un nombre al equipo y señalar el uso que harás; en tu caso, educación. Además, debes describir cuál será tu función (estudiante) y si vas a ser el líder del equipo. El resto de las preguntas no son importantes, aunque debes contestarlas.
4. Comparte el grupo con el resto del equipo. Ya puedes enviar por correo electrónico el enlace del mismo, para que tus compañeros de equipo puedan colaborar.
5. Utiliza la plantilla de pros y contras, **Pros/Cons List Template**.
6. Dispones de una serie de herramientas a la izquierda de la pizarra para trabajar sobre la plantilla, como son **Texto** y **Notas adhesivas**, que utilizarás para esta tarea. Además, podrás incluir formas, flechas, gráficos, cambiar colores y tipos de letra.
7. Podéis comenzar con una lluvia de ideas y escribirlas en los pósits a medida que se os ocurren. Después, recolocad las ideas desplazándolas a la zona de ventajas o inconvenientes.

   También podéis dejar en la parte superior las que consideréis más importantes. Intentad analizar cómo afecta a todos los aspectos del negocio: empleados, clientes, organización de la empresa, imagen corporativa, etc.

2 **Exporta tu pizarra. Para ello, dibuja un cuadro (*frame*) alrededor de toda la información recogida y pulsa Exportar, elige la opción de hacerlo en formato JPG.**

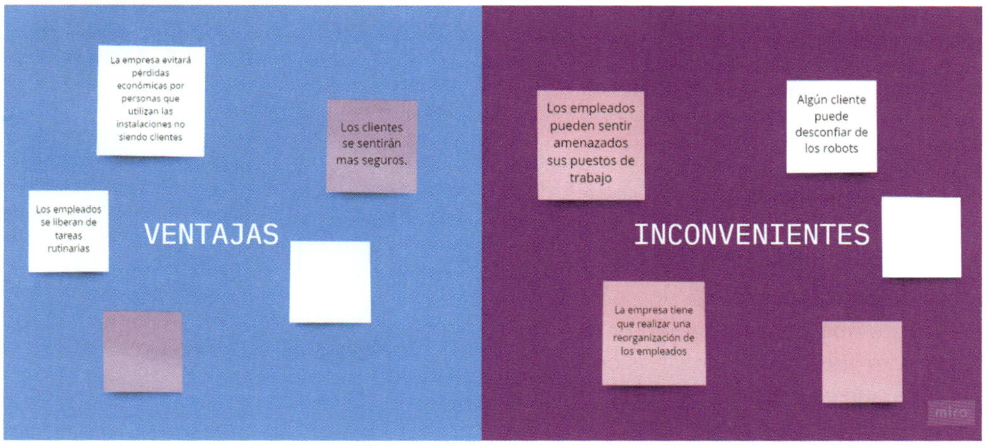

1.3. ¿Qué es la inteligencia artificial?

Hace tiempo que la capacidad de procesamiento de los ordenadores ha permitido desarrollar ciertos programas informáticos complejos que permiten a las máquinas capacidades semejantes a las de los humanos.

Los sistemas de aprendizaje basados en redes neuronales permiten a los ordenadores aprender de una forma parecida a la que tenemos los humanos, y resolver problemas, tomar decisiones y realizar tareas de una forma parecida a las personas.

> La expresión ***machine learning*** (aprendizaje automático) hace referencia a una rama de la inteligencia artificial que permite que las máquinas aprendan sin ser expresamente programadas para ello.

Actualmente encontramos multitud de sistemas dotados de inteligencia artificial.

Asistentes virtuales

Ayuda a los usuarios automatizando y realizando tareas, como Alexa, Google Assistant, SIri o Cortana.

Coches autónomos

Están dotados de IA que les permite tomar decisiones en situaciones impredecibles en la carretera.

Bots

Son programas que permiten al usuario mantener una conversación similar a la que tendrían con un amigo.

Medicina

Tiene aplicación en el análisis de diferentes pruebas médicas, en diagnósticos de enfermedades, en genética y en tratamientos farmacológicos.

Industria

Permite la mejora en la automatización de procesos complejos, el control de calidad, en la toma de decisiones y una larga lista de posibilidades.

Seguridad

Existen aplicaciones para el reconocimiento de voz, aplicaciones biométricas, en la defensa cibernética y, también, en el reconocimiento de imágenes.

Analizamos los problemas éticos que puede plantear la IA

1 **Identifica todos los problemas éticos que puede plantear introducir un robot dotado con inteligencia artificial en el hotel.**

Ten en cuenta que estamos en el umbral de una nueva era llena de incertidumbres. La inteligencia artificial social, es decir, la interacción entre el hombre y la máquina, pueden hacerte sentir como si hablaras con otro ser humano.

Una IA sin pautas éticas podría escapar de nuestro control. Por ello, es necesario que dotes a tu sistema de unas pautas éticas claras.

Para ello, elabora en un procesador de texto (Word y Writer) un informe en el que trabajes las siguientes cuestiones:

- Podría, en algún momento, parecer humano el robot y llevar a engaño a un cliente del hotel. ¿Crees que es ético fingir ser humano? ¿Hay que evitar esa confusión?
- ¿Consideras adecuado que tu robot vigilante pudiera llevar algún tipo de armas? ¿Crees que sería autónomo a la hora de usarlas? ¿Qué normas morales debe respetar?
- La IA podría adquirir la información de una forma sesgada. Si, por ejemplo, todos los intrusos que detecta tienen unos rasgos parecidos podría "aprender" que todas las caras con esos rasgos son intrusos. ¿Crees que es necesario evitar posibles discriminaciones por raza, género u otros parámetros?

1.4. ¿Cómo planificar las tareas de un proyecto?

A medida que el proyecto empieza a tomar forma comienzan a definirse una serie de tareas que hay que realizar entre todos los miembros del equipo. También tendrás una fecha límite para entregar tu prototipo al hotel, y ese hito determinará todo el calendario de trabajo.

Para planificar los proyectos existen diversos tipos de herramientas como los diagramas de Gantt, los Pert o el método Roy.

> En el **diagrama de Gantt** se representa la relación entre las tareas y el tiempo, de manera que permite visualizar fácilmente la distribución temporal del proyecto.

Para construirlo necesitas identificar las distintas **tareas** y **subtareas** del proyecto. Además, es importante decidir qué tareas no tienen dependencias y cuáles dependen de la finalización de una tarea previa. Cuando el diagrama está terminado se puede estudiar el camino crítico y ver qué tareas se pueden acelerar para acortar el tiempo total del proyecto.

Las principales características de un diagrama de Gantt son:

- Cada tarea se representa mediante un bloque rectangular cuya longitud indica su duración.
- La posición de cada bloque indica los instantes de inicio y finalización de la tarea que representan.

Planificamos el proyecto

1. **Elabora una lista de tareas, calcula los días que se pueden emplear en completarla y si tienen alguna dependencia con tareas anteriores. También puedes asignar la persona del equipo que se responsabilizará de dicha actividad.**

ID	Tarea	Predecesoras	Duración	Responsable
A	Diseña el chasis del robot	--	4	Esther Sánchez
B	Construye el chasis	A	5	Miguel del Peso
C	Enseña a HuskyLens	--	2	Juan Romero
D	Programa tu Arduino	C	5	Miguel del Peso
E	Diseña el circuito para el vigilante	--	7	Esther Sánchez
•••	•••	•••	•••	•••

2. **Crea un diagrama de Gantt en Miro para planificar la construcción del robot.**

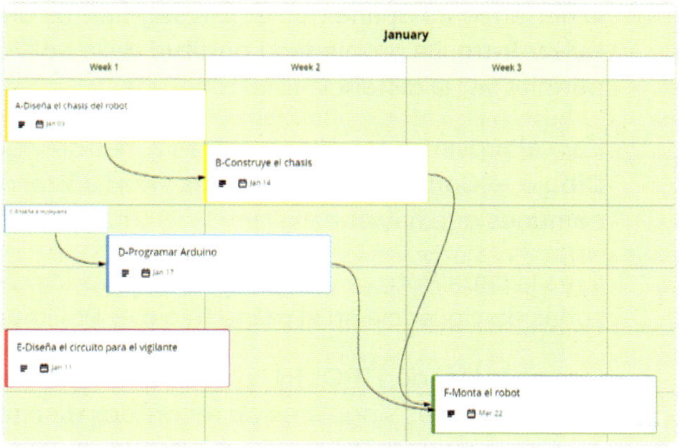

1. Accede a Miro con tu usuario y contraseña. Busca una platilla (*template*) llamada **Gantt Chart**.
2. Inserta una tarjeta por cada una de las tareas que hayas identificado. En las tarjetas puedes escribir el nombre de la tarea, el responsable y una fecha de finalización.
3. Cada tarea cuyo inicio o finalización no dependa de ninguna otra tarea se representa mediante un rectángulo de longitud equivalente a su duración, y deben tener su origen en el inicio del proyecto.
4. Para las tareas que tienen como predecesoras a las ya introducidas en el diagrama, los rectángulos que las representan deben tener su origen en la vertical del final de las tareas de las que dependen.
5. Exporta el resultado. Para ello crea un cuadro (*frame*) alrededor.

2 Desarrollo del proyecto

2.1. ¿Cómo dibujamos el recorrido del robot en el plano del hotel?

El cliente te va a facilitar un plano de arquitectura del hotel, para que realices un estudio de las zonas que debe vigilar el robot y el diseño de las rutas que seguirá.

Las herramientas de CAD, como AutoCAD, ayudan a diseñar y dimensionar con precisión los diferentes recorridos. En nuestro caso lo aplicaremos para que no haya colisiones de los robots con el mobiliario fijo, la zona de la piscina o los cambios de cota, como escaleras y rampas. Asimismo, permiten diseñar el camino óptimo para cubrir la mayor superficie de vigilancia en la menor distancia posible.

Las herramientas de AutoCAD más útiles para dibujar el plano son la **polilínea**, el **empalme**, el **chaflán** y la **equidistancia**.

Dibujamos el contorno de una planta del hotel

1 **Crea las rutas del robot a partir del plano del hotel.**

1. Inicia AutoCAD y crea un dibujo nuevo pinchando en el **icono AutoCAD → Nuevo → Dibujo**.

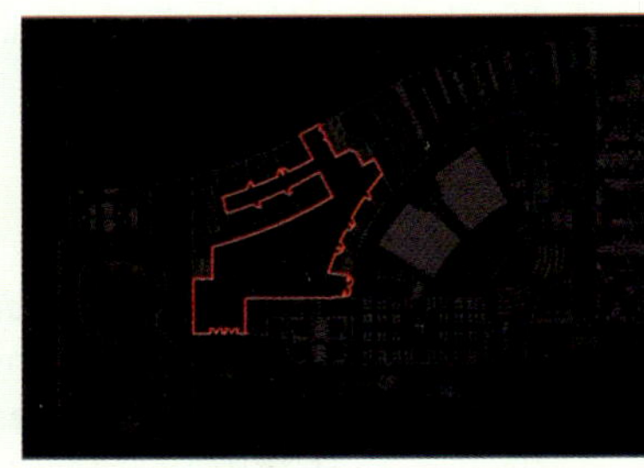

2. Descarga de la web del proyecto el plano del hotel e insértalo como referencia pulsando en menú **Inserción → Enlazar → Enlazar archivo de referencia**.
3. Escribe *UNIDADES* y presiona **Intro** para poder configurar las unidades con las que vas a trabajar. En arquitectura es habitual trabajar en metros.
4. Abre el control de capas de AutoCAD, haciendo clic en el comando **Capa**, y crea una nueva capa llamada *Zonas*, en color rojo. La designamos como capa de trabajo haciendo doble clic en ella.

   Para distinguir las capas de dibujo del proyecto de vigilancia de las de arquitectura, asocia un color gris (253) a las capas de la **Referencia externa** para que se diferencien gráficamente.

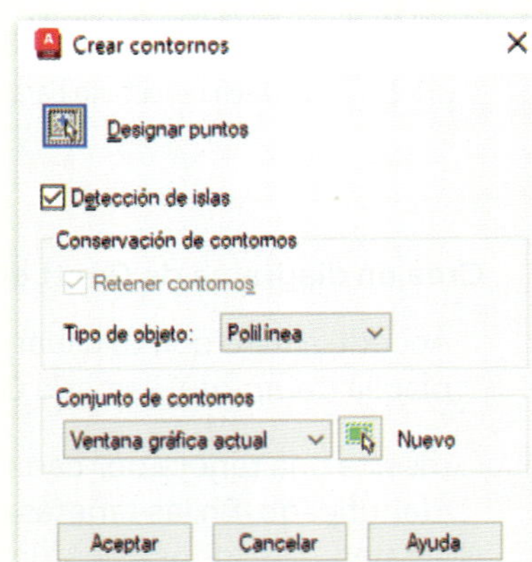

5. Con el comando **Contorno** crea polilíneas que te permitirán identificar el área de movimiento del robot en las zonas comunes de circulación.
6. Una vez creada, identificarás la ruta o rutas óptimas de vigilancia, para que el robot realice rondas iterativas de vigilancia siguiendo el camino más corto, y eligiendo unos puntos de bifurcación que el robot adopte según las necesidades y el horario de vigilancia. Vamos a diseñar los recorridos con la herramienta **Spline** que dibuja segmentos de líneas encadenadas hasta pulsar **Intro**. La propiedad **Longitud** de la polilínea que forma cada recorrido permite ver la distancia total recorrida.
7. Para el proyecto establecerás tres zonas de vigilancia y, a través del menú **Dibujo → Contorno**, resaltarás las áreas correspondientes a las zonas comunes que hay que vigilar.
8. Crea la capa *Rutas* y dibuja con polilíneas los recorridos del robot en las zonas de vigilancia en el menú **Inicio → Polilínea**.

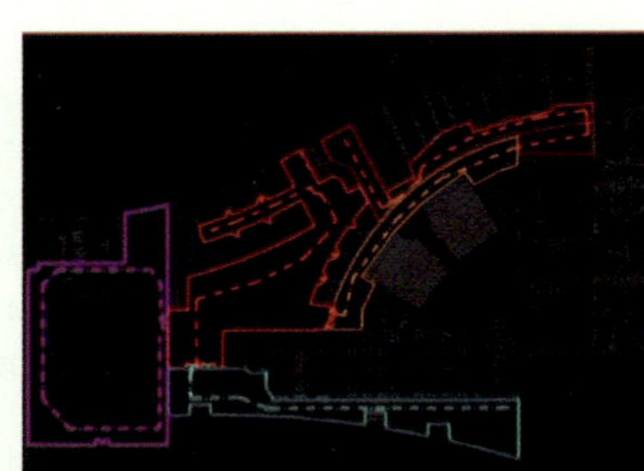

9. Con el comando **TIPOLIN** se pueden cargar distintos trazados para distinguir líneas singulares de recorridos de circulación o instalaciones. En este caso elegirás la línea **Dashdot** que corresponde a un trazado de punto y raya.

   Es muy útil delimitar las zonas con polilíneas cerradas, ya que permiten realizar luego elevaciones 3D, o aplicar tramas de colores, así como también calcular áreas y perímetros de los espacios seleccionados, buscando las propiedades de la polilínea, seleccionando cada una y pulsando **Ctrl+1**.

El sensor del robot también puede ser programado para reconocer dibujos y etiquetas.

A través del comando **Bloques** de AutoCAD podrás señalizar distintas zonas del hotel y definir en cada una de ellas que el comportamiento del robot vigilante podría ser diferente según los pictogramas que encuentre en su camino.

Colocamos señales y mobiliario para definir la capa de ruta

1 **Inserta en el plano del hotel los bloques de señales y mobiliario especial que el robot necesite reconocer para realizar su ruta de vigilancia. Los bloques para la señalización tendrás que descargarlos en una carpeta de tu ordenador.**

1. En la red existen numerosas bibliotecas gratuitas con bloques que puedes importar para tu proyecto. Entra en los siguientes enlaces: **www.e-sm.net/revti1bach02_03** y **www.e-sm.net/revti1bach02_04**. Después, descarga directamente los bloques de las señales elegidas, como archivos con formato dwg, en una carpeta de tu ordenador.

2. Los archivos de los bloques se suelen numerar con prefijos para ordenar las categorías, según se trate de señales, mobiliario, equipos, etc.

3. A continuación, agrega esa carpeta al menú de bibliotecas predefinidas de nuestro dibujo, mediante el comando **Inserción → Biblioteca de bloques**.

4. Inserta el bloque *08 zona de reunión* en salas restringidas, para que el robot pueda tenerlo en cuenta si tiene que detectar acceso de personas no autorizadas. Para ello, entra en la biblioteca de bloques y arrastra el icono del bloque a la zona que corresponda.

   Con las opciones de escala y ángulo de rotación de la parte inferior del menú **Bloques** puedes ajustar el tamaño y la orientación.

5. Repite la operación con el bloque *Salida de emergencia* en las puertas de recorridos de evacuación, y los letreros de aseos de hombres y mujeres en las puertas correspondientes.

6. Por último, inserta el bloque de mobiliario de la recepción del hotel: *31 recepción publico.dwg*.

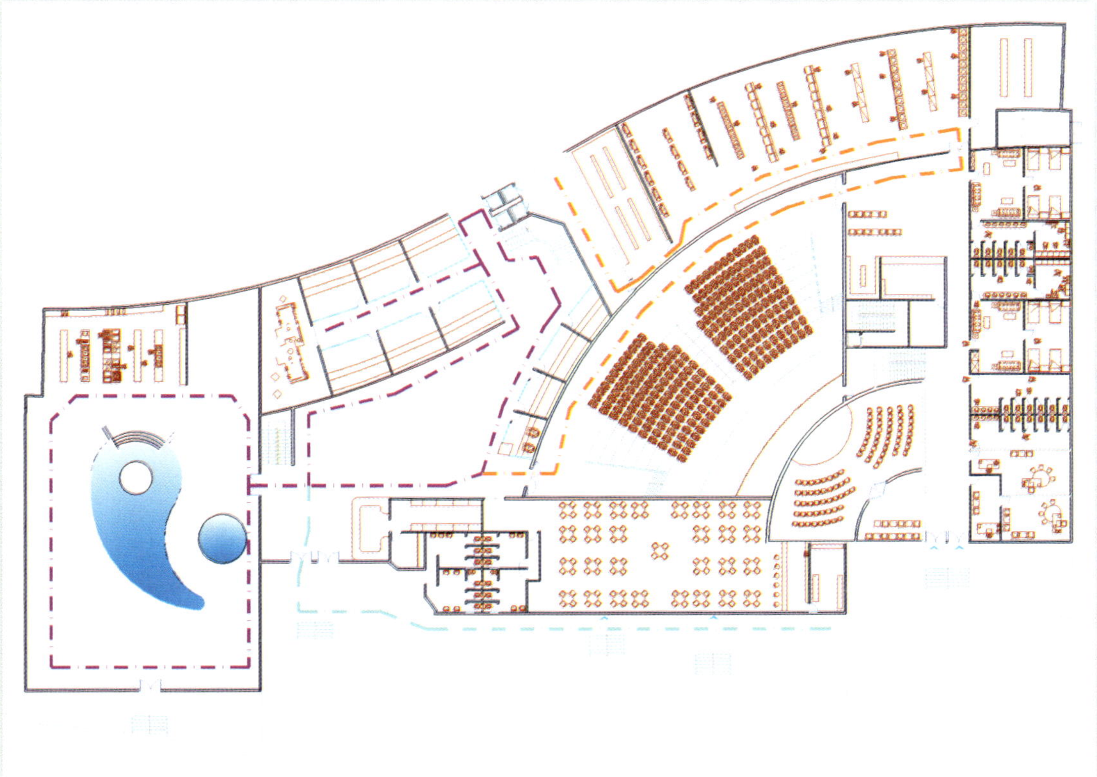

2.2. ¿Cómo diseñamos el chasis del robot?

Vas a diseñar el chasis de tu robot con una herramienta de CAM. Cuando se planifica la forma y dimensiones del esqueleto de un prototipo, lo primero que debes hacer es reflexionar sobre los elementos que debe soportar.

Usarás los siguientes comandos de Fusion 360 para dibujar el contorno del chasis y señalar los puntos donde hay que realizar operaciones como, por ejemplo, taladros:

Extruir

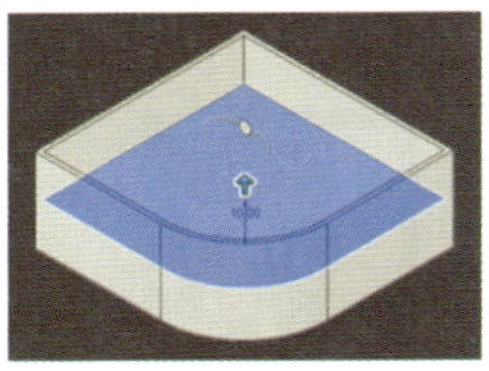

Permite añadir profundidad a las partes de tu boceto o crear un muro del grosor deseado.

Dividir cuerpo

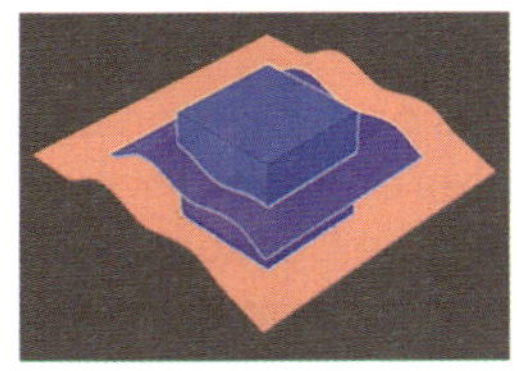

Permite crear huecos. Debes indicar sobre qué cuerpo y qué herramienta de corte se usará.

Crear nervio

Permite extruir una pieza delgada, aunque esté abierto, siempre que esté junto a un cuerpo sólido.

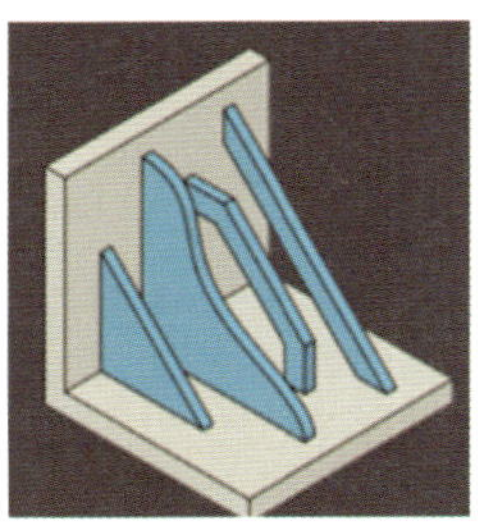

Crear agujero

Permite crear un agujero para taladrar. Hay que seleccionar la cara, la forma y las dimensiones.

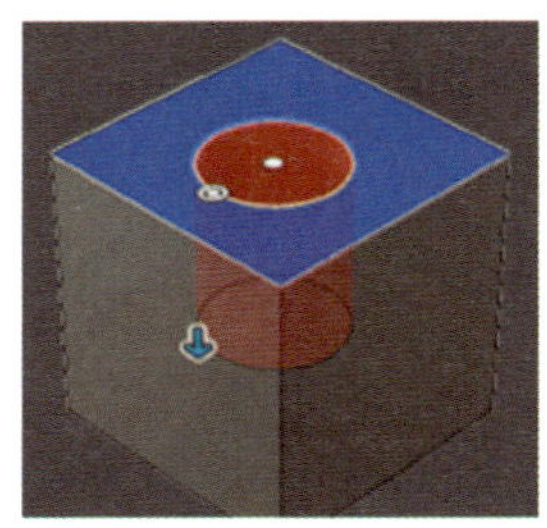

Diseñamos el chasis del robot vigilante

1 **Diseña el chasis del robot con Fusion 360. El esqueleto soportará estos elementos: dos motores, la placa de Arduino, las pilas o baterías, y el sensor HuskyLens.**

1. Abre Fusión 360 y comienza un **Nuevo diseño**.
2. En **Parámetros de rejilla** ajusta la rejilla a 10 mm de intervalo y 5 subdivisiones menores.
3. Elige la vista superior y empieza a dibujar el boceto pulsando en **Crear boceto**.
4. Crea un **Rectángulo** a partir de dos puntos de dimensiones 80 × 120 mm.
5. Redondea las esquinas haciendo clic en **Empalme**. Selecciona las líneas que forman la esquina, y luego indica que el radio de curvatura sea de 10 mm en las esquinas superiores y de 20 mm en las inferiores.
6. En la parte delantera haz dos **Líneas** de 15 mm hacia la derecha y hacia la izquierda, a partir del centro del chasis y a 10 mm del borde. Lo usarás posteriormente para hacer los taladros.
7. Para alojar los servos, dibuja un **Rectángulo** a cada lado de 12 mm × 65 mm. Colócalos a derecha e izquierda del boceto y a 10 mm del borde superior.
8. Ya has finalizado el diseño en dos dimensiones. Pulsa en **Terminar boceto**.

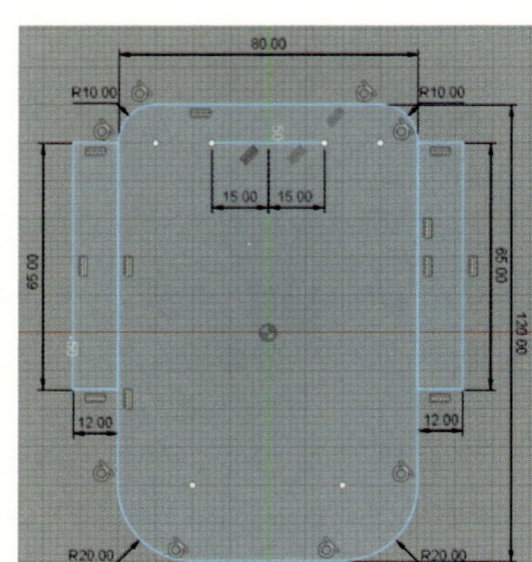

Diseñamos el chasis del robot vigilante

2 **Extruye el boceto para que tenga volumen usando un espesor del muro de 5 mm.**

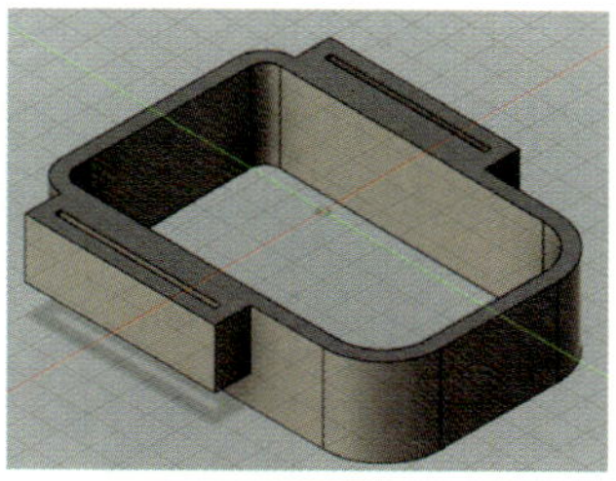

1. Selecciona la pieza central y pulsa **Extruir**. En el menú que se abre, elige **Extruir fino**, dirección un lado y distancia –30 mm. Recuerda que el grosor del muro es de 5 mm. Para volver a ver el boceto clica en el ojo del boceto del menú del **Navegador**.
2. Selecciona el rectángulo de la izquierda y abre **Extruir** → **Extruir fino**. Selecciona dirección un lado y distancia –20 mm. El grosor del muro será nuevamente de 5 mm y se elige la operación **Unir**. Repite el proceso con el rectángulo de la derecha.
3. Para hacer la parte superior, selecciona los tres objetos del boceto a la vez, pulsando **Shift** mientras haces clic en ellos, y elige el comando **Extruir** (la opción normal, no Extruir fino), y distancia 5 mm.

3 **Recorta un hueco para alojar los servos en el chasis del robot.**

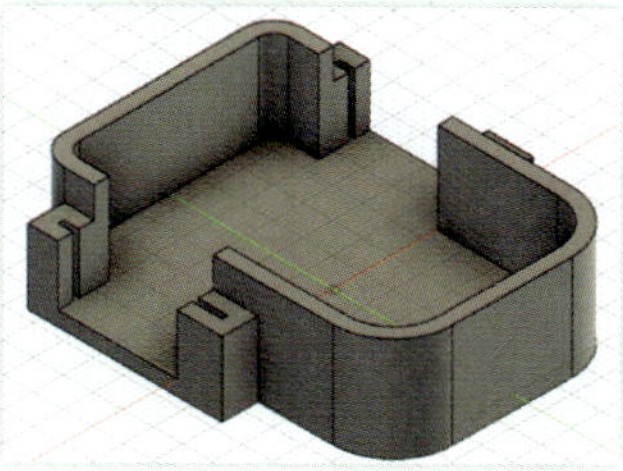

1. Elige la vista desde la izquierda para **Crear un boceto** en el lateral que nos sirva para la herramienta de corte. Selecciona el plano YZ y crea un rectángulo de 40 × 30 mm a 10 mm del borde. Haz clic en **Terminar boceto**.
2. Elige **Modificar** → **Dividir cuerpo**. Selecciona el chasis y, como herramienta de división, elige el rectángulo del boceto que acabas de crear.
3. En el **Navegador**, en el apartado **Cuerpos**, aparecerán cuatro cuerpos nuevos. Son los trozos que has recortado. Pulsa sobre ellos en el navegador con el botón derecho y selecciona la opción **Quitar** para eliminarlos del diseño.

4 **Diseña el patín de la parte trasera del prototipo.**

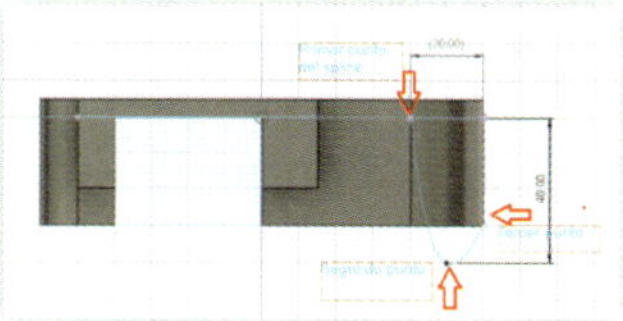

1. Elige **Crear un boceto** en el plano YZ. Pincha **Spline**. Selecciona el primer punto a 20 mm del final del robot, el siguiente punto a 10 mm del final del chasis y a 40 mm del borde superior del prototipo. El último punto del spline conéctalo a la carrocería y termina el dibujo de la línea curva.
2. Pulsa en **Terminar boceto**.
3. Selecciona **Crear** → **Nervio**. Elige el boceto con el spline, haciendo clic en él, y especifica un espesor de 5 mm. En el apartado **Dirección del espesor** indica en las dos direcciones y pincha en la flecha de cambiar de dirección para que el nervio sea la pieza que necesitas.

5 **Realiza unos agujeros para atornillar el soporte de HuskyLens y otro agujero mayor para pasar los cables de los servos hacia la parte superior del diseño.**

1. Elige la herramienta **Agujero**. Selecciona como punto para taladrar el que marcamos en el boceto inicial a 15 mm del eje de simetría. Indica que el taladro sea de 5 mm de profundidad y 3 mm de diámetro.
2. Repite el paso anterior en el otro punto simétrico al primero.
3. Por último, haz otro taladro de 5 mm de profundidad y 15 mm de diámetro en el centro del chasis con la misma herramienta **Agujero**.

6 **Construye el chasis usando cartón pluma de 5 mm de espesor. Necesitarás un cúter o tijera, cola blanca o una pistola de pegamento termofusible, reglas y lápices.**

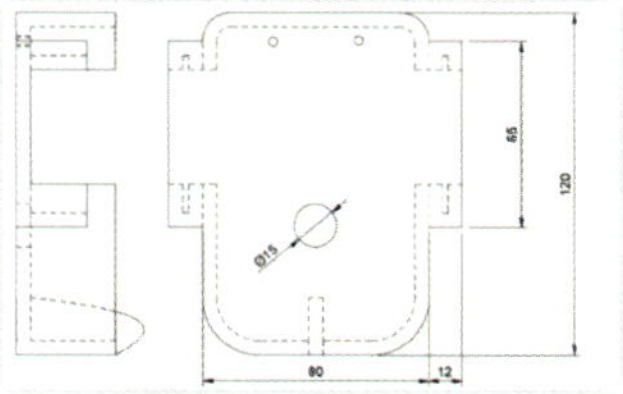

1. En Fusion 360, selecciona la opción **Dibujo a partir de un diseño**, para obtener unos planos detallados del diseño del chasis del robot.
2. Dibuja sobre el cartón pluma las distintas piezas del chasis a partir de los planos.
3. Recorta cuidadosamente las piezas y realiza los taladros. Por último, pégalas.

2.3. ¿Cómo se moverá el robot?

Uno de los actuadores más importantes en robótica es el **motor eléctrico**. Existen distintos tipos según su funcionamiento y la aplicación en la que se van a emplear.

Motor de corriente continua

Transforma la energía eléctrica en energía mecánica de rotación. Proporciona un giro continuo que puedes aprovechar para mover una rueda.

Motor paso a paso

Permite controlar movimientos con mucha precisión. Se utiliza en la automatización de sistemas con muchas paradas y arranques, como las impresoras.

Servomotor

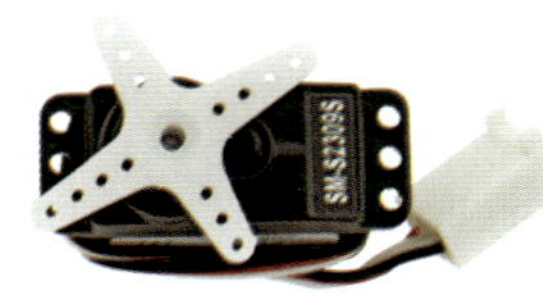

Similar al motor de corriente continua, pero diseñado para girar el ángulo que indiques, manteniéndose fijo en esa posición. Se puede utilizar para la barrera de un aparcamiento.

Los servomotores tienen un conector de tres cables para su funcionamiento: **alimentación 5 V** (rojo), **tierra** (negro) y el de **control** (blanco).

Controlamos la barrera del aparcamiento del hotel

1 **Crea un pequeño programa en el IDE de Arduino para subir y bajar la barrera de un aparcamiento mediante la pulsación de un botón.**

1. Monta el circuito que aparece en la imagen. Para el botón necesitas una resistencia de Pull-Down (4,7 KΩ) que hace que el pin se ponga en estado HIGH cuando se pulse el botón.

   Este tipo de sistemas de control se denominan **sistemas de control en lazo abierto**. El sistema recibe una orden (botón) y el programa envía una orden al actuador (servomotor), pero no se comprueba el resultado obtenido, no hay señal de realimentación.

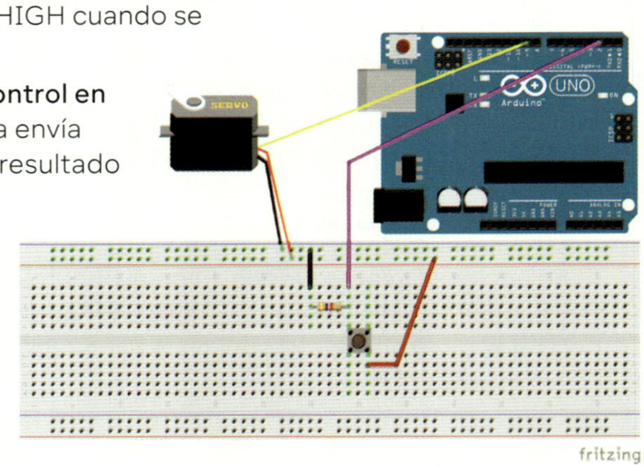

2. Comprueba que tienes la librería Servo.h y carga el siguiente programa en la placa.

```
#include <Servo.h>   //Biblioteca para el servo
Servo barrera;   // crea el objeto barrera para controlar el servo
boolean BarreraSubida = false;
int Pin2 = 2;   // Pin para leer el boton (con resistencia pull-down)
int boton = 0;   // estado del botón
void setup() {
  barrera.attach(9);   // conecta el servo al pin 9 (PWM)
  pinMode(Pin2, INPUT);
  barrera.write(90);   //baja la barrera al principio
}
void loop(){
  boton = digitalRead(Pin2);   //lectura digital de botón.
  if (boton == HIGH) {   // Si se pulsa el botón
      if (BarreraSubida == true) {
          barrera.write(90);   //baja la barrera
          BarreraSubida = false;
      }
       else {
          barrera.write(0);   //sube la barrera
          BarreraSubida = true;
      };
   };
  delay(500);   //espera para evitar rebotes del botón
}
```

Cuando diseñas robots, sobre todo si tu producto va dirigido a un entorno en el que se relacionará con humanos, es inevitable la tendencia a que sean **antropomórficos**. Esto es, que tengan una forma y unos movimientos similares a los de un ser humano.

Para tu prototipo has de considerar que un desplazamiento bípedo como el que realizamos los humanos es realmente complicado. Si el terreno sobre el que se va a mover tu robot es uniforme y no tiene desniveles, es más razonable pensar en un movimiento con dos ruedas.

> Este tipo de robots se llaman de **tracción diferencial** porque su movimiento es resultado de la diferencia de los movimientos de sus ruedas.

Así, si las dos giran en el mismo sentido, el robot avanza, o retrocede. Pero si una gira en un sentido y la otra en el contrario, el robot pivota sobre sí mismo, girando sobre su centro. Otros giros son posibles si las ruedas se mueven a distintas velocidades.

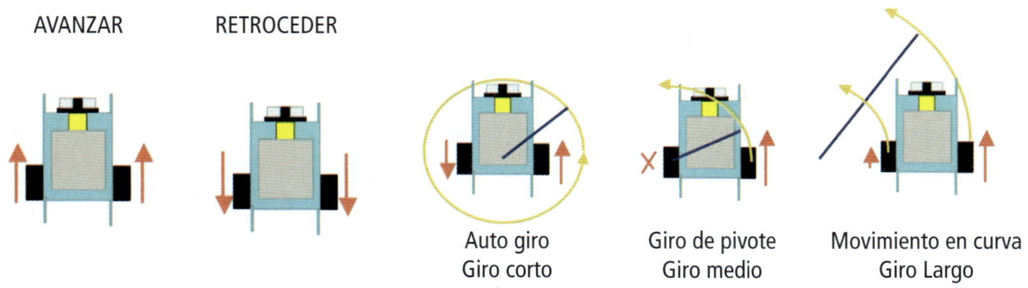

Controlamos un robot de tracción diferencial

1. **Realiza un programa en el IDE de Arduino para que el robot se mueva siguiendo una trayectoria con forma de cuadrado. Para ello, necesitas conectar dos servos de giro continuo, con su correspondiente rueda, a tu placa de Arduino y colocarlo sobre el chasis. Por otra parte, para que tu prototipo pueda funcionar sin la conexión al cable USB que lo une al ordenador, necesitarás alimentarlo externamente con pilas.**

   1. Monta la placa como se muestra en la imagen.

   2. Carga el programa que aparece a continuación de la placa usando el IDE de Arduino.

      El programa será muy sencillo, pues se trata de repetir cuatro veces la misma secuencia: avanzar en línea recta y realizar un giro de 90º. Para el giro debes parar una de las ruedas mientras la otra avanza.

```
#include <Servo.h>
Servo servoIzq, servoDch;
void setup() {
servoIzq.attach(9);
servoDch.attach(10);
}

void loop() {
  for(int i =1; i<5; i++) {
     servoIzq.write(70);
     servoDch.write(120);
     delay(1000);
     servoDch.write(90);
     servoIzq.write(15);
     delay(1000);

    }
     servoIzq.detach();
     servoDch.detach();
     delay(10000);
}
```

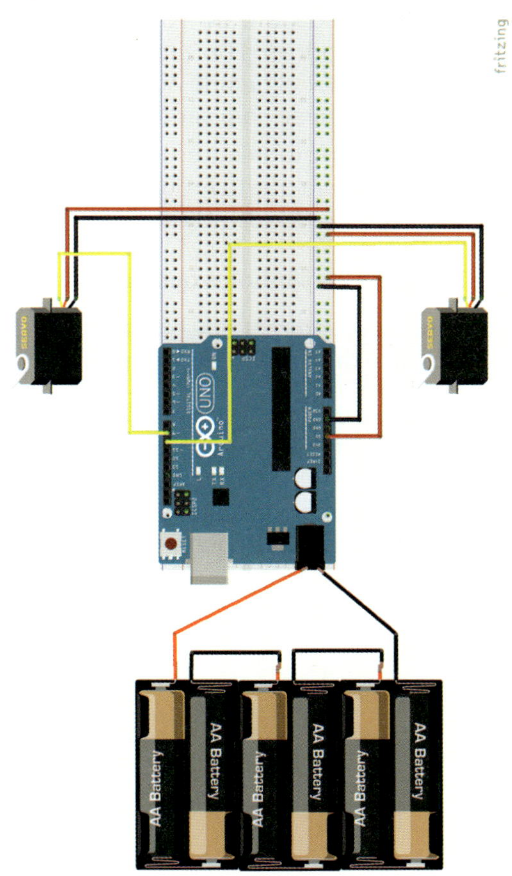

2.4. ¿Cómo programar un sistema automático?

Los sistemas automáticos, y entre ellos los robots, se pueden construir de dos maneras:

Sistema de control cableado

Tiene la ventaja de ser robusto, porque se emplean dispositivos físicos, pero también el inconveniente de que no se puede modificar fácilmente.

Sistema de control programado

Tiene la ventaja de poder modificarse fácilmente sin necesidad de cambiar elementos, solo hay que cambiar el programa que ejecuta.

Para escribir los programas existen numerosos **lenguajes de programación**, desde los de más bajo nivel como el lenguaje máquina, a los de alto nivel como el C o el Java.

En los **lenguajes de programación textual** las instrucciones se introducen en líneas de texto que hay que escribir en un editor para crear el programa. Estas instrucciones serán posteriormente interpretadas o compiladas para que el procesador las ejecute.

Antes de escribir un programa es necesario pensar en lo que queremos hacer y descomponer esa operación en una serie de instrucciones sencillas que, al ejecutarlas en orden, produzcan el resultado deseado; es lo que llamamos un **algoritmo**.

Existen formas de enfrentarse al diseño de algoritmos que permiten alejarse de un lenguaje de programación concreto y centrarse en resolver el problema; se trata del **pseudocódigo** y los **diagramas de flujo**.

Escribimos un programa para el robot

1 **Escribe un algoritmo sencillo para que el robot realice una espiral cuadrada y súbelo a la placa. Ten en cuenta los siguientes aspectos:**

- Fíjate en el diagrama de flujo que tendrá el programa. El robot debe ir dibujando una figura en la que el lado del cuadrado va aumentando tras cada giro de 90º. El proceso se repetirá hasta completar cuatro cuadrados (16 veces). La longitud del lado del cuadrado viene dada por el tiempo que el robot avanza en línea recta, que debe incrementarse para cada lado.
- Escribe un programa en lenguaje C, teniendo en cuenta el diagrama de flujo para que tu Arduino realice la espiral cuadrada. El programa será muy parecido al llevado a cabo en la práctica anterior.

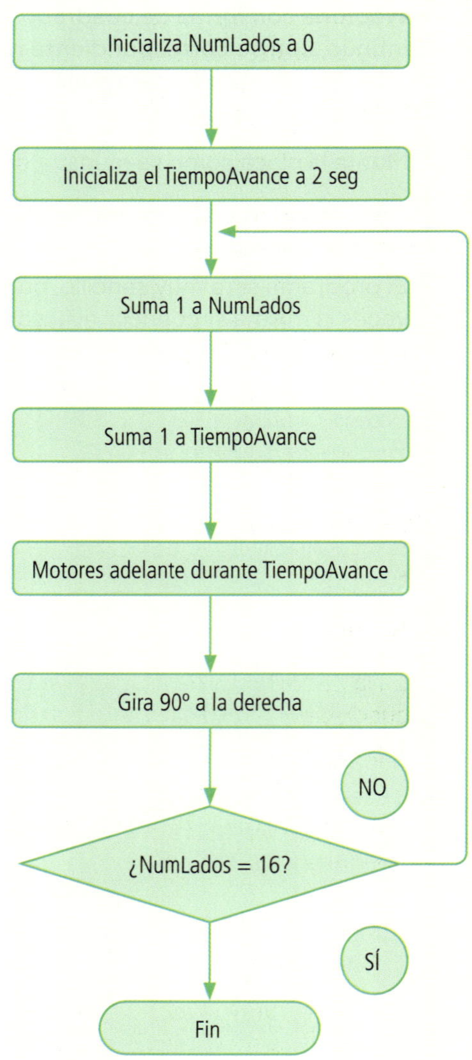

2 **Investiga los símbolos que puede haber en un diagrama de flujo.**

1. Busca en internet qué operaciones se pueden incluir en un diagrama de flujo y su representación.
2. Elabora un documento con la información. Para ello, abre un procesador de texto (Word y Writer) y crea una tabla de dos columnas. En la columna de la izquierda escribe las distintas operaciones que puedes incluir en un diagrama de flujo, y a la derecha inserta el gráfico que se utiliza para representarlo.

Decisión	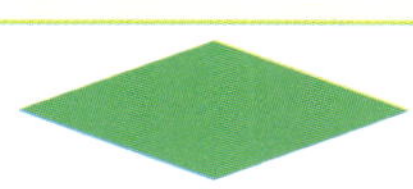
Salida a impresora	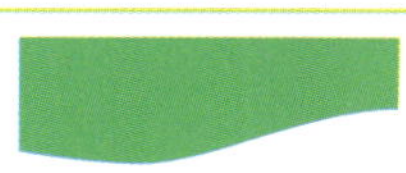
Salida a pantalla	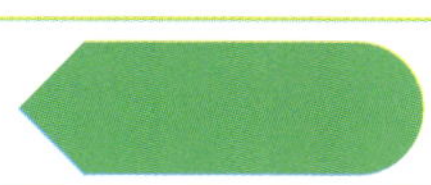
•••	

2.5. ¿Cómo utilizar la IA para seguir una línea?

HuskyLens es un sensor de visión con IA que incluye seis funciones: reconocimiento facial, seguimiento de objetos, reconocimiento de objetos, seguimiento de líneas, reconocimiento de colores e identificación de etiquetas (*April Tags*).

Para nuestro robot vigilante usaremos la función que permite detectar y seguir una línea. Para ello, hay que realizar los siguientes pasos:

1. Lo primero hay que hacer es "enseñar" a la inteligencia del sensor HuskyLens a distinguir entre el suelo y la línea.
2. Cuando HuskyLens detecte la línea, le indicará a la placa las coordenadas X e Y de la línea que está "viendo" con su cámara.
3. El programa deberá hacer que el robot maniobre de forma adecuada para caminar sobre la línea siguiendo el camino trazado.

Enseñamos al sensor a reconocer la línea

1 **Familiarízate con el sensor HuskyLens. Para comenzar a entrenar tu sensor no es necesario tener conectado HuskyLens a la placa de Arduino, basta con conectarlo al puerto USB del ordenador.**

1. Enciéndelo conectando el sensor a un puerto USB de tu ordenador.
2. Navega por los distintos menús. Dispone de dos botones:
   - El botón de **Aprendizaje** lo usarás cuando quieras enseñar algo nuevo a tu sensor. Realiza una pulsación larga de este botón para enseñarle un objeto desde distintos ángulos y distancias. Mediante una pulsación corta se olvidará de un objeto que haya aprendido anteriormente.
   - El botón de **Selección de función** te servirá para desplazarte por los menús y confirmar las opciones. Una pulsación larga del botón te llevará a un segundo nivel de menú de ajuste de parámetros.

2 **Diseña un circuito para que aprenda a seguir una línea. Puedes preparar el circuito en el suelo o sobre una mesa grande. Para ello, ten en cuenta los siguientes aspectos:**

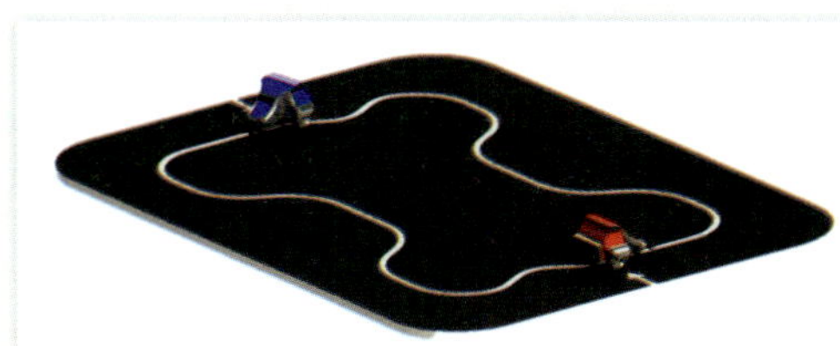

- Marca el camino que quieres que siga el robot con cinta aislante.
- Intenta que las curvas no sean demasiado cerradas.
- Procura que haya un buen contraste entre el color del suelo y el color del camino.
- La zona debe estar bien iluminada.

3 **Enseña a HuskyLens y entrena su inteligencia artificial.**

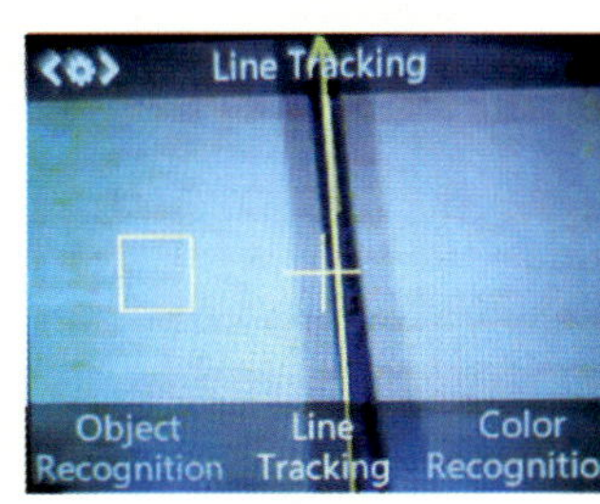

1. Accede, a través del menú, a la opción de seguidor de líneas, **Line tracking**.
2. Apunta la cámara hacia el recorrido.
3. En la pantalla del sensor verás una cruz (símbolo +) y un cuadrado. Los colores del cuadrado y la cruz que aparecen en la pantalla te indican el estado de HuskyLens:
   - **De amarillo a naranja y luego de naranja a amarillo:** no ha "aprendido" todavía el objeto, pero está preparado para "aprenderlo".
   - **Amarillo:** "aprendiendo" el nuevo objeto.
   - **Azul:** "ha aprendido" el nuevo objeto y lo reconoce.
4. Mantén la cruz sobre la línea y el cuadrado sobre el fondo del circuito, y aprieta el botón de aprendizaje. Procura que el sensor esté paralelo a la línea.
5. Confirma que la cruz y el cuadrado están en color azul. El dispositivo ya está preparado para reconocer tu circuito.

2.6. ¿Cómo dotar de IA a Arduino?

La comunicación entre la placa de Arduino y el sensor HuskyLens se puede realizar a través de un puerto UART o un puerto I2C.

> Un **puerto UART** es un puerto que permite el intercambio de datos en serie entre dos dispositivos, mientras un **puerto I2C** es un puerto que permite la transferencia de datos entre dos dispositivos digitales.

Los valores que recibe son las coordenadas X, Y del origen de la flecha y las coordenadas X, Y del final de la flecha, de acuerdo con el sistema de coordenadas de la derecha.

Conectamos HuskyLens a Arduino

1. **Prepara el entorno de programación para trabajar con HuskyLens.**
   1. Accede a **www.e-sm.net/revti1bach02_05** y descarga la librería de HuskyLens.
   2. Descomprime el archivo y cópialo dentro de la carpeta de librerías de Arduino.
   3. Comprueba que funciona. Acerca la cámara a la línea de tu circuito y abre el monitor. Si detecta la línea, devolverá las coordenadas X e Y, del origen y final de la flecha.

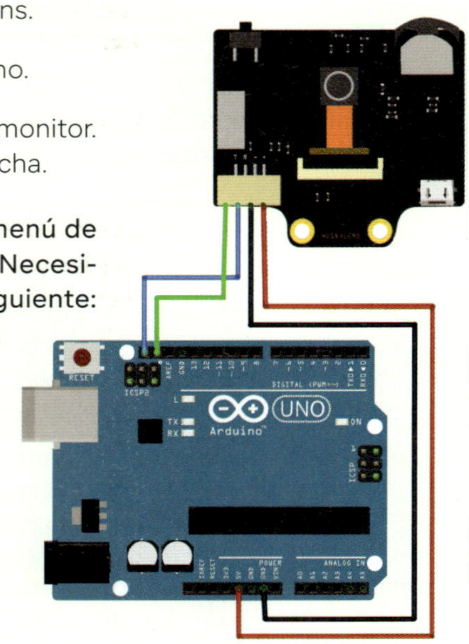

2. **Conecta el sensor a tu Arduino. Para ello, usa el protocolo I2C. Accede al menú de HuskyLens y, en el apartado de Protocol Type, selecciona Autodetect o I2C. Necesitas un conector I2C de cuatro pines, y el conexionado con la placa es el siguiente: T → SDA, R → SCL, - → GND y + → 5V. Luego, carga el programa y compílalo.**

```
#include "HUSKYLENS.h"
#include "SoftwareSerial.h"
HUSKYLENS huskylens;
void setup() {
 Serial.begin(9600);
 Wire.begin();
while (!huskylens.begin(Wire)) {
  Serial.println("Fallo al comienzo!");
  Serial.println("1.Comprueba el Tipo de protocolo (Ajustes generales >> Tipo de protocolo >> I2C)");
  Serial.println("2.Comprueba las conexiones.");
  delay(100);
 }
}
void loop() {
  if (!huskylens.request()) Serial.println("Error al recibir datos de, comprueba las conexiones");
   else if(!huskylens.isLearned()) Serial.println("Falta aprendizaje, pulsa el botón de aprendizaje en HUSKYLENS para aprender algo.");
    else if(!huskylens.available()) Serial.println ("No aparece un bloque o una flecha en la pantalla");
  else
 {
  Serial.println("###########");
  while (huskylens.available()) {
   HUSKYLENSResult valor = huskylens.read();
   muestraLectura(valor);
   }
  }
}
void muestraLectura(HUSKYLENSResult valor){
 if (valor.command == COMMAND_RETURN_ARROW){<
   Serial.println(String()+"Flecha:xOrigen="+valor.xOrigin+",yOrigen="+valor.yOrigin+",xFinal= "+valor.xTarget+",yFinal="+valor.yTarget);
   }
 else{
   Serial.println("Objeto desconocido!");
   }
}
```

2.7. ¿Cómo controlamos el movimiento del robot vigilante?

Con la información que envía el sensor de inteligencia artificial a tu placa Arduino debes ser capaz de gobernar los motores, para girar en la dirección adecuada y mantener la flecha en el centro de la pantalla mientras el prototipo avanza.

Como el robot tiene un sistema de tracción diferencial, acelerando o frenando adecuadamente los motores derechos e izquierdo provocarás el giro necesario para seguir el camino trazado.

Para ello, debes fijarte en la coordenada X del extremo de la flecha, es la que te indicará hacia dónde debe maniobrar el robot.

Controlamos los motores del robot

1. **Añade los motores con las ruedas a la placa. Conecta el motor izquierdo al pin 9 y el derecho al pin 10. Fíjate en la imagen.**

2. **Relaciona el giro de los motores con la dirección de la línea cargando a tu placa el siguiente *sketch*. Para establecer una relación entre la coordenada X del final de la flecha y la potencia de los motores usa la función map que te permite hacer equivalencias entre distintos rangos de valores.**

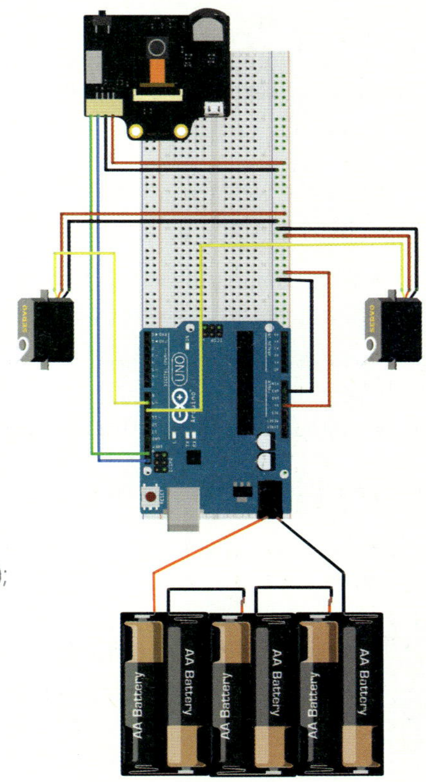


```
#include "HUSKYLENS.h"       //Librería de HuskyLens
#include "SoftwareSerial.h"  //Librería para el puerto serie
#include <Servo.h>           //Librería para los motores
HUSKYLENS huskylens;
Servo servoIzq, servoDch;
int VelocidadIzq = 90;       // Motor izquierdo parado
int VelocidadDch = 90;       // Motor derecho parado

void setup() {
  Serial.begin(9600);
  Wire.begin();
  servoIzq.attach(9);
  servoDch.attach(10);
  servoIzq.write(VelocidadIzq);
  servoDch.write(VelocidadDch);

  while (!huskylens.begin(Wire)) {
     Serial.println("Fallo al comienzo!");
     Serial.println("1.Comprueba el Tipo de protocolo (Ajustes generales >> Tipo de protocolo >> I2C)");
     Serial.println("2.Comprueba las conexiones.");
     delay(100);
  }
}

void loop() {
if (!huskylens.request()) Serial.println("Error al recibir datos, comprueba las conexiones");
  else if(!huskylens.isLearned()) Serial.println("Falta aprendizaje, pulsa el botón de aprendizaje en HUSKYLENS para aprender algo.");
    else if(!huskylens.available()) Serial.println ("No aparece un bloque o una flecha en la pantalla");
else {
    while (huskylens.available()) {
      HUSKYLENSResult valor = huskylens.read();
      if (valor.command == COMMAND_RETURN_ARROW){
           VelocidadIzq = map(valor.xTarget, 320, 0, 30, 90);
           VelocidadDch = map(valor.xTarget, 320, 0, 90, 150);
           servoIzq.write(VelocidadIzq);
           servoDch.write(VelocidadDch);
      }
    }
  }
}
```

2.8. ¿Cómo reconocer a los clientes del hotel?

Una de las aplicaciones más extendidas de la inteligencia artificial es el reconocimiento facial. El sensor HuskyLens está dotado de un procesador Kendryte K210 que le permite aprender múltiples caras y distinguirlas.

Cuando el sensor está en modo de reconocimiento facial, siempre que su cámara apunte a un rostro, lo seleccionará automáticamente y la palabra *face* aparecerá en la pantalla.

Para el reconocimiento de rostros no basta con una sola foto de dos dimensiones, ya que las caras humanas tienen tres dimensiones. Para que HuskyLens pueda reconocerlas desde diferentes ángulos, necesitarás que "aprenda" cómo es la cara desde distintas posiciones y con distintas expresiones.

Hay dos tareas bien definidas:

- Siempre que un cliente acceda al hotel debes hacerle unas "fotos" con tu sensor para que este "aprenda" que esa persona es un cliente. A cada nueva persona que reconozca le asignará un identificador distinto.
- Cada vez que encuentre a una persona, el sistema de inteligencia artificial comprobará si la "conoce" o no. Si la reconoce enviará la información de su identificador.

Enseñamos a HuskyLens a reconocer caras

1 Activaremos reconocer múltiples caras. El sensor viene preparado para reconocer un solo rostro. Para que reconozca varios has de activar el modo Learn Multiple.

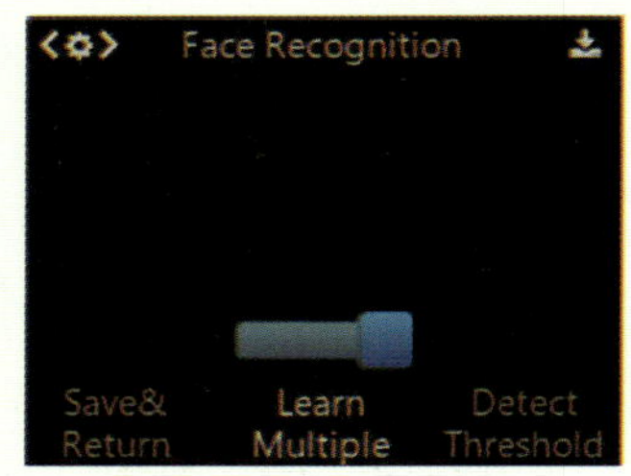

1. Conecta el sensor a un puerto USB del ordenador y enciéndelo.
2. Mueve el botón de selección de función hasta que llegues al modo **Face Recognition**.
3. Realiza una pulsación larga del botón de confirmar para entrar en el menú de ajuste de parámetros del reconocimiento facial.
4. Mueve el botón de selección hasta que aparezca la opción de **Learn Multiple**, entonces haz una pulsación corta del botón de confirmar y gira hacia la derecha para activar el interruptor. Se pondrá de color azul.
5. Con el botón de selección busca la función **Save & Return** y selecciona **Yes** para que grabe los parámetros.
6. Para entrenar tu sensor basta con conectarlo al puerto USB del ordenador.

2 Enseña caras a tu sensor: El sensor está preparado para "aprender" varias caras distintas. Debes ir mostrándole las caras una a una, desde distintos ángulos, hasta que las reconozca y les asigne un identificador. El proceso es el siguiente:

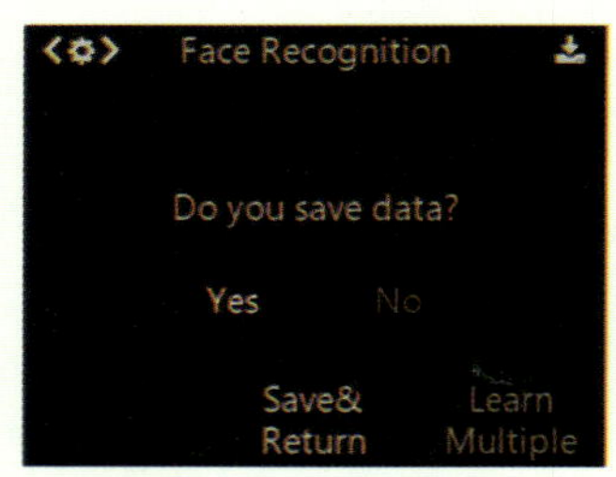

1. Apunta con el símbolo "+" al rostro de un compañero y realiza una pulsación larga del botón de aprendizaje para que "aprenda" la cara de la primera persona.
2. Suelta el botón de aprendizaje. A partir de ese momento, cuando HuskyLens vea esa cara aparecerá un cuadro azul con el texto *Face:ID1*.
3. Para que "aprenda" nuevas caras debes realizar una pulsación corta del botón de aprendizaje antes de que termine la cuenta atrás. Si pulsas otro botón o termina la cuenta atrás, saldrá del proceso de aprendizaje.
4. Haz que el sensor "aprenda" otro rostro. El proceso es igual que el anterior. Al soltar el botón de aprendizaje aparecerá un recuadro azul con el texto *Face:ID2*.
5. Repite el procedimiento para que "aprenda" las caras que quieras que reconozca el sistema.

3 Para olvidar lo "aprendido": debes realizar una pulsación larga del botón de aprendizaje. En ese momento te pedirá confirmación para borrar todos los datos almacenados en la memoria del sensor.

2.9. ¿Cómo nos avisará el robot de los intrusos?

El robot vigilante debe avisar cada vez que detecte una persona que no es cliente. Hay que seleccionar el tipo de señales que va a emitir el robot en caso de alarma.

Existen algunos dispositivos electrónicos, como los zumbadores, que permiten emitir sonidos. Si queremos asignar un aviso luminoso, podemos utilizar un **diodo led RGB**, pues nos permite obtener cualquier color combinando la intensidad de los colores primarios (rojo, verde y azul).

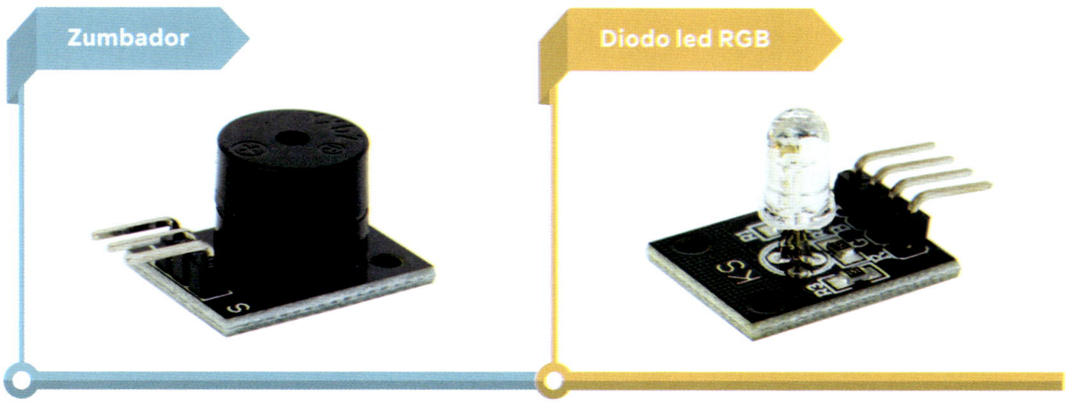

Diseñamos el sistema de alarma del robot

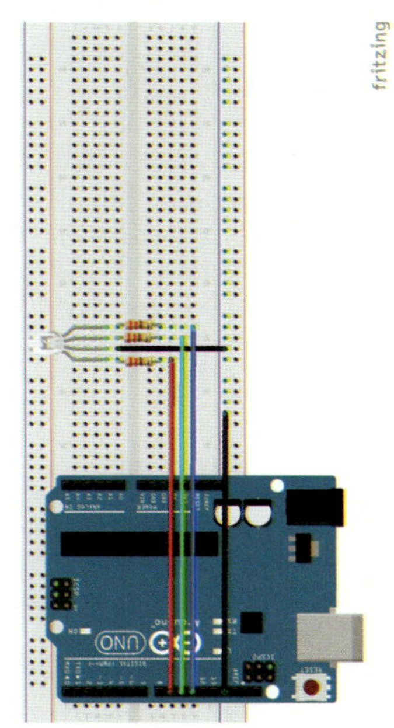

1. Conecta el diodo led a tu placa, como en la imagen. Si dispones de un componente ya montado con las tres resistencias, la conexión se simplifica. Si dispones del componente discreto, necesitarás tres resistencias de 220 ohms. Un led RGB es en realidad la unión de tres ledes de colores básicos, compartiendo el cátodo (tierra). En función de la tensión que pongamos en cada pin podemos conseguir la mezcla de color que deseemos.

2. Carga el siguiente programa en tu placa. Vas a generar números aleatorios para la cantidad de rojo, verde y azul.

```
#define Rojo 9
#define Verde 10
#define Azul 11

void setup() {
  pinMode (Rojo, OUTPUT);
  pinMode (Verde, OUTPUT);
  pinMode (Azul, OUTPUT);
}
void loop() {
  analogWrite(Rojo,random(0,255));
  analogWrite(Verde,random(0,255));
  analogWrite(Azul,random(0,255));
  delay(200);
}
```

3. Conecta el zumbador al pin 8, como en la imagen, y hazlo sonar con este programa.

```
void setup() {
  pinMode(8, OUTPUT);
}
void loop() {
    digitalWrite(8, HIGH);
    delay(2000);
    digitalWrite(8, LOW);
    delay(2000);
}
```

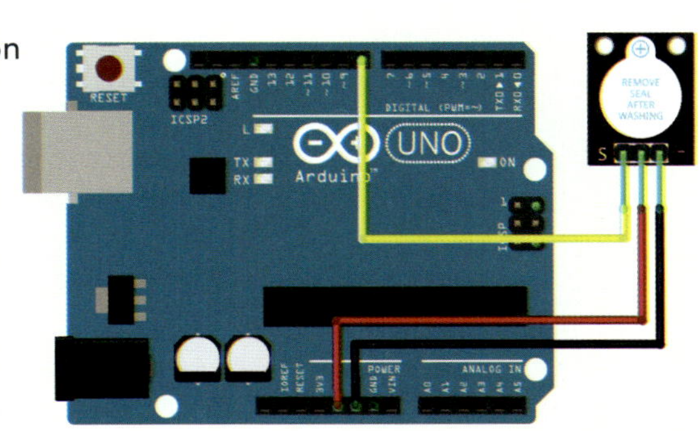

2.10. ¿Cómo es nuestro sistema de detección de rostros?

Llega el momento de integrar la información que ofrece nuestro sensor dotado de IA y que ha "aprendido" las caras de los clientes con el sistema de alarma que acabas de montar.

El algoritmo de funcionamiento sería el siguiente:

- Cuando detecte una cara que no sea de un cliente reconocido en el sistema (HuskyLens enviará 'ID=0'), harás sonar el zumbador y el led se pondrá rojo.
- Cuando el rostro pertenezca a un cliente del hotel (HuskyLens enviará 'ID=n.º de cliente') tu programa hará que el led se ponga de color verde.

Montamos el sistema de detección de rostros con alarma

1 **Conecta todos los componentes a la placa de prototipos, como ves en la imagen.**

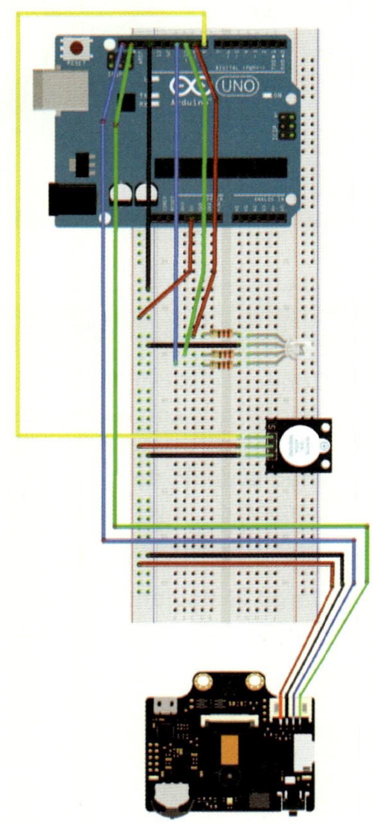

2 **Carga el siguiente programa en el IDE de Arduino y súbelo a la placa.**

```
#include "HUSKYLENS.h"
#include "SoftwareSerial.h"
HUSKYLENS huskylens;
#define ROJO 9
#define VERDE 10
#define AZUL 11

void setup() {
  Serial.begin(9600);
  Wire.begin();
  pinMode(8, OUTPUT);              // definir pin 8 como salida para el zumbador
  pinMode(ROJO, OUTPUT);           // Pin 9 color rojo del led RGB
  pinMode(VERDE, OUTPUT);          // Pin 10 color verde del led RGB
  pinMode(AZUL, OUTPUT);           // Pin 11 color azul del led RGB
  while (!huskylens.begin(Wire)) {
     Serial.println("Fallo al comienzo!");
     Serial.println("1.Comprueba el Tipo de protocolo (Ajustes generales >> Protocolo >> I2C)");
     Serial.println("2.Comprueba las conexiones.");
     delay(100);
}}

void loop() {
if (!huskylens.request()) Serial.println("Error al recibir datos de HUSKYLENS, comprueba las conexiones");
   else if(!huskylens.isLearned()) Serial.println("Falta aprendizaje, pulsa botón de aprendizaje para aprender algo.");
      else if(!huskylens.available()) Serial.println ("No aparece un bloque en la pantalla");
else {
   while (huskylens.available()) {
     HUSKYLENSResult result = huskylens.read();
     if (result.command == COMMAND_RETURN_BLOCK){
        if (result.ID == 0) {          // Detecta un intruso
          analogWrite(ROJO, 255);      // Pone el led de color ROJO
          digitalWrite(8, HIGH);       // Hace sonar el zumbador
          delay(2000);                 // Espera 2 segundos
          digitalWrite(8, LOW);        // Apaga el zumbador
          analogWrite(ROJO, 0);        // Apaga el led
          }
        else {                         // Detecta un cliente
          analogWrite(VERDE, 255);     // Pone el led de color VERDE
          delay(2000);                 // Espera 2 segundos
          analogWrite(VERDE, 0);       // Apaga el led
     }}
   else{
      Serial.println("Objeto desconocido");
      }}}}
```

2.11. ¿Cómo mejorar nuestro robot vigilante?

Los **sistemas SCADA** (*Supervisory Control and Data Acquisition*) son aplicaciones que permiten controlar, supervisar y optimizar procesos a distancia.

Los sistemas SCADA tienen múltiples beneficios, entre ellos el aumento de productividad y calidad, una mayor seguridad y la posibilidad de solucionar problemas a distancia.

Añadimos mejoras al robot vigilante

1 **Escucha las opiniones del usuario. Una de las maneras más idóneas de testear y mejorar nuestros productos es pedir la opinión de nuestros usuarios. En nuestro caso no podemos testear nuestro robot con el cliente, pero vamos a imaginarnos que el gerente del hotel nos ha solicitado que resolvamos los siguientes problemas:**

- En el sistema de reconocimiento facial y alarma, nuestro usuario opina que los pitidos y las luces pueden resultar muy molestos para los clientes, pues generan intranquilidad a las personas que han ido al hotel a descansar.

  Una posible solución a esto podría ser que el robot esté conectado permanentemente con la central de seguridad del hotel y, si detecta a una persona no cliente, avise al personal de seguridad y envíe información de la posición del intruso.

  Busca información para estudiar la posibilidad de incluir un sistema SCADA, que permita el control y supervisión de procesos de forma remota. Detállalo en un procesador de textos (Word y Writer).
- En el sistema de movimiento, los servos y ruedas están muy expuestos, de modo que alguna persona podría golpearse y hacerse daño si se acerca más de la cuenta.

  Una posible solución sería diseñar unas piezas que protejan los motores y las ruedas del robot. Has de tener en cuenta que el robot no tiene que "atropellar" a ningún cliente ni golpear el mobiliario del hotel.

2 **Diseña unas piezas para los laterales del chasis con Fusion 360.**

1. Abre el diseño del chasis en Fusion 360 y elige la vista izquierda.
2. Empieza un **Nuevo boceto** en el plano YZ para dibujar la pieza que necesitas.

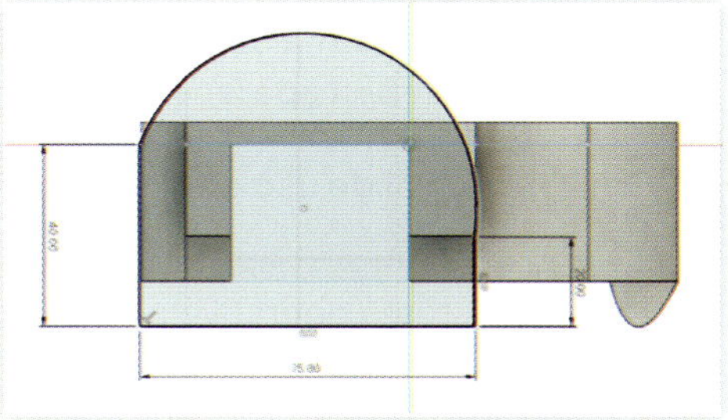

3. Con la herramienta **Línea** dibuja una línea perpendicular hacia abajo de 40 mm de longitud que comience en la parte delantera del chasis. A continuación, una horizontal de 75 mm; terminarás con una línea perpendicular de 20 mm hacia arriba.
4. Cierra el boceto con un arco que pase por tres puntos. Señala el inicio de la primera línea, el final de la última y el punto más alto del arco.
5. Accede a **Extruir** → **Extruir fino**. Selecciona el arco superior y las dos líneas verticales manteniendo pulsada la tecla **Ctrl** para selección múltiple. Incluye estos datos: distancia –25 mm, grosor del muro 2 mm y ubicación del muro lado 2. Marca operación **Nuevo cuerpo**.
6. Con la herramienta **Extruir**, selecciona el boceto que habías dibujado. Elige ahora desfase de –25 mm, distancia 2 mm y operación **Unir**.

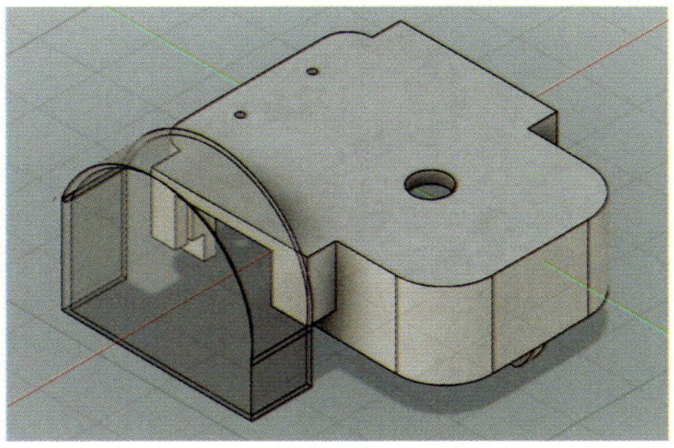

7. Repite las mismas operaciones en el lado derecho, pero cambiando el desfase a +25 mm para crear una pieza simétrica en el otro lado del robot.
8. Puedes asignar a estas nuevas partes un material traslúcido, o un plástico de color para que se vean mejor en el diseño. Para ello, en el menú **Navegación**, pulsa con el botón derecho sobre el objeto nuevo y elige la opción **Aspecto** para seleccionar los materiales que quieras.

3 Publicación del proyecto

3.1. ¿Cómo es un manual de uso con documentación técnica?

Un manual es parte del producto y debe tratarse con el mismo cuidado con que se ha desarrollado el prototipo. En su redacción se ha de emplear un lenguaje sencillo, con frases cortas que transmitan la información necesaria.

El **manual técnico** es un documento con toda la información del proyecto. Contiene una explicación de lo realizado, se describen los sistemas utilizados e incluye los esquemas y planos de construcción.

El **manual de uso** es un documento técnico que pretende dar información a los usuarios; va dirigido a un público más general. Su objetivo es enseñar a manejar el sistema, solucionar las incidencias, señalar las precauciones en el manejo e indicar las normas de mantenimiento.

Para crear manuales con calidad profesional no basta con un editor de textos, sino que es indispensable un programa de maquetación, como Scribus.

Fíjate qué ha de incluir un manual de uso:

Portada

Debe aparecer el nombre y la versión del producto, junto con una imagen y la fecha de elaboración del manual.

Índice

Debe aparecer todo el contenido que contiene el manual, organizado por apartados.

Objetivos

Un texto breve y conciso, que describa las características del robot y su funcionamiento.

Instrucciones

Deben aparecer todas las instrucciones de manejo de las tecnologías utilizadas.

Esquemas y planos

Debe aparecer el esquema de conexiones eléctricas, y los planos de montaje o despiece.

Normas de seguridad

Debe contener normas de seguridad e intervalos de mantenimiento, como cambios de piezas.

Elaboramos un manual de uso con Scribus

1 **Elabora un esquema de los contenidos que va a tener tu manual de uso sabiendo las partes que deben aparecer. Usa un procesador de textos (Word y Writer).**

2 **Crea el manual de uso del robot vigilante en Scribus. Para ello, sigue estos pasos:**

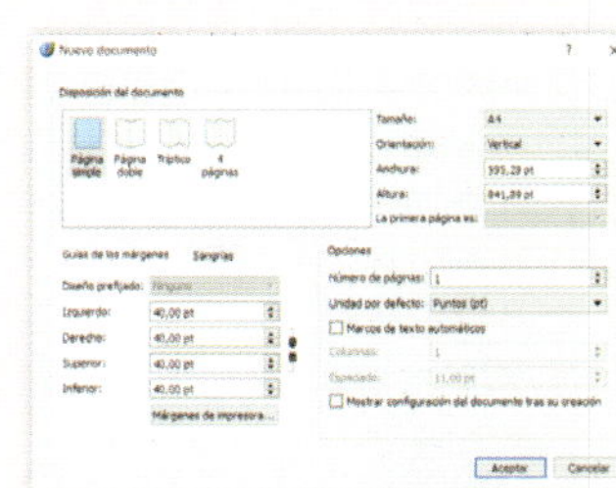

1. Entra en **www.e-sm.net/revti1bach02_06**, descarga la versión que corresponda con tu sistema operativo e instálalo en tu ordenador.
2. Selecciona **Nuevo documento** → **Página doble**. Como vas a diseñar un breve manual, una buena idea es hacer una página doble, de modo que puedas plegarla y grapar en el centro las distintas páginas que conformarán el manual.
3. Fija algunas preferencias, como el idioma, o las unidades si quieres trabajar en milímetros. En el apartado de **Guías** marca la casilla **Mostrar rejilla** de página para disponer de una cuadrícula que te facilitará la alineación de objetos.
4. Puedes colocar líneas horizontales o verticales pinchando y arrastrando desde las reglas hacia el papel, o desde el menú **Página** → **Administrar guías**.
5. Para incluir texto debes dibujar primero un cuadro y luego añadir dentro las frases que quieras. Si clicas el botón derecho o pulsas **F2**, accederás al **Panel de Propiedades** donde puedes cambiar los colores, líneas, tipo y tamaño de letra, etc.
6. Si quieres incluir fotografías debes crear un cuadro para la imagen. A continuación, clica el botón derecho y elige **Obtener imagen**. Después, selecciona la fotografía.
7. Cuando termines, guarda tu archivo. Por defecto, se guardan con la extensión .sla.

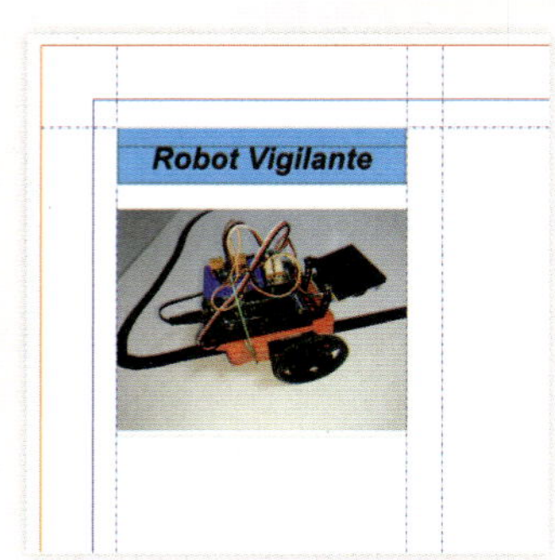

3.2. ¿Cómo hacemos un vídeo sobre nuestro robot?

Antes de hacer un vídeo sobre un producto debes elaborar un guion, por lo que planificarás el proceso de producción. Se trata de contar una historia cuyo protagonista es el producto.

Puedes utilizar una plantilla en forma de tabla que puedes editar en cualquier procesador de textos.

Escena	Escena	Escena	Escena	Duración
1	Descripción de lo que se ve en esta escena (foto fija, vídeo o títulos)	Lo que se oirá durante la escena (música, sonido o voz)	Lo que se va a leer en la escena	5"
2	•••	•••	•••	•••

Los programas de edición de vídeo se dividen en dos partes principales:

Pistas de vídeo

Contienen todas las imágenes, vídeos, efectos y transiciones. En esas pistas podemos modificar, desplazar y ordenar nuestros cortes para montar el vídeo definitivo.

Pistas de audio

Contienen la música, las voces y el sonido del vídeo. Se pueden desplazar los cortes en el tiempo, ajustar los niveles de volumen y aplicar efectos.

Creamos un vídeo sobre el robot

1. **Elabora el guion del vídeo. Tienes que pensar qué quieres contar y cómo lo vas a hacer. Para ello, ten en cuenta que vas a crear un vídeo con las instrucciones del uso del robot. Realiza el guion usando un procesador de textos (Word y Writer).**

2. **Graba las escenas, haz las fotos y graba los audios siguiendo tu guion. Puedes usar un móvil u otro dispositivo. Puedes hacerlo todo seguido o por partes.**

3. **Edita el vídeo con el programa OpenShot.**

   1. Entra en **www.e-sm.net/revti1bach02_07** para descargarte el programa e instálalo en tu ordenador. Para usar la opción de títulos animados tienes que tener instalado Blender e indicar su ruta en el panel de configuración.

   2. Añade los archivos (vídeos, fotos y audio) a tu proyecto. Para ello, debes arrastrar los ficheros a la ventana **Archivos del proyecto**.
   3. Crea un título como cabecera para tu vídeo. En el menú principal tienes la pestaña **Título**. Dispones de dos opciones: la primera, para títulos sencillos, y la segunda, para títulos con movimiento.
   4. Arrastra los elementos multimedia a la Pista 1 en la parte inferior de la pantalla. Coloca los elementos en el orden en que quieras que aparezcan en el vídeo.
   5. Mejora la apariencia del proyecto incluyendo transiciones, efectos y, si lo deseas, emoticonos. Puedes añadirlos en otras pistas.
   6. Puedes previsualizar el resultado en la ventana superior izquierda de la pantalla. Después, exporta el vídeo con la calidad que quieras en **Archivo → Exportar**.

4. **Publica tu vídeo en tu canal de Youtube.**

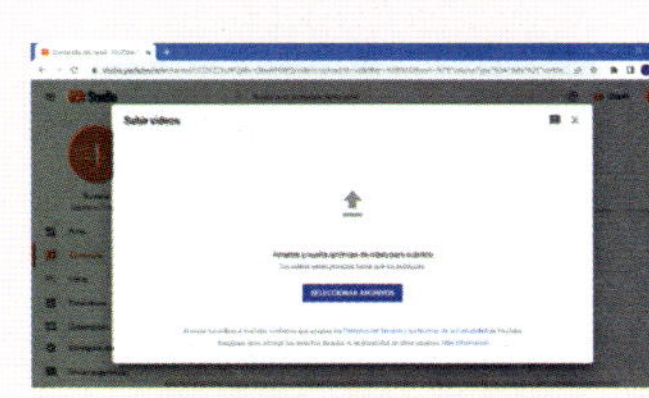

   1. Accede a tu canal y pulsa en el icono **Subir vídeo**.
   2. Arrastra el vídeo hasta el cuadro y completa los apartados: **Detalles**, **Elementos del vídeo**, **Comprobaciones** y **Visibilidad**, para terminar la publicación.

      En **Detalles** añade un título, una descripción, elige una miniatura y marca si el contenido es o no apto para niños. En **Visibilidad** elige que sea privado, oculto o público. Recuerda no incluir imágenes o música que tengan derechos de autor.

Robótica de vigilancia

Robot
Es una máquina automática capaz de realizar determinadas operaciones de manera autónoma.

Sensor de inteligencia artificial
Tiene distintos modos de funcionamiento, pero antes de utilizar cualquiera de ellos debes "enseñar" a tu dispositivo lo que quieres que reconozca (caras o una línea).

Inteligencia artificial (IA)
Es un programa informático diseñado para realizar ciertas operaciones propias de la inteligencia humana, como es el aprendizaje.

Sistemas de control
Regulan el funcionamiento de los automatismos. Existen dos tipos, los de lazo abierto y los de lazo cerrado.

Servomotores
Son actuadores que permiten un control muy preciso de sus movimientos.

Lenguajes de programación
Permiten crear programas para construir sistemas de control.

Diagrama de Gantt
Es una herramienta para planificar proyectos. Permite visualizar fácilmente la distribución temporal del proyecto.

AutoCAD
Es una herramienta de diseño asistido por ordenador que permite **crear bloques** y repetirlos por todo el plano. Si se modifica el bloque original se modifican sus copias.

Programas de maquetación
Se utilizan para diseñar publicaciones impresas. El manejo de las imágenes, textos y color no es el mismo que se hace en un procesador de textos.

La inteligencia artificial
Es un programa informático que permite a las máquinas "aprender" de una manera similar a la del ser humano.

Programas de maquetación
Es una herramienta CAE que permite generar elementos tridimensionales, a partir de un boceto plano, con herramientas como **extruir** o **nervio**.

Programas de edición de vídeo
Permiten dividir, cortar y unir distintos vídeos o imágenes. También añadir música y efectos para crear un elemento audiovisual y subirlo a Youtube.

Manual de uso
Al desarrollar un producto, debes elaborar un **manual de uso** para dar información a los usuarios sobre el manejo del sistema, su puesta en marcha, incidencias, etc.

ACTIVIDADES FINALES

Planificación

1. Elabora una pizarra colaborativa con Miro, donde analices los problemas que puedes encontrar al utilizar un robot vigilante en un hotel y las soluciones que puedes aportar.

2. ¿Qué es un diagrama de Gannt? Explícalo en tu cuaderno exponiendo sus principales características. Luego, imagina que tienes delante esta lista de tareas y debes realizar la planificación temporal de un proyecto cualquiera. Utiliza un diagrama de Gannt para representar dicha planificación.

Tarea	Predecesoras	Duración
A	--	2
B	A	3
C	--	2
D	C	3

Tarea	Predecesoras	Duración
E	--	2
F	D, B	3
G	D, E, F	3
H	G	2

Inteligencia artificial

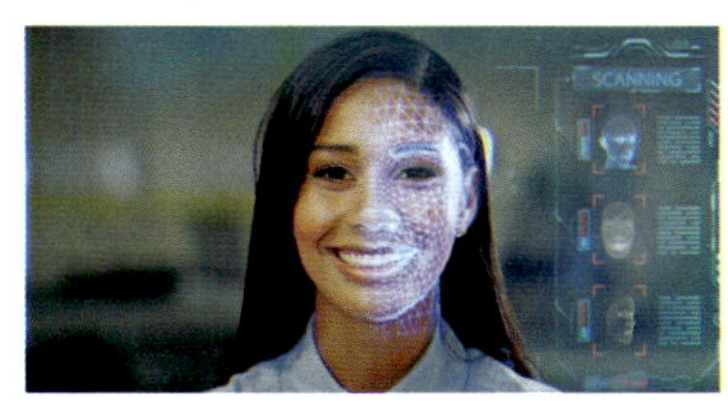

3. ¿Cómo definirías tú la inteligencia artificial? ¿Qué tipos hay y en qué se diferencian?

4. En la actualidad existen sistemas automáticos que juegan al ajedrez, como DeepBlue, Stockfish y AlphaGo Zero. Realiza una investigación en internet para situarlos en el tiempo, averiguar qué tecnologías utilizan y las diferencias entre sus formas de funcionamiento. Después, haz un informe con tus conclusiones.

5. La irrupción de la robótica y la inteligencia artificial en la industria apuntan a una cuarta revolución industrial. Realiza una búsqueda para averiguar qué es Industria 4.0.

6. Explica qué es el reconocimiento facial e investiga qué técnicas de análisis de datos se utilizan para ello.

Sistemas de control

7. Señala en tu cuaderno cuáles son las principales diferencias entre un sistema de control en lazo abierto y en lazo cerrado. ¿En qué casos resulta más ventajoso cada uno de ellos?

8. En un sistema automático en lazo cerrado, como, por ejemplo, robot siguelíneas que sigue una línea, existen una serie de elementos característicos que debes reconocer. Copia los términos en tu cuaderno y únelos con flechas según corresponda:

Sensor	Servomotores
Comparador	Seguir la línea
Elementos de control	Placa de Arduino con el programa
Proceso	HuskyLens

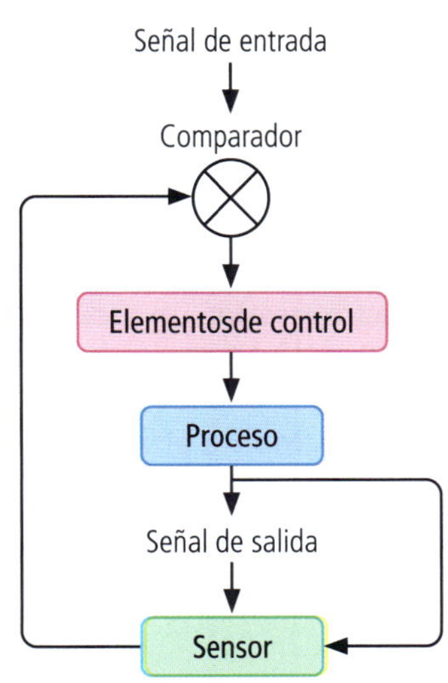

Robótica

9 ¿Cómo describirías lo que es un robot? ¿Consideras una condición necesaria el hecho de que esté regido por una inteligencia artificial? ¿Y que funcione con energía eléctrica? Razona tus respuestas.

10 Busca información sobre los robots domésticos (como los robots aspiradora) e investiga cómo desempeñan su función.

11 Explica los distintos tipos de movimiento que podemos tener en un robot con dos motores y cómo deben moverse las ruedas para conseguir cada uno de ellos.

12 El novelista Isaac Asimov plantea la necesidad de dotar a los robots de unas "leyes de la robótica". Búscalas y anótalas en tu cuaderno. A continuación, imagina y describe una situación en que un robot pueda entrar en contradicción con alguna de ellas.

13 ¿Qué son los sistemas SCADA? Cita tres ejemplos.

Programación

14 Realiza el diagrama de flujo del programa que habría que escribir para que un robot hiciese una espiral triangular con los ángulos iguales y cada lado un poco mayor que el anterior. El robot se detendrá después de dibujar 18 lados.

15 Explica la diferencia entre los lenguajes de programación de alto y bajo nivel. Pon ejemplos de cada uno de ellos.

16 Expón con tus palabras qué es un bucle en programación. ¿Qué puede pasar si la condición de salida del bucle no se cumple en ninguna iteración? Escribe un ejemplo de código en el que suceda esto.

Publicación

17 Utiliza Scribus para crear un folleto promocional de un producto. Resumirás las características del prototipo, sus ventajas y posibles campos de aplicación. Debes incluir también datos de contacto para que las personas interesadas puedan ampliar la información o solicitar una entrevista.

18 Vas a grabar un vídeo que sirva como apoyo visual a un manual de usuario de un televisor. Realiza un *unboxing* y explica la puesta en marcha inicial del producto. Monta el vídeo con el *software* OpenShot.

19 ¿Qué es el formato en un archivo de vídeo? Explícalo. Investiga con qué formatos de vídeo puedes trabajar en OpenShot.

Mis competencias | Autoevaluación

DA UN PASO MÁS

Ampliación del proyecto

1 **En el proyecto has diseñado y construido un robot que se ocupa de los temas de seguridad, pero hay otras tareas que pueden ser realizadas por robots de servicio.**

- ¿Qué son los robots de servicio?
- Desde mediados de la década de los noventa, la Comisión Económica de las Naciones Unidas para Europa (UNECE) y la Federación Internacional de Robótica (IFR) adoptaron un sistema para clasificar los robots de servicio por categorías y tipo de trabajo. Investiga esa clasificación.
- Elabora un documento (Word o Writer) con una lista de trabajos o tareas de un hotel que podrían ser sustituidos por robots de servicio. Ilustra el trabajo con fotos de los robots que desempeñarían dichas tareas.

2 **El sensor HuskyLens tiene un modo de funcionamiento que le permite reconocer etiquetas (*April tags*).**

- Busca información sobre las *April tags.* y piensa en alguna tarea del hotel que pudiera automatizarse utilizando esta tecnología. Describe, a grandes rasgos, en un documento (Word o Writer) cómo sería el funcionamiento del sistema que has imaginado.

Aplicación

3 **Los propietarios del hotel, impresionados por el funcionamiento de tu solución, han pensado en automatizar la entrada al aparcamiento. Los clientes recibirán una etiqueta adhesiva que pegarán en el parabrisas de sus coches. Cuando se acerquen al aparcamiento, el sistema detectará la etiqueta y abrirá la barrera para permitir el acceso.**

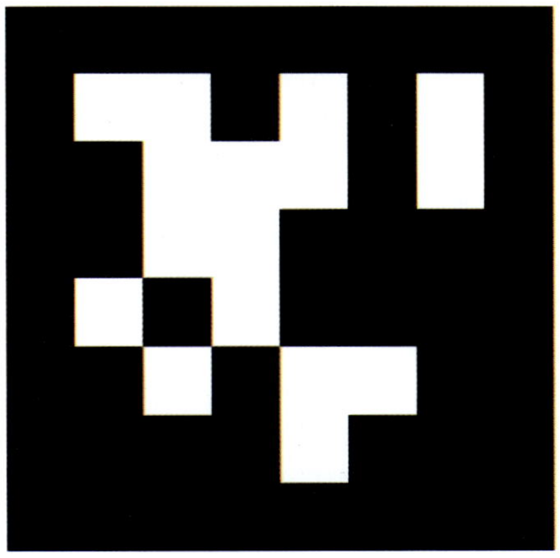

1. Imprime una etiqueta, que será la que servirá para abrir la puerta.
2. Prepara el sensor HuskyLens para reconocer etiquetas. Para ello, conecta el sensor al puerto USB del ordenador, entra en el modo **Track Recognition** y "enséñale" la etiqueta que permitirá el acceso; la memorizará como *TAG ID:1*.
3. Monta un circuito con tu placa de Arduino. Necesitarás una placa *protoboard*, un servomotor (que actuará sobre la barrera) y el sensor dotado de IA.
4. Diseña un programa que ejecute el algoritmo que aparece debajo. Para ello, elabora primero un diagrama de flujo del programa, después escríbelo en el IDE de Arduino y, por último, cárgalo en la placa de Arduino, y comprueba que funciona correctamente.
   1. Cierra la barrera.
   2. Inicializa el sensor y comprueba su conexión.
   3. Lee la información de HuskyLens.
   4. Si recibe un bloque con el *TAG ID:1*
      - Levanta la barrera.
      - Espera unos segundos.
      - Baja la barrera.
   5. Vuelve al punto 3.

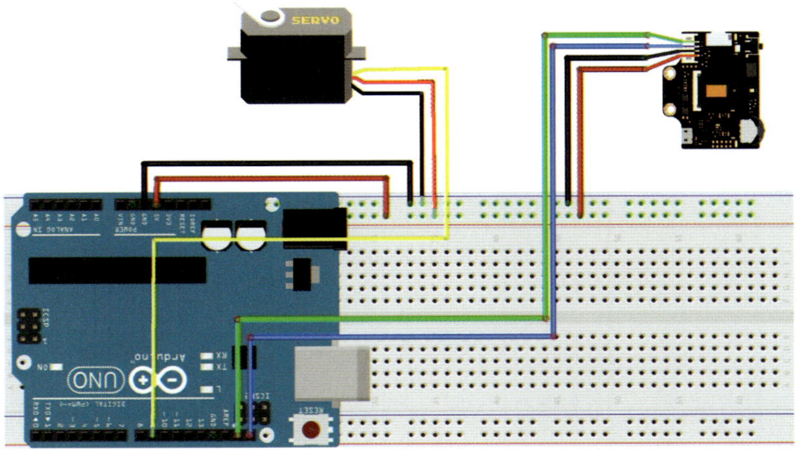

Bloque 2 DISEÑO Y ARQUITECTURA SOSTENIBLE

2.1 Arquitectura bioclimática

¡EMPEZAMOS!

Un estudio de arquitectura quiere abrir un departamento de arquitectura bioclimática y te ha contratado para liderar esta área. El primer proyecto que vas a realizar será el diseño de una vivienda sostenible.

Para ello, deberás usar técnicas de Design Thinking y realizar las siguientes tareas:

- Hacer el diseño de la vivienda con sistemas CAD teniendo en cuenta diagramas de confort bioclimático.
- Contemplar todos los factores constructivos y de integración para un proyecto de estas características.
- Estudiar las energías renovables que pueden usarse, así como el diseño y la comercialización de tus ideas.
- Medir parámetros climáticos y monitorizarlos.
- Sacar el máximo provecho al agua recogida por los sistemas de canalización mediante un sistema de control del nivel del tanque de agua.
- Hacer cálculos de consumo y eficiencia energética.
- Planificar la instalación eléctrica mediante paneles solares fotovoltaicos.

HERRAMIENTAS QUE VAS A UTILIZAR

A lo largo del proyecto usarás herramientas informáticas, así como dispositivos electrónicos y electromecánicos:

- Programas de diseño, ensayos de ingeniería y fabricación, como AutoCAD, Inventor, Fusión 360 y Tinkercad.
- Placa de Arduino UNO.
- Sensores de temperatura, humedad y ultrasonidos.
- Pantalla LCD.
- Suite ofimática, como procesadores de texto y hojas de cálculo para los informes, los presupuestos y la representación de gráficas.
- Aplicaciones para realizar presentaciones de vídeo como PowerPoint y LOOM.
- Herramientas de Design Thinking como Mural para realizar análisis.

RUTA DE APRENDIZAJE

PLANIFICACIÓN

1. Analizar los factores que determinan las estrategias de arquitecturas bioclimáticas.
2. Estudiar las energías renovables aplicables al proyecto.
3. Desarrollar el diseño y la comercialización.

DESARROLLO

4. Delinear el diseño de nuestro proyecto de vivienda con un programa de CAD.
5. Seleccionar los materiales más adecuados para nuestro diseño.
6. Ensayar el comportamiento de materiales y prototipos antes de construirlos utilizando herramientas CAE.
7. Medir y monitorizar parámetros ambientales con Arduino.
8. Calcular el nivel de agua de un depósito, controlándolo para evitar su desbordamiento.

PUBLICACIÓN

9. Calcular el ahorro energético de nuestra vivienda respecto a una construcción no bioclimática.
10. Presentación y publicación del proyecto con un vídeo.

1 Planificación del proyecto

1.1. ¿Qué es la arquitectura bioclimática?

La **arquitectura bioclimática** trabaja en el diseño de edificaciones con el objeto de reducir el consumo de energía y disminuir el impacto ambiental. Para ello, se tienen en cuenta las condiciones climáticas de su ubicación, para aprovechar así los recursos disponibles (sol, viento, precipitaciones, vegetación y materiales).

Existen varios criterios para determinar si una construcción se puede considerar como bioclimática:

- Baja demanda de calefacción y refrigeración.
- Baja demanda de energía primaria (electricidad).
- Ventilación controlada (aire que se renueva por hora).
- Participación de energías renovables lo más alta posible.
- Confort de los usuarios de la vivienda.

Antes de comenzar el diseño de estrategias es necesario realizar dos análisis:

Análisis del sitio

Topografía, flora, fauna y, sobre todo, los factores climáticos como las temperaturas máximas y mínimas, la humedad relativa o la intensidad del viento. Además, hay que considerar el estudio de la arquitectura tradicional.

Análisis del usuario

Entender las necesidades y los deseos del usuario tales como actividades, horarios, confort térmico, visual, acústico y espacios requeridos por él. Las herramientas pueden ser la observación, una entrevista o incluso convivir con el usuario para comprender lo que desea.

Planificamos la vivienda sostenible

1. **Define el proyecto. Para ello, tendrás que pensar, en primer lugar, en el tipo de construcción que hay que realizar. En este caso se tratará de una vivienda unifamiliar. A continuación, hay que concretar un sitio para su emplazamiento (longitud, latitud y altitud).**

2. **Elabora un documento compartido en Google Docs para realizar el análisis del sitio donde vas a ubicar la vivienda unifamiliar. Para ello, busca información sobre los siguientes aspectos.**
   - Utiliza alguna página web como www.e-sm.net/revti1bach03_01 para recabar los datos del clima de la ubicación elegida para tu proyecto. Debes incluir en el documento tanto las gráficas de temperatura como de precipitación, humedad, viento y energía solar.
   - Para obtener información de cómo incidirá el sol entra en la siguiente página web www.e-sm.net/revti1bach03_02. A continuación, pincha en **Herramientas → Mapa interactivo**. Localiza la ciudad o bien indica las coordenadas donde vas a establecer tu construcción para saber cómo se moverá el sol a lo largo del día. También puedes utilizar la web de **3D Sun Path**.
   - Investiga acerca de la arquitectura tradicional de la zona: materiales utilizados, orientación, cubiertas y fachadas.

3. **Completa el documento añadiendo el análisis del usuario. Para ello, imagina quiénes usarán la vivienda. Deberás proporcionar soluciones a las necesidades del usuario estableciendo el número de personas, los espacios que necesitan, las dimensiones aproximadas o los vehículos de los que disponen. Estos datos determinarán el número de habitaciones, la geometría y la consecuente organización de la casa, además de los requerimientos de agua y electricidad.**

Para llevar a cabo el proyecto es necesario hacer un estudio bioclimático de la zona.

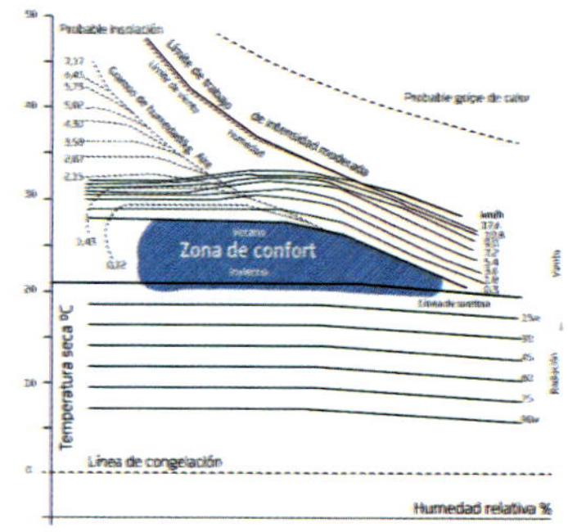

Diagrama de Olgyay

En el **diagrama bioclimático** de Victor Olgyay se representan dos variables fundamentales para el bienestar: la **humedad** y la **temperatura**. Además, se añaden otras variables como la **velocidad del viento**, la **radiación** y la **evaporación**, que son medidas correctoras.

Los puntos situados por debajo de la zona de confort indican falta de calor, por lo que es necesaria la radiación solar para alcanzar la confortabilidad. Los puntos situados por encima indican calor excesivo y serán, por tanto, necesarios la ventilación o el enfriamiento evaporativo para regresar a la zona de confort.

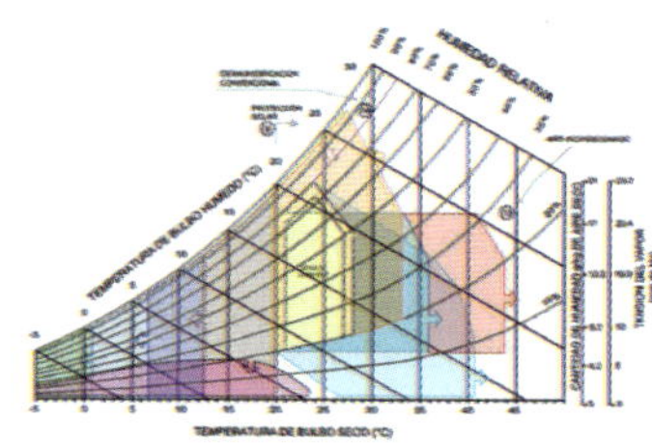

Diagrama de Givoni

El **diagrama psicrométrico** de Barak Givoni maneja 14 estrategias para alcanzar la zona de confort. Las áreas vienen delimitadas por unos rangos de **humedad** (en el eje vertical) y **temperatura** (en el eje horizontal).

Si los datos climáticos de la ubicación de la vivienda se sitúan en las áreas 3 o 4 puedes utilizar estrategias de calefacción pasivas para conseguir el confort. En los momentos en que los datos lleguen a la zona 5 habrá que utilizar calefacción activa para elevar la temperatura de la vivienda.

Hacemos un diagrama bioclimático del proyecto

1 **Dibuja el diagrama bioclimático del proyecto. Para ello, necesitas un diagrama de Givoni en papel o en soporte informático, de forma que puedas trazar sobre él puntos y líneas con facilidad. Sigue los pasos que aparecen a continuación:**

1. Busca los datos de temperaturas medias máximas y mínimas junto con los datos de humedad relativa de la localización de tu proyecto. Para ello, accede a **www.e-sm.net/revti1bach03_03**.

2. Completa una tabla similar a la de la figura mediante una hoja de cálculo (Excel o Calc) con los datos de temperatura y humedad medias (máximo y mínimo de cada mes).

Localización (Madrid)	Ene	Feb	Mar	Abr	May	Jun	Jul	Ago	Sep	Oct	Nov	Dic
Temperatura máxima media (°C)	10	11	14	17	20	25	31	33	30	24	17	12
Temperatura mínima media (°C)	0	1	2	5	8	12	16	18	16	11	7	2
Humedad relativa mínima (%)	70	60	40	50	40	40	30	35	50	55	48	65
Humedad relativa máxima (%)	90	80	60	60	50	50	35	40	53	67	72	87

3. Representa los datos de la tabla en el gráfico bioclimático. Obtendrás una línea por cada mes del año. Las rectas irán desde el punto 1 (temperatura máxima, humedad mínima) al punto 2 (temperatura mínima, humedad máxima).

4. Cuando representes los 12 meses verás en qué épocas es necesario utilizar sistemas activos y cómo, en la mayoría de los casos, será suficiente con los sistemas pasivos para mantener la casa en la zona de confort.

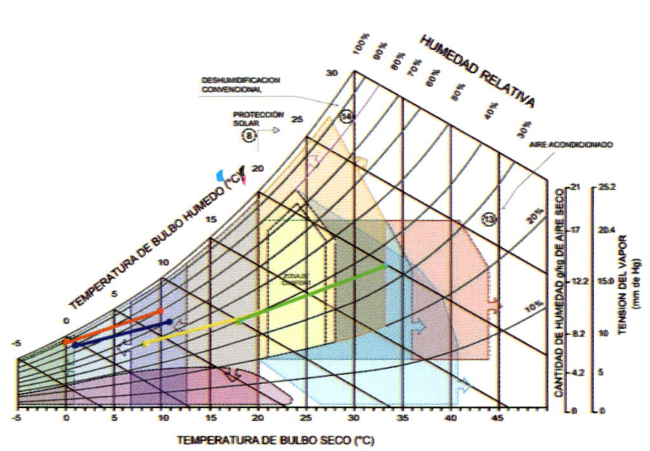

1.2. ¿Qué aspectos constructivos hemos de tener en cuenta?

A la hora de planificar una vivienda bioclimática, además de la orientación, una ventilación estudiada y una distribución adecuada, resulta fundamental la elección de los materiales.

Los **materiales bioclimáticos** no son los mismos en todo el mundo, pues varían en función de la zona climática. Han de caracterizarse por ser **ecológicos**, de **poco impacto ambiental** y **no tóxicos**. Debes apostar por materiales y sistemas constructivos respetuosos con el medioambiente y que reduzcan la demanda energética del edificio.

El estudio de la elección de materiales se centra en tres zonas estratégicas:

Envolvente

Hay que considerar la masa y la inercia térmica de los muros y tejados. El aislamiento debe procurar evitar los cambios bruscos de temperatura.

Interior

El interior del edificio siempre ha de ser un espacio saludable, los materiales deben garantizar el confort lumínico, térmico y acústico.

Acristalamiento

Debe permitir la entrada de luz y, a su vez, evitar la entrada de frío, calor o ruidos procedentes del exterior. Por ejemplo, con la instalación de persianas o cristal doble.

Conocer las propiedades de los materiales es esencial para una elección adecuada.

Propiedades térmicas

Influye la conductividad térmica que mide la capacidad de conducción de calor que tiene el material, y el calor específico que determina la capacidad de un material para acumular calor.

Propiedades acústicas

Influye la reflexión, que es la capacidad de hacer rebotar un sonido y causar un eco, y la absorción, que es la capacidad para convertir las ondas de sonido en calor y detener, así, su propagación.

Propiedades ópticas

Influyen los coeficientes de transmisión, proporción de radiación solar incidente que es capaz de atravesar el material, la absorción, la reflexión de la luz y el color (radiación solar reflejada).

Elegimos los materiales de nuestra vivienda sostenible

1 **Busca y selecciona los materiales más apropiados para la envolvente del edificio y los aislamientos. Para hacer la elección, valora el estudio climático del lugar, y las propiedades térmicas y ecológicas de los materiales. Para ello, ten en cuenta:**

- La **propiedad física** que nos indica la rapidez con la que los materiales se calientan es la difusividad térmica. Los materiales con altas difusividades térmicas son materiales de calentamiento rápido, mientras que los que tienen una difusividad térmica baja se calientan más lentamente. Los materiales que más energía acumulan son los que mayor inercia térmica tienen, es decir, los de gran densidad y mayor calor específico.
- Entre las **propiedades ecológicas y sostenibles**, valorarás que sea no tóxico, reciclable o reciclado, y de origen local. También has de tener en cuenta la energía incorporada al material (desde su fabricación hasta que termina su vida útil).

2 **Crea una tabla de los materiales seleccionados en una hoja de cálculo (Excel o Calc), en la cual indicarás sus propiedades y una puntuación acorde a lo que quieres en tu proyecto. Incorpora nuevos materiales como la fibra de celulosa de papel reciclado, paneles OBS, barro cocido, mortero de cal, corcho proyectado y espuma de madera.**

Propiedad / Material	Difusividad	Densidad	Calor específico	Toxicidad	Reciclable o reciclado	Origen local	Energía incorporada	Puntuación total
Hormigón	•	•	•	•	•	•	•	•
Piedra	•	•	•	•	•	•	•	•
Madera	•	•	•	•	•	•	•	•
Metales	•	•	•	•	•	•	•	•
…….	•	•	•	•	•	•	•	•

1.3. ¿Cómo integramos el proyecto en el lugar?

El entorno donde coloquemos nuestra vivienda va a condicionar su diseño. Hay que conseguir una fusión entre el lugar elegido y el proyecto. Las dimensiones de la vivienda, sus formas y los materiales deben integrarse con el paisaje.

> Un **boceto** es una forma rápida de representar ideas y transmitir la información al resto del equipo. Se trata de un tipo de representación menos normalizado que un croquis o un plano.

Hemos de tener en cuenta que las perspectivas muestran los objetos como los veríamos en el mundo real, aunque las dimensiones y los ángulos se distorsionan para dar sensación de profundidad.

Hacemos un boceto de nuestro proyecto en el entorno

1. **Busca una fotografía del emplazamiento** elegido para la vivienda. Usa Google Maps.
2. **Consigue los materiales para realizar el boceto**. Necesitas materiales como hojas de papel. Puedes utilizar papel cebolla, y lápices de distintas durezas y colores. Realizarás un dibujo a mano alzada, sin necesidad de emplear reglas. La precisión no es lo más importante, sino que puedas transmitir tu idea de manera exacta.
3. **Elige el tipo de perspectiva** que vas a utilizar. Puedes realizar distintos dibujos para desarrollar mejor tu idea y emplear distintos puntos de vista. A continuación, se citan las más usadas:

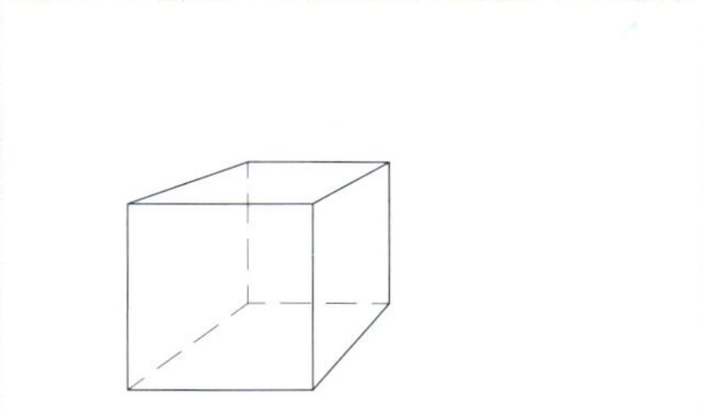
Cónica con un punto de fuga

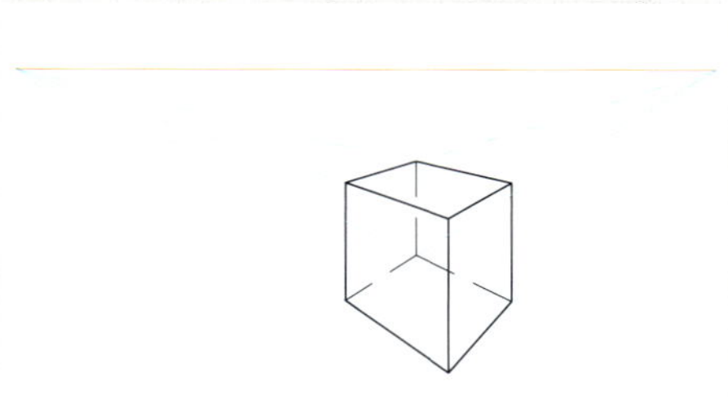
Cónica con dos puntos de fuga

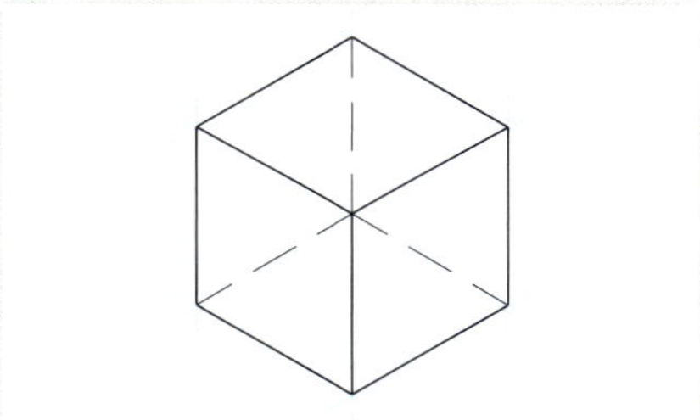
Isométrica

4. **Dibuja un cubo o un paralelepípedo** para encajar la vivienda.
5. **Delinea los detalles** como las puertas, las ventanas, las cubiertas, las terrazas, etc., mediante líneas claras. Ve afinando los detalles o borrando las líneas que no necesites.
6. **Dibuja sombras en el boceto**; esto proporcionará mayor profundidad y te permitirá comprender cómo funcionará tu estructura según las distintas posiciones del sol. Las sombras son un buen recurso para mostrar qué elementos están por encima y cuáles están cubiertos.
7. **Utiliza colores claros para representar los diferentes materiales**. No es necesario colorear una pared completa para indicar el material, bastará señalarlo en una zona.

1.4. ¿Qué energías renovables utilizaremos en nuestro proyecto?

Un punto importante de tu proyecto es su compromiso con el medioambiente. En lo relativo al consumo energético, además de las estrategias pasivas y del consumo responsable de sus habitantes, has de implantar un sistema de generación de energía para consumo propio.

> Las **energías renovables** son fuentes de energía **limpias**, **inagotables**, que no producen **gases de efecto invernadero** ni **emisiones contaminantes**. Debes considerar, además, que las energías renovables dependen en gran medida de la geografía.

- Para la **calefacción** has de explorar varias posibilidades, aunque algunas de las energías verdes liberan CO_2 al emplearse como combustible. Podrías usar **biomasa**, **biogás**, **bioetanol**, **biodiésel**, energía **solar térmica** o **geotérmica**.
- Para generar **energía eléctrica** existen diferentes opciones, como la **solar fotovoltaica** o la **eólica**. Tenemos también la energía **hidráulica**, la energía **geotérmica**, la **mareomotriz** y la **undimotriz**, aunque están disponibles en localizaciones concretas.

Planeamos la instalación energética sostenible

1. **Calcula la energía diaria que va a necesitar tu vivienda. Para planificar la instalación energética de la vivienda tienes que saber la energía diaria que vas a necesitar. Ese cálculo requiere considerar todos los receptores eléctricos de los que dispondrá la vivienda, su potencia y el tiempo que estarán conectados cada día. De esa manera, obtendrás en Kw·h la energía que habrás de conseguir. Para realizar el cálculo sigue estos pasos:**

   1. Abre una hoja de cálculo con Calc o Excel e incluye las columnas que aparecen en la imagen.
   2. Añade el cálculo de energía de cada receptor. Para ello, utiliza la fórmula Energía = (n.º receptores × Potencia × Horas) / 1000. Puedes encontrar los datos de potencia de los aparatos en la etiqueta que tienen detrás o buscando en internet.
   3. Suma la columna de energías para obtener la necesidad energética diaria.

Receptor	nº	Potencia (w)	horas/día	Energía (kw·h)
Televisión	2	60	3	0,36
Lavadora	1	1700	0,5	0,85
Microondas	1	2200	0,1	0,22
Bombillas	.....	....	......	....
Consola	.....	....	....	.....
Ordenador	.....	....	....	....
			Total:	1,43

2. **Elige los paneles solares necesarios para tu vivienda. Recuerda que la energía eléctrica que obtengas de los paneles solares debe cubrir la necesidad energética diaria. La producción varía mucho en función del tipo de panel, los metros cuadrados de instalación y la localización de tu proyecto. Busca información en internet para escoger la opción más adecuada y ten en cuenta lo siguiente:**

   - Vas a planificar con un panel de 1×1,7 metros y potencia de 250 W. Recuerda que las dimensiones y potencia de los paneles no están normalizadas, por tanto los datos son una aproximación razonable.
   - En cuanto a la superficie disponible debes concretar si la instalación estará en el tejado o en el suelo. Si la vas a situar en la cubierta los metros cuadrados estarán limitados por el tamaño del tejado. Así calcularás cuántos paneles puedes instalar.

Planeamos la instalación energética sostenible

3 Conoce la energía que necesitas en tus paneles. Para ello, sigue estos pasos:

1. Accede a **www.e-sm.net/revti1bach03_04**.
2. Completa los siguientes datos:
   - Sistema fotovoltaico conectado a red o autónomo.
   - Localización de tu instalación.
   - Potencia fotovoltaica instalada en kW (n.º de paneles × potencia del panel).
3. Selecciona la herramienta de rendimiento fotovoltaico.

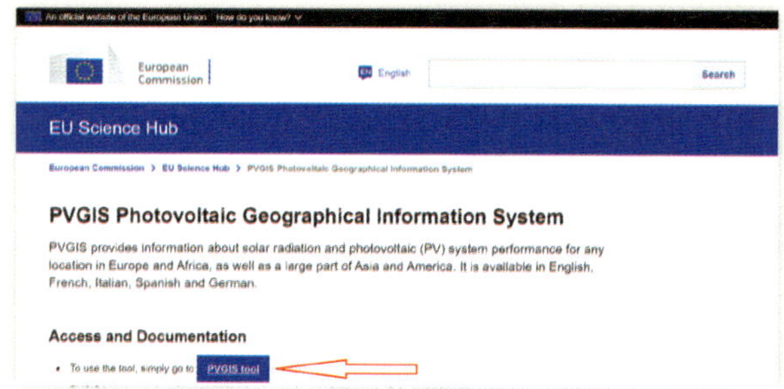

4. A continuación, facilita los datos necesarios para acceder a la base de datos.

La potencia fotovoltaica pico instalada. Para este dato necesitas conocer la potencia de un panel solar (en torno a 300 w) y el número de paneles que vas a instalar en el tejado.

Base de datos de radiación solar:

- PVGIS-SARAH2: Datos obtenidos por satélite entre los años 2005 y 2020. Elige esta opción.
- PVGIS-SARAH: Datos obtenidos por satélite entre los años 2005 y 2016. Actualmente obsoleto.
- PVGIS-ERA5: Obtenidos en función de la radiación solar entre los años 2005 y 2020. Menos precisos que los obtenidos por satélite. Debes utilizarlo solo si no hay datos de satélite.

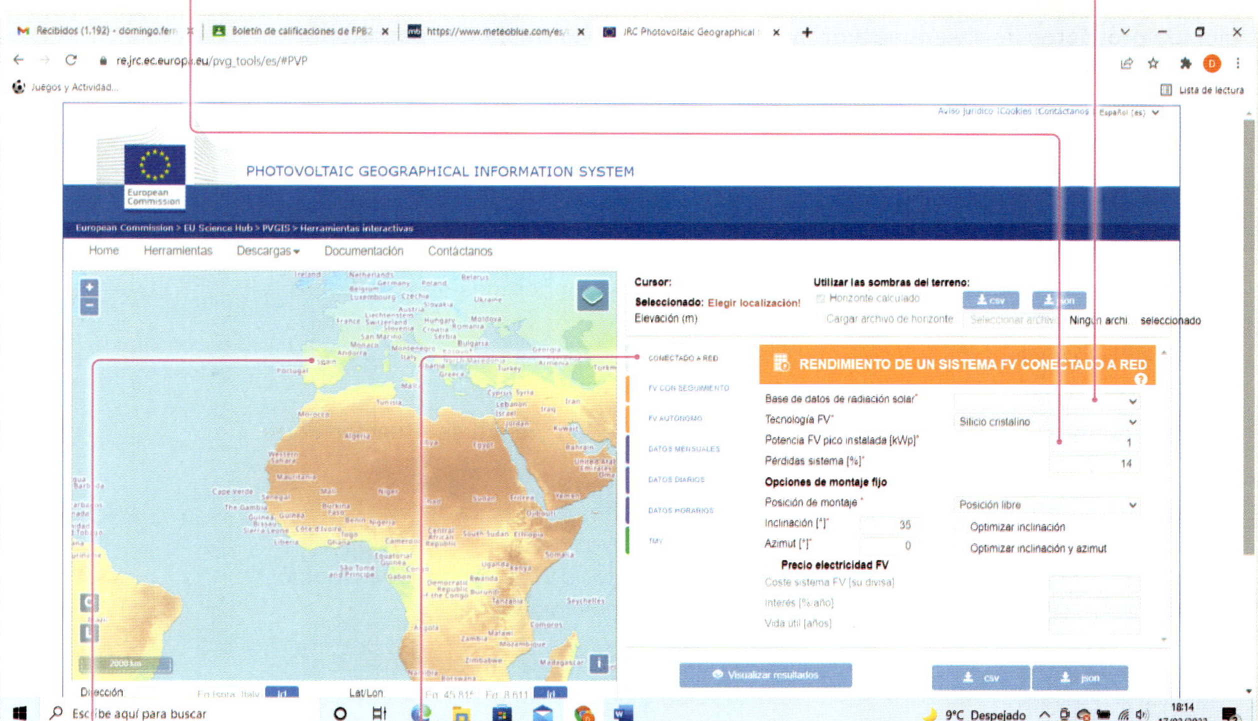

Señala sobre el mapa la localización geográfica de tu proyecto.

Si vas a construir un sistema conectado a la red o autónomo con baterías.

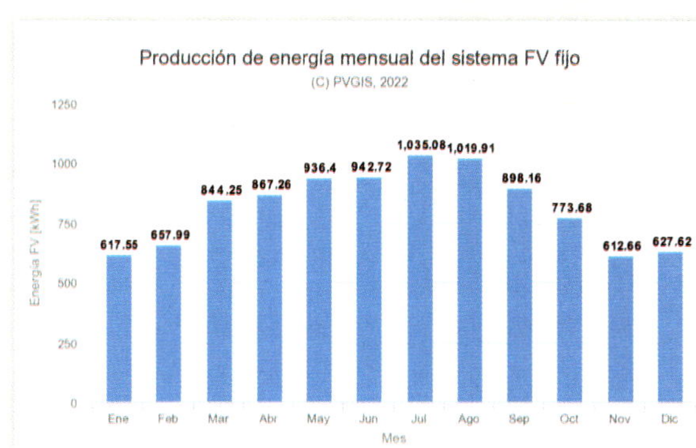

5. Para finalizar, pulsa el botón **Visualizar resultados** y obtendrás una gráfica. Comprueba si con los datos del mes más desfavorable divididos entre los días de ese mes puedes conseguir la energía diaria necesaria para tu vivienda.

1.5. ¿Cómo desarrollamos el diseño y la comercialización?

El factor más importante para el diseño de cualquier producto es el usuario. Resulta esencial conocer sus necesidades y sus expectativas. Ten en cuenta que la finalidad del producto objeto debe ser satisfactoria.

En el proceso de comercialización es imprescindible un **plan de *marketing***. En él se fijan objetivos de la empresa, se establece la visión a medio y largo plazo, y, además, permite anticipar y prevenir errores.

Un ejemplo de plan de *marketing* es el análisis DAFO.

> Un **análisis DAFO** sirve para conocer la situación real de la empresa y orientar, así, la toma de decisiones. A partir del análisis DAFO podrás obtener una matriz de estrategia.

Tanto las **debilidades** como las **fortalezas** son cuestiones internas de nuestra empresa y en el momento presente. Deben mostrar una fotografía de la realidad y has de ser sincero. Serán de índole diversa, como la formación de nuestros empleados, la implantación en el territorio, el dominio de idiomas o los recursos financieros, entre otros.

Las **amenazas** y **oportunidades** son externas, no dependen de nuestra empresa y conciernen al futuro: pueden ocurrir o no. Varían, así, en función de los cambios legales, las crisis económicas, etc.

Realizamos un plan de diseño y comercialización

1 **Realiza un análisis DAFO. En el estudio de arquitectura vas a iniciar la comercialización de proyectos de viviendas bioclimáticas. Fíjate en los siguientes pasos:**

1. Entra en la herramienta **Mural** y usa la plantilla **SWOT Analysis** que ya viene preparada para llevar a cabo este análisis.

2. Realiza una sesión de *Brainstorming* dedicando tres minutos a cada sección.
   - Debilidades: aspectos internos de nuestra empresa que suponen una desventaja frente a nuestros competidores.
   - Fortalezas: aspectos internos de la empresa que suponen una ventaja sobre la competencia.
   - Amenazas: cambios que pueden poner a la empresa en una situación competitiva de desventaja.
   - Oportunidades: cambios que, si se aprovechan, pueden mejorar la situación competitiva de la empresa.

3. Piensa en qué cuadrante del DAFO colocarías estos ítems: precios de la electricidad en constante aumento, aparición de nuevos materiales, leyes para frenar el cambio climático, mejora del poder adquisitivo de los trabajadores, poca preparación técnica de los empleados, aparición de nuevos materiales.

4. Finalizado el análisis, llega el momento de completar la matriz de estrategias. En la misma plantilla de **Mural** tienes un apartado para desarrollar el plan de acción estratégico. La elección de la estrategia vendrá marcada por el DAFO, el momento económico y pensando hacia dónde queremos dirigir la empresa.

Estrategias	Fortalezas	Debilidades
OPORTUNIDADES	• Estrategias **ofensivas** gracias al potencial de la empresa. • ¿Cómo utilizas las fortalezas para aprovechar las oportunidades?	• Estrategias de **reorientación**. • Corregir las debilidades apoyándote en las oportunidades.
AMENAZAS	• Estrategias **defensivas**, reducir los riesgos respecto a las amenazas. • ¿Cómo pueden tus fortalezas reducir las amenazas?	• Estrategias de **supervivencia**. • Superar las debilidades para sobrevivir a las amenazas.

2 Desarrollo del proyecto

2.1. ¿Cómo dibujamos nuestra casa bioclimática?

Para esta parte del proyecto, en la que dibujarás la planta de la vivienda, usarás el programa AutoCAD para crear líneas, círculos y la organización en capas. Además, acotarás las medidas pertinentes y harás una escala correcta del plano con respecto a la realidad. Una vez realizado, podrás trazarlo obteniendo un pdf en un formato normalizado.

> Las **bibliotecas** de AutoCAD son repositorios de piezas en 3D o 2D que facilitan el diseño de componentes.

A través de bibliotecas externas al programa podrás incluir módulos ya definidos de elementos de una vivienda como bañeras, mesas, sillas y otros artículos que necesites.

Dibujamos la planta de nuestra vivienda en AutoCAD

1 **Repasa el entorno de AutoCAD para dibujar la planta de tu proyecto.**

1. En la parte superior tienes las herramientas que usarás a menudo ordenadas en paletas (inicio, inserción...). Puedes seleccionarlas haciendo clic en su icono o en la línea de comandos. Si escribes el nombre de una herramienta sin tener ninguna herramienta elegida, automáticamente el programa la selecciona.
2. En la esquina inferior derecha encontrarás varios botones muy útiles para el ajuste de las líneas que traces (snap), **[/forzar cursor a punto de referencia → puntos medios, tangentes]**.
3. Para desplazarte por el proyecto presiona la rueda del ratón y mueve el cursor.
4. Para seleccionar componentes puedes elegirlos individualmente, o hacer selecciones rectangulares haciendo clic en una zona vacía y haciendo otro clic en la esquina opuesta del rectángulo. Hacia la izquierda, seleccionarás todos los componentes que estén total o parcialmente en el recuadro; hacia la derecha, seleccionarás solo los componentes que estén dentro del recuadro en su totalidad.

2 **Inicia AutoCAD y crea un Nuevo Archivo, escribe unidades y pulsa Intro para poder configurar las unidades. En arquitectura es habitual trabajar en metros.**

3 **Traza las líneas y círculos o arcos ajustando las longitudes al diseño de la vivienda. Es conveniente utilizar polilíneas, no líneas sueltas. Puedes ajustar las líneas ortogonalmente pulsando F8, icono en la parte inferior derecha.**

4 **Organiza los diferentes tipos de líneas en capas. Puedes crearlas y acceder a sus propiedades en Inicio → Capas → Propiedades de capas.**

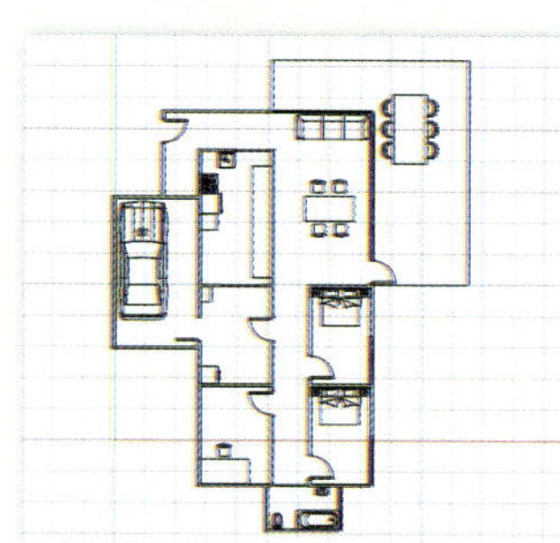

5 **Inserta bloques en www.e-sm.net/revti1bach03_05 y selecciona una categoría (camas, muebles de baño, etc.). Descarga el archivo y descomprímelo. Coloca los muebles con un tamaño lógico. Para ello, accede a Bloque → Insertar biblioteca de bloques y busca el archivo descomprimido. Con el botón izquierdo puedes elegir insertar el bloque en el punto del plano que quieras.**

6 **Inserta cotas con la herramienta Acotar. Existen muchos tipos de cota, usa lineal o alineada, entre puntos que no sean perpendiculares. Selecciona los dos extremos del segmento que quieras acotar, luego haz clic en otro punto para indicar la altura a la que deseas que esté la cota. Es recomendable crear las cotas en una capa aparte. Para ajustar las propiedades, haz clic derecho en Propiedades; podrás editar el tamaño del texto, fuente o estilo de flecha.**

7 **Guarda tu documento y expórtalo en pdf. Hazlo en un formato normalizado ISO A4.**

2.2. ¿Cómo hacemos una perspectiva en AutoCAD?

La **perspectiva** es un sistema de representación, que permite adoptar un punto de vista más cercano a la realidad, entendiendo espacialmente los objetos.

Existen dos tipos principales de perspectiva:

Axonométrica

Se usa para representación objetiva, con dimensiones reales, de planos técnicos. Permite visualizar los objetos en tres dimensiones y reflejar las medidas reales.

Cónica

Es más parecida a la visión del ojo humano, para representación subjetiva de objetos, pues simula estar dentro de la escena.

La **pespectiva isométrica** es un subtipo de la axonométrica, que divide los tres ejes por ángulos iguales de 120º, buscando la representación más homogénea y más fácil de entender espacialmente.

Dibujamos la perspectiva isométrica de nuestra vivienda en AutoCAD

1 Dibuja la perspectiva isométrica. Para ello, sigue estos pasos:

1. En la parte inferior derecha del interfaz de AutoCAD selecciona el perfil **Modelado 3D** que va a activar las barras de herramientas que vas a utilizar.

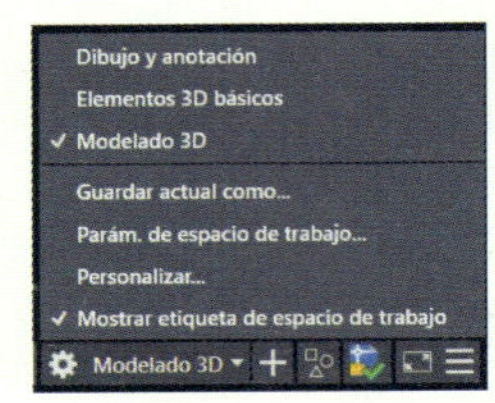

2. Cambia el punto de vista a la perspectiva desde la que se va a trabajar. La más habitual es la Isométrica sureste, que además coincide con la orientación solar óptima de un proyecto. Si no aparece el cubo de selección del punto de vista pulsa **Vista → View Cube**.

3. Usa el comando **Extruir** para elevar polilíneas cerradas a la tercera dimensión, el eje Z. Si las líneas no están cerradas en una polilínea, es necesario crear un contorno (Contorno) en una nueva capa 3D que se pueda extruir. Para ello, y para poder manipular bien el dibujo 2D, es recomendable tener las capas de dibujo ordenadas.

4. Una vez se hayan extruido los volúmenes necesarios para representar en 3D el volumen del proyecto, puedes desarrollar otros detalles de circuitos en isométrica, como las instalaciones de agua fría y caliente: se trata de líneas que salen del plano XY (bidimensional) y siguen trayectorias por los ejes X, Y y Z.

   Para ello, es necesario, en la **barra de herramientas de coordenadas**, alternar entre las coordenadas universales que dibujan en el plano XY (icono del planeta) y el eje Z, que dibuja líneas verticales. Si hay que dibujar líneas en planos inclinados se usa el sistema de coordenadas definido por tres puntos.

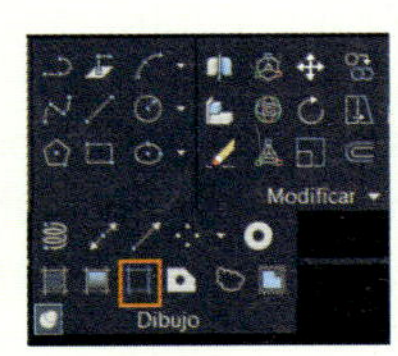

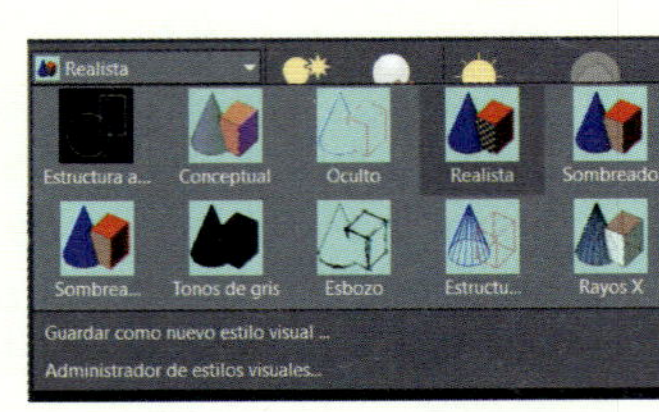

5. Mientras dibujas, cambia los modos de visualización y el punto de vista, para controlar la coherencia del modelo y evitar errores provocados por usar un único punto de vista o una visualización de línea, que impide ver sombras proyectadas.

6. Para la representación en 3D crea las capas con los nombres de los materiales usados, para posteriores cálculos de inercia térmica por material:
   - 3D hormigón (estructura)
   - 3D ladrillo 3D acabados (cerramientos)
   - 3D vidrio (ventanas)
   - 3D cerámica (cubierta)
   - 3D instalaciones

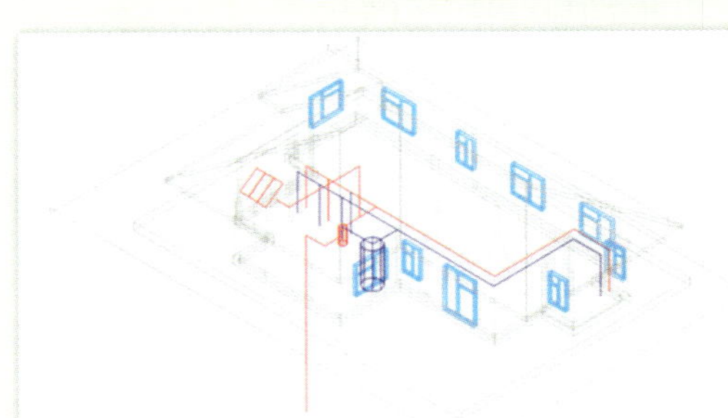

2.3. ¿Cómo introducimos materiales con AutoCAD?

Ya tenemos nuestra vivienda dibujada y ahora hemos de indicar en el plano los materiales con los que vamos a construirla. Autodesk proporciona, en la pestaña **Vista/Explorador de materiales**, una **biblioteca de materiales predefinidos** (cerámica, hormigón, piedra, vidrio, madera, etc.). Estos materiales pueden asignarse a los volúmenes modelados, arrastrando el icono de material directamente sobre ellos, o seleccionando los volúmenes y asignando con el menú de contexto (botón derecho del ratón) el material elegido a los volúmenes seleccionados.

Es necesario, para poder visualizar las texturas de los materiales aplicados, elegir el modo de visualización realista.

Estas texturas están predimensionadas para ser acordes en escala con los volúmenes creados, si las unidades de dibujo están predefinidas a metros. Esto también ayudará a introducir elementos de iluminación, que están pensados para funcionar en escala internacional. Es importante comprobarlo antes de aplicarlas, mediante el comando UNITS.

Añadimos capas de materiales a nuestra vivienda en AutoCAD

1. **Comprueba que las capas están bien creadas y están asignadas a los materiales correctos. Para ello, una vez creadas y nombradas las capas realiza una visualización por colores genéricos para comprobarlo.**
2. **Asigna los materiales a cada capa. Abre el visualizador de materiales y asigna los materiales correspondientes a las capas.**
3. **Comprueba las texturas de los materiales y la coherencia geométrica del modelo. Una vez asignadas realiza un render o visualización con sombras para comprobar las texturas. Además, decide mediante criterios bioclimáticos cuestiones como la orientación, el posicionamiento correcto de paneles solares y fotovoltaicos, la apertura idónea de huecos, la inercia térmica del conjunto, etc.**

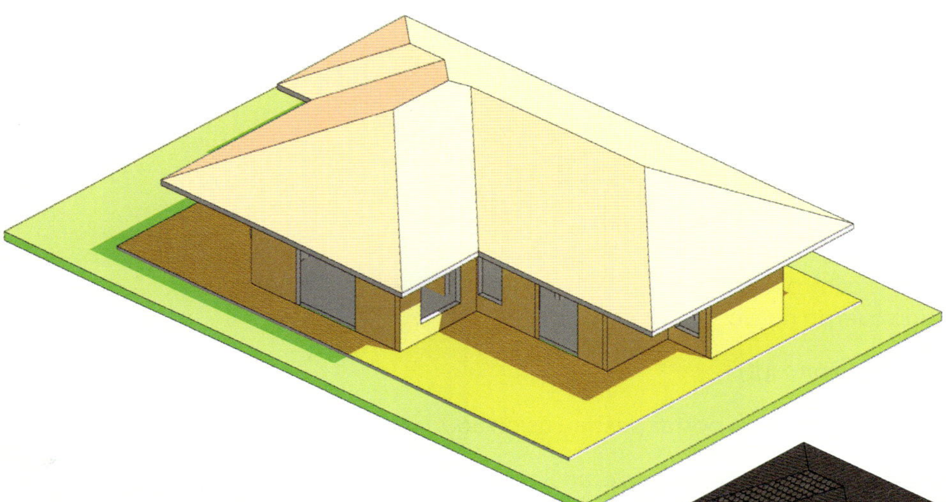

2.4. ¿Qué son los sistemas CAE y CAM?

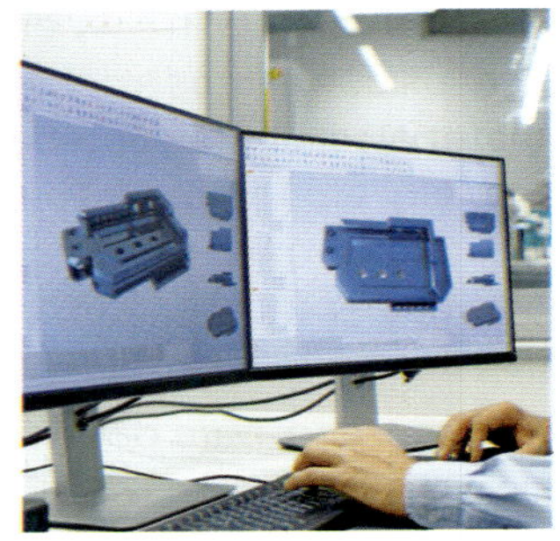

La sigla **CAE** la componen las iniciales de *Computer Aided Engineering* (Ingeniería asistida por ordenador). Se trata de programas que permiten comprobar el funcionamiento de los diseños, realizando pruebas de esfuerzo, temperatura, movimiento, etc., antes de su construcción. Un ejemplo de este *software* es Autodesk Inventor.

La sigla **CAM** proviene de *Computer Aided Manufacturing* (Fabricación asistida por ordenador) y tiene que ver con el manejo de máquinas de control numérico como cortadoras, fresadoras, taladradoras o impresoras 3D.

Actualmente existen programas de ordenador como Fusion 360 que permiten diseñar un objeto, comprobar su funcionamiento y generar el archivo para su fabricación. Vamos a usarlo en nuestro proyecto para poner a prueba las vigas de nuestra vivienda.

Hacemos el análisis tensional de una viga con Fusion 360 e Inventor

1 **Hacemos el análisis tensional. Para ello, sigue estos pasos:**

1. Abre el programa Fusion 360 que ya tendrás instalado en tu ordenador.
2. Elige, en el menú archivo, **Nuevo diseño**. Accede a la configuración del documento para tener como unidades los centímetros. Utiliza **Parámetro de rejilla fijo** para hacer que cada cuadro de la rejilla sean 5 cm.
3. Elige la **vista derecha** en el cubo de selección de vistas, que aparece en la esquina superior derecha, y crea un prisma de base cuadrada, será la viga para ensayar. Selecciona **Crear → Prisma rectangular** y dibuja un cuadrado de 10 cm de lado en el centro de la página. Luego indica que la altura será de 200 cm y que es un cuerpo nuevo.
4. Desplázalo a la izquierda para que quede en el centro del plano. Para ello, elige la vista central, pulsa el botón derecho sobre el objeto y selecciona **Mover/ copiar** el cuerpo -100 cm en el eje x.
5. Sitúa ahora en la base dos cilindros de 10 cm de diámetro y 50 cm de altura. Coloca el centro de estos cilindros a 30 cm de los extremos de la viga. Serán los pilares donde se apoyará la viga. Para esta operación repetirás dos veces **Insertar cilindro**. Selecciona la cara inferior, el centro del círculo a 30 cm del extremo, radio 5 cm y longitud 50 cm, y operación cuerpo nuevo.
6. Exporta el archivo para Inventor (extensión *.ipt).
7. Abre Inventor y carga el archivo que acabas de exportar desde Fusion 360.
8. Selecciona **Crear estudio** y asígnale un nombre, por ejemplo, análisis de una viga.

9. En **Herramientas → Parámetros** del documento debes especificar las unidades (elige metros y kilogramos).
10. En **Asignar → Materiales** escoge madera de roble para la viga y los soportes.
11. Ahora vas a indicar dónde se apoya el objeto (restricciones fijas). En nuestro ejemplo serán las caras de los cilindros que tocan el suelo.
12. Para terminar, añade las fuerzas. Como es un ejercicio, puedes omitir la gravedad. Pulsa el icono **Fuerza** y añade un vector hacia abajo de 10 N. Aplica la fuerza en la cara superior de la viga. Utiliza componentes del vector y coloca -10 N en el eje Z.

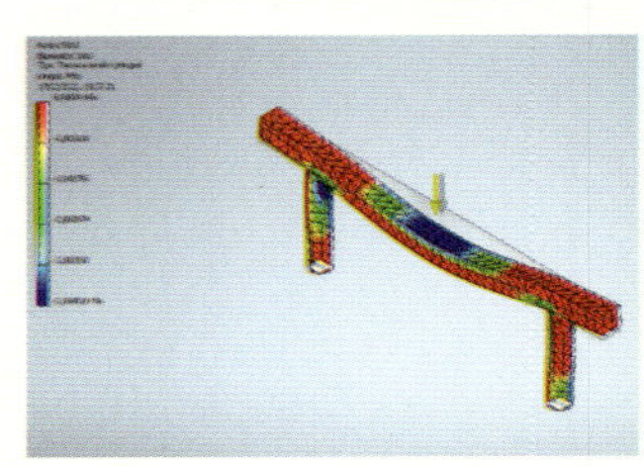

13. Pulsa el botón **Simular** y espera los resultados. Ahora, en el menú de navegación puedes ver los distintos análisis de tensión y deformación de la viga. Puedes activar la opción **Malla** para ver la geometría de los elementos analizados.

2.5. ¿Cómo medimos parámetros ambientales?

Es fundamental que midamos los parámetros ambientales de nuestra vivienda. La transferencia de calor a través de los materiales viene determinada por la conductividad térmica del material y por la diferencia de temperaturas entre la cara exterior e interior del material. Para medir los parámetros de temperatura, humedad y radiación solar usarás:

Sensor de temperatura y humedad

Comunica, mediante una salida digital, la temperatura y humedades medidas. No es muy preciso ni rápido, pero sí apto para nuestro proyecto.

Fotorresistencia GL5528

Es un resistor de coeficiente negativo cuya resistencia disminuye al aumentar la intensidad de la luz que incide sobre ella. Desde 10 KΩ con luz a 1 MΩ en oscuridad.

Conectamos los sensores de temperatura, radiación y humedad

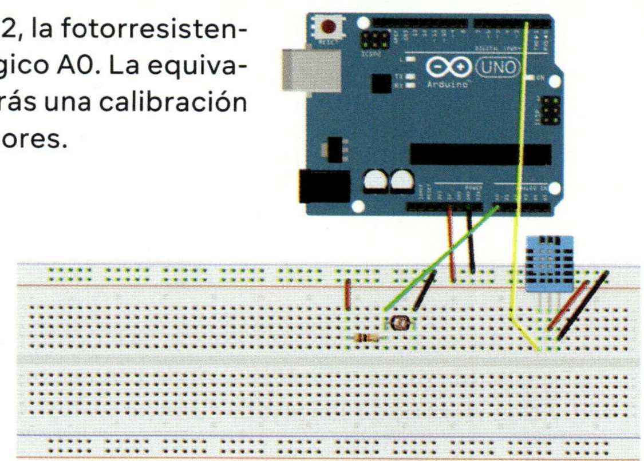

1. **Conecta los dispositivos a tu placa: el sensor DHT11 al pin digital 2, la fotorresistencia conéctala con una resistencia de pullup de 10kΩ, al pin analógico A0. La equivalencia entre la variación de la LDR y la iluminación no es lineal. Harás una calibración aproximada. Usa el monitor serie para ver las lecturas de los sensores.**

2. **Conecta tu placa al ordenador y programa los sensores.**

```
#include <DHT.h>    // Incluimos librería
#define DHTPIN 2    // Definimos el pin digital donde se conecta el sensor
#define DHTTYPE DHT11    // Dependiendo del tipo de sensor
int PinLDR = A0;    // Pin para conectar la fotorresistencia
int sensorLuz = 0;    // Variable para almacenar la lectura de la LDR
int lux;
const long LDR_a_oscuras = 1000;    //Resistencia en oscuridad en KΩ
const long LDR_muy_iluminada = 20;    //Resistencia muy iluminada (100 Lux) en KΩ
const int RPullUp = 10;    //Resistencia de pullup en KΩ
DHT dht(DHTPIN, DHTTYPE);    // Inicializamos el sensor DHT11
 void setup() {
  Serial.begin(9600);    // Inicializamos el puerto serie
  dht.begin();    // Comenzamos el sensor DHT
 }
 void loop() {
  delay(3000);    // Esperamos 3 segundos entre medidas
  float h = dht.readHumidity();    // Leemos la humedad relativa
  float t = dht.readTemperature();    // Leemos la temperatura en grados centígrados
  sensorLuz = analogRead(PinLDR);    //Leemos la cantidad de luz
    //Calibración del sensor LDR
  lux = ((1024-sensorLuz)*LDR_a_oscuras*10)/(LDR_muy_iluminada*RPullUp*sensorLuz);
    Serial.print("Humedad: ");
  Serial.print(h);
  Serial.print(" %\t");
  Serial.print("Temp.: ");
  Serial.print(t);
  Serial.print(" *C \t");
  Serial.print("Iluminación: ");
  Serial.print(lux);
  Serial.print(" lux \r");
   }
```

2.6. ¿Cómo grabamos los datos ambientales?

En nuestra vivienda sostenible necesitaremos grabar datos climatológicos. Para ello, vamos a usar los siguientes módulos:

Módulo de tarjeta MicroSD

Es capaz de leer y escribir datos en estas memorias extraíbles. Permitirá a tu prototipo grabar datos climatológicos durante varios días estando desatendido. No gastará energía para comunicar los datos como un sistema IoT o *bluetooth* y debes formatear la tarjeta en el PC en el sistema FAT16 o FAT32.

Módulo RTC DS1307

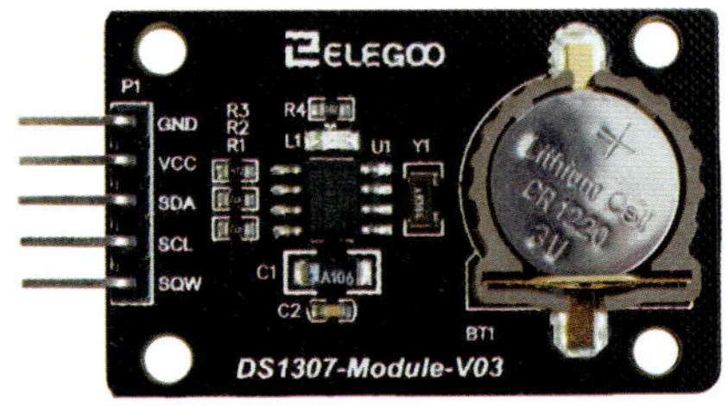

Lleva una pila que mantiene la fecha y hora, aunque no esté conectado a una placa de Arduino. Libera a la placa de controlar los tiempos, reduciendo el consumo de energía, además de simplificar el programa. Grabarás los datos de temperatura, humedad e iluminación en tu tarjeta SD cada 5 minutos.

Conectamos el módulo de tarjeta MicroSD y el reloj de tiempo

1. **Conecta el módulo de reloj a tu Arduino de forma que el pin SDA conecte con el A4 de Arduino, y el SCL con el A5. Son los pines por los que nos comunicaremos con el reloj.**

   En caso de no disponer de un módulo DS1307 se puede sustituir por otro módulo RTC, como el DS3231. Recuerda que en ese caso debes cambiar la biblioteca en el código.

2. **Conecta el módulo de tarjera SD o MicroSD a los pines 10-CS, 11-SCK, 12-MOSI y 13-MISO de la placa como se ve en la imagen. No olvides introducir la tarjeta cuando pongas el programa a funcionar.**

   Si no puedes conseguir un módulo individual puedes usar el Education Shield, que incluye un lector de tarjetas MicroSD.

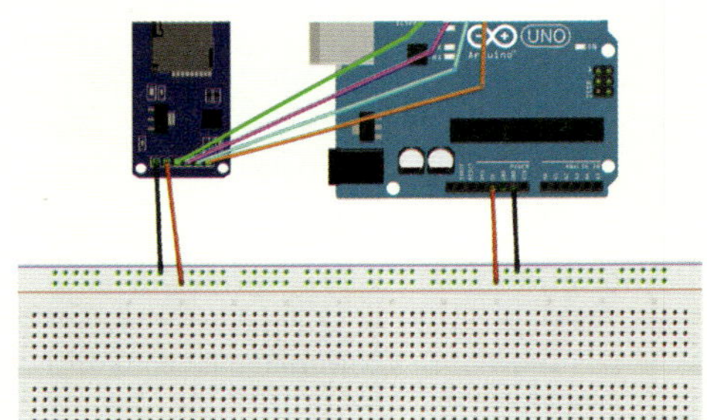

3. **Conecta el sensor de temperatura y humedad junto con la fotorresistencia como los tenías en la práctica anterior. Fíjate en cómo quedaría:**

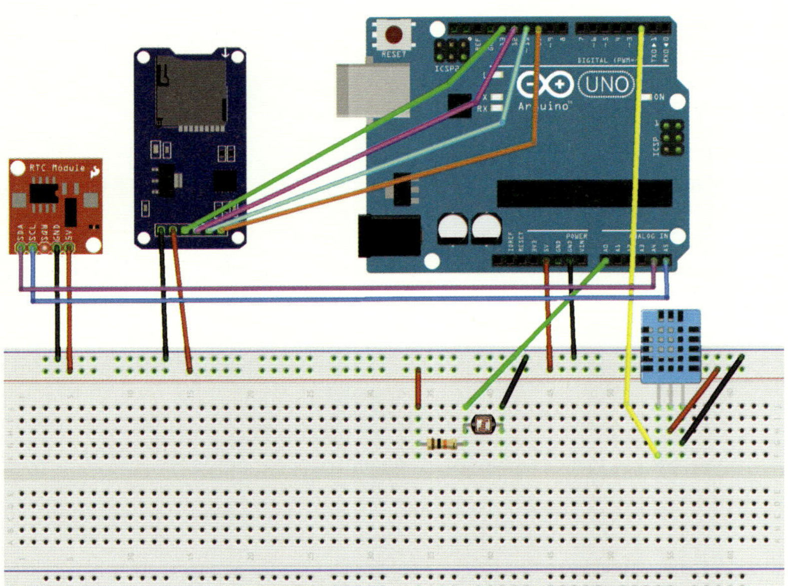

Conectamos el módulo de tarjeta MicroSD y el reloj de tiempo

4 Programa los sensores. Para ello, conecta tu placa al ordenador e introduce este código usando el IDE de Arduino.

```
#include <DHT.h>    // Incluimos librerías para DHT11
#include <SPI.h>    // Incluimos librerías para SD
#include <SD.h>
#include <Wire.h>    // Incluimos librerías para Reloj
#include "RTClib.h"
RTC_DS1307 rtc;
#define DHTPIN 2    // Definimos el pin digital donde se conecta el DHT11
#define DHTTYPE DHT11    // Indicamos el tipo de sensor
DateTime HoraFecha;
int PinLDR  =  A0;    // Pin para conectar la fotorresistencia
int sensorLuz = 0;    // Variable para almacenar la lectura de la LDR
int lux;
int Pin_chipSelect = 4;
DateTime dt;
char cadenaDatos[32];
const long LDR_a_oscuras = 1000;    //Resistencia en oscuridad en KΩ
const long LDR_muy_iluminada = 30;    //Resistencia muy iluminada (100 Lux) en KΩ
const int RPullUp = 10;    //Resistencia de pullup en KΩ
DHT dht(DHTPIN, DHTTYPE);    //Tipo de sensor DHT11, pin 2

void setup() {
  dht.begin();    // Inicializamos el sensor DHT11
  rtc.begin();    // Inicializamos el reloj
  if (!SD.begin(Pin_chipSelect)) {    // Inicializamos SD
     while (1);    // Si falla no seguimos
  }
  SD.remove("clima.txt");    // Borra el archivo si ya existiera.
        // Nota: Este comando pone el reloj con la fecha y la hora de compilación
        // del programa. Se ejecutará cada vez que reinicies tu Arduino. Una vez que
        // hayas puesto el reloj en hora, comenta esta línea y vuelve a subir el programa
  rtc.adjust(DateTime(F(__DATE__), F(__TIME__)));
}
void loop() {

 delay(1000);    // Esperamos 1 segundo
 dt = rtc.now();

 if ((dt.second() == 0) && ((dt.minute() % 5) == 0)) {
   int h = dht.readHumidity();    // Leemos la humedad relativa
   int t = dht.readTemperature();    // Leemos la temperatura en grados centígrados
   sensorLuz =  analogRead(PinLDR);    //Leemos la cantidad de luz
   //Calibración del sensor LDR
   lux = ((1024-sensorLuz)*LDR_a_oscuras*10)/(LDR_muy_iluminada*RPullUp*sensorLuz);
   String Datos = "";
   sprintf (cadenaDatos, "%4d-%02d-%02d,%02d:%02d:%02d,%03d,%03d,%04d",
   dt.year(),dt.month(),dt.day(),dt.hour(),dt.minute(),dt.second(),h,t,lux);
   Datos = cadenaDatos;
   File dataFile = SD.open("clima.txt", FILE_WRITE);
   if (dataFile) {    // Si el fichero está disponible, escribe en él
      dataFile.println(Datos);
      dataFile.close();
    }
  }
 }
```

Módulo de reloj que tengas conectado. (RTC_DS1307 rtc;)

Frecuencia de grabación cada cinco minutos. (if ((dt.second() == 0) && ((dt.minute() % 5) == 0)) {)

Formatea los datos para grabarlos en la tarjeta SD. (sprintf ...)

2.7. ¿Cómo monitorizamos los parámetros ambientales?

En este momento tendrás un archivo en tu tarjeta SD llamado *clima.txt*. Ese fichero tiene los datos separados por comas (,) y organizado por registros de la siguiente manera:

aaaa-mm-dd,hh:mm:ss,hum,tem,ilum
2022-02-01,20:26:00,025,021,0054
2022-02-01,20:27:00,025,021,0054
2022-02-01,20:28:00,025,020,0054

La mejor manera de analizar esa gran cantidad de datos es representarlos en una gráfica. Para ello, disponemos de una herramienta como son las hojas de cálculo Calc o Excel, en las que, después de importar los datos, los representarás.

Monitorizamos los parámetros ambientales

1 Extrae los datos de tu tarjeta SD. Para ello, sigue estos pasos:

1. Extrae la tarjeta SD de tu Arduino e insértala en el PC. Puede que necesites algún adaptador.
2. Abre la hoja de cálculo, de Excel o Calc, y realiza estas acciones:
   - En el menú **Archivo** escoge **Abrir** y busca el archivo *clima.txt*.
   - Debes indicar que los campos están delimitados por comas (,).
   - Las columnas las dejas como **Formato general** y haces clic en **Finalizar**.
3. Comprueba que tienes los datos recolectados por Arduino en tu hoja de cálculo con la siguiente estructura:
   - Columna A: Fecha en formato día/mes/año.
   - Columna B: Hora de los datos en formato horas:minutos:segundos.
   - Columna C: La humedad relativa en %.
   - Columna D: La temperatura en ºC.
   - Columna E: La iluminación en Lux.

	A	B	C	D	E	F
1	01/02/2022	8:31:00	28	6	84	
2	01/02/2022	8:32:00	28	6	87	
3	01/02/2022	8:33:00	28	6	90	
4	01/02/2022	8:34:00	30	6	93	
5	01/02/2022	8:35:00	34	6	95	
6	01/02/2022	8:36:00	38	6	99	
7	01/02/2022	8:37:00	42	6	102	
8	01/02/2022	8:38:00	46	6	105	
9	01/02/2022	8:39:00	50	7	108	
10	01/02/2022	8:40:00	53	7	112	
11	01/02/2022	8:41:00	55	7	117	
12	01/02/2022	8:42:00	56	7	121	
13	01/02/2022	8:43:00	58	7	126	
14	01/02/2022	8:44:00	59	7	129	
15	01/02/2022	8:45:00	61	7	134	
16	01/02/2022	8:46:00	62	7	139	

2 Haz las gráficas, calcula medias, máximos, mínimos y analiza los resultados. Para representar la humedad relativa debes seguir estos pasos:

1. Selecciona las columnas de los valores que quieres representar. En este caso la **columna B** (hora) y la **columna C** (humedad).
2. Ahora haz clic en **Insertar**, elige **Gráfico de líneas** y selecciona el primero que aparece.
3. Ya tienes la representación de los datos dibujada. Ahora puedes personalizar algunos aspectos. Haz clic en el **Título del gráfico** y rotúlalo como *Gráfica de humedad relativa*. También puedes desplazarlo, cambiar el tamaño y personalizar los colores.
4. Si pulsas el icono de **Agregar elemento de gráfico** podrás rotular los ejes indicando que el horizontal primario (eje x) es la hora y el vertical primario (eje y), la humedad.
5. Repite estos pasos para obtener las gráficas de temperatura e iluminación.
6. Cuando termines guarda el documento.

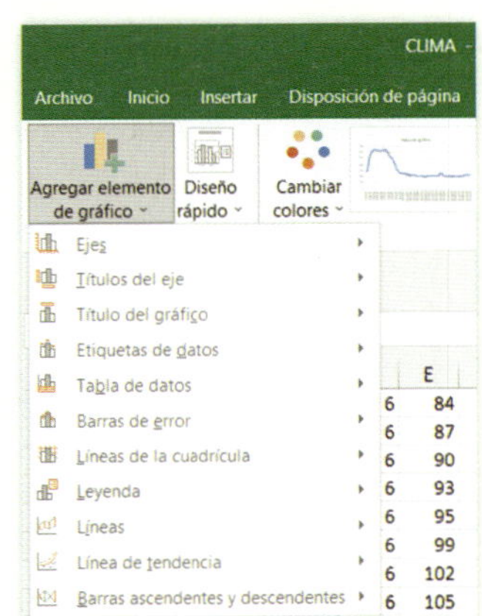

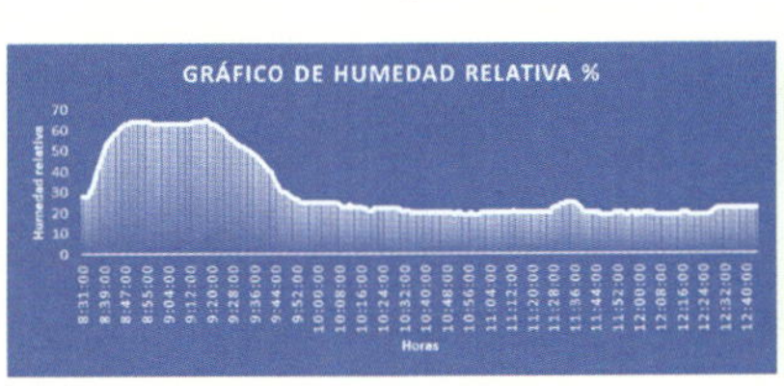

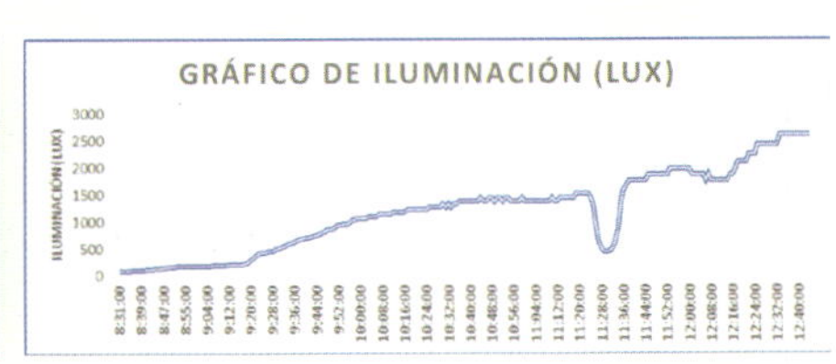

2.8. ¿Cómo medimos el nivel de agua del depósito?

La recuperación de aguas pluviales comienza utilizando el tejado como captador. El agua se recoge mediante canalones y se conduce por las bajantes para almacenarse en un depósito, normalmente, subterráneo. A la entrada del depósito se coloca un filtro para evitar que se introduzca suciedad. El agua de lluvia se puede emplear donde no sea necesaria el agua potable: lavadora, lavavajillas, cisterna, pero lo más práctico es derivarla para el riego.

El control del nivel de agua de un aljibe es fundamental para evitar su desbordamiento. Podemos usar diversos sistemas, desde elementos mecánicos, como una boya, a sistemas electrónicos, como sensores de nivel de agua o un sensor de ultrasonidos.

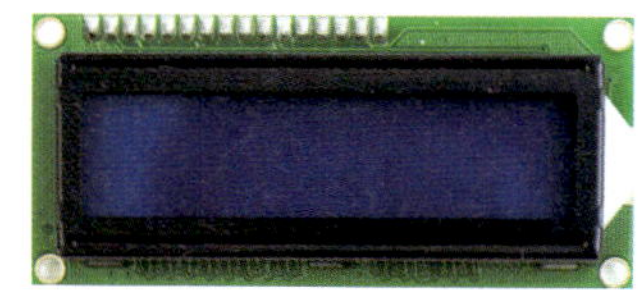

El **sensor de ultrasonidos** HC-SR04 dispone de un emisor que envía un pulso de ultrasonido y un receptor que recibe el eco después de rebotar en algún objeto. Es un sistema muy similar al que poseen los murciélagos.

La **pantalla LCD** 16 × 2 es un dispositivo que se usa para visualizar información con el uso de caracteres (16 caracteres × 2 filas). La sigla LCD, del inglés Liquid Crystal Display, pantalla de cristal líquido en español, hace referencia a la tecnología que permite modificar la trayectoria de la luz polarizada que emiten desde la parte posterior.

Conectamos el sistema de ultrasonidos a la placa Arduino

1. **Conecta el sensor de ultrasonidos a tu placa Arduino. Conectaremos los pines 6 y 7 de la placa con el Echo y Trigger del sensor.**

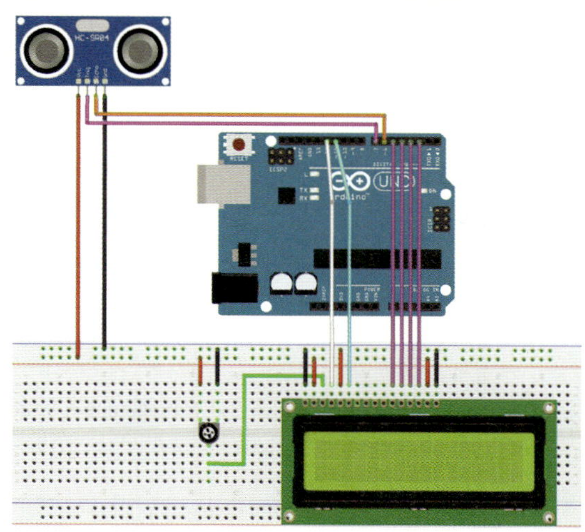

2. **Instala el display LCD, insertando un potenciómetro entre tierra y 5 V para llevar la corriente al pin V0 del panel. Servirá para ajustar el contraste de la pantalla. En el programa, recuerda incluir la librería *LiquidCrystal.h*, que permite utilizar la pantalla de manera sencilla.**

```
#include <LiquidCrystal.h>
//Crear el objeto LCD
LiquidCrystal lcd(12, 11, 5, 4, 3, 2);
const int Trigger = 7;   //Pin digital 7 para el Trigger del sensor
const int Echo = 6;   //Pin digital 6 para el Echo del sensor
float distancia;   //Distancia en centímetros
long tiempo;   //Tiempo que tarda en llegar el eco
void setup() {
  pinMode(Trigger, OUTPUT);   //pin como salida
  pinMode(Echo, INPUT);   //pin como entrada
  digitalWrite(Trigger, LOW);   //Inicializamos el pin con 0
    // Inicializar el LCD con el número de columnas y filas del LCD
  lcd.begin(16, 2);
  lcd.setCursor(0,0);
  lcd.print("Control de nivel");
}
void loop(){
  digitalWrite(Trigger, HIGH);
  delayMicroseconds(10);   //Enviamos un pulso de 10 us
  digitalWrite(Trigger, LOW);
  tiempo = pulseIn(Echo, HIGH);   //obtenemos el ancho del pulso
  distancia = tiempo*0.000001*34000.0/2.0 ;   //calculamos la distancia en cm
  lcd.setCursor(0,1);
  lcd.print("Dist: ");
  lcd.print(distancia);   //Enviamos al LCD la distancia
  lcd.print(" cm   ");
  delay(250);   //Hacemos una pausa de 250 ms
}
```

2.9. ¿Cómo probamos componentes y conexiones del sensor de agua?

A medida que tus proyectos se hacen más complejos puedes encontrarte con que estos no funcionan como esperabas. Es necesaria una metodología en el desarrollo de las pruebas, tanto de los componentes como de tus programas. Antes de llegar a las pruebas de usuario final, utilizarás las **pruebas unitarias**, que consisten en comprobar de forma separada cada uno de los componentes de tu proyecto para verificar su funcionamiento.

Las pruebas de calidad son habituales en la industria y tienen varios objetivos:

- Encontrar defectos o *bugs* antes de que aparezcan.
- Aumentar la confianza en el nivel de calidad del producto final.
- Evitar la aparición de comportamientos inesperados.

Comprobamos el funcionamiento del sensor de ultrasonidos y la pantalla LCD

1 **Comprueba la medición del agua. Para ello, coloca el sensor como en la imagen y carga este programa. El monitor serie es un elemento muy valioso para comprobar el funcionamiento de tus programas y el *hardware*. Permite ver en tiempo real el valor que toman las variables que quieras chequear.**

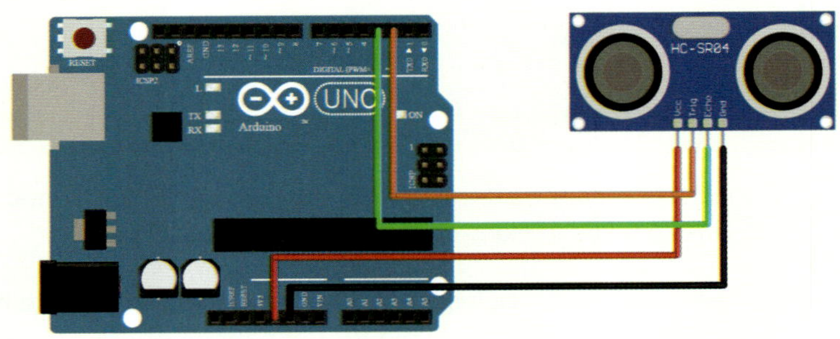


```
const int Trigger = 2;    //Pin digital 2 para el Trigger del sensor
const int Echo = 3;    //Pin digital 3 para el Echo del sensor
float distancia;    //Distancia en centímetros
long tiempo;    //Tiempo que tarda en llegar el eco

void setup() {
 Serial.begin(9600);    //inicializamos la comunicación
 pinMode(Trigger, OUTPUT);    //pin como salida
 pinMode(Echo, INPUT);    //pin como entrada
 digitalWrite(Trigger, LOW);    //Inicializamos el pin con 0
}

void loop(){
  digitalWrite(Trigger, HIGH);
  delayMicroseconds(10);    //Enviamos un pulso de 10 microseg
  digitalWrite(Trigger, LOW);
  tiempo = pulseIn(Echo, HIGH);    //obtenemos el ancho del pulso
  distancia = tiempo*0.000001*34000.0/2.0;    //calculamos la distancia en cm
  Serial.print("Distancia: ");
  Serial.print(distancia);    //Enviamos al puerto serie el valor de la distancia
  Serial.print("cm");
  Serial.println();
  delay(100);    //Hacemos una pausa de 100 ms
}
```

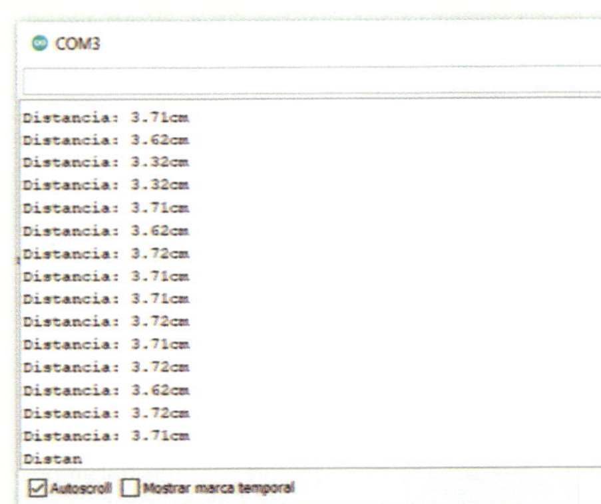

2 **Comprueba si funciona correctamente la pantalla LCD. Para ello, coloca el sensor como en tu imagen y carga el siguiente programa. También, el IDE de Arduino incluye ejemplos de programas ya escritos. Para la pantalla LCD puedes encontrarlo en MENÚ → EJEMPLOS → LiquidCrystal → HelloWord.**

```
#include <LiquidCrystal.h>
//Crear el objeto LCD
LiquidCrystal lcd(12, 11, 5, 4, 3, 2);
void setup() {
// Inicializar el LCD con el número de columnas y filas del LCD
   lcd.begin(16, 2);
   // Escribimos el Mensaje en el LCD.
    lcd.print("Hola Mundo");
}
void loop () {
}
```

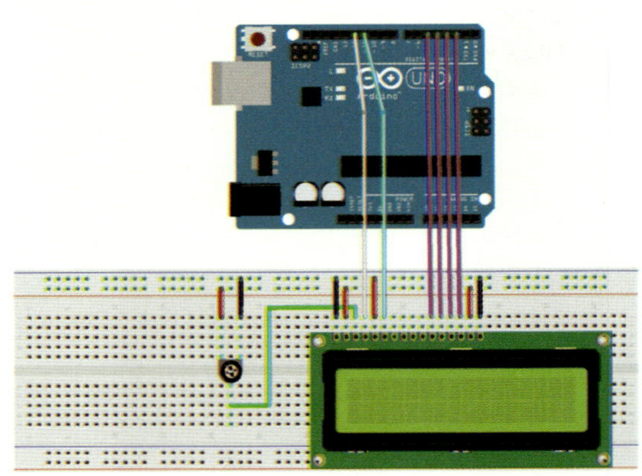

Los sensores que utilizamos en nuestros proyectos miden una determinada magnitud; por ejemplo, el sensor de ultrasonidos mide distancias. Sin embargo, en nuestro depósito necesitamos medir los litros de agua que hay en su interior.

Debemos hacer una **calibración** de nuestro prototipo para trasladar los datos de distancia que entrega el sensor a la información en litros que espera ver el usuario en la pantalla.

Si el depósito tiene una geometría sencilla, como un prisma rectangular o un cilindro vertical, la calibración es sencilla porque existirá una **relación lineal** entre el volumen almacenado y el nivel del agua. Si el depósito tiene forma de esfera o una geometría irregular la calibración será más complicada y se tratará de una **relación no lineal**.

Para impedir el desbordamiento, podemos establecer un **sistema de seguridad** para no llevar el diseño al límite de su capacidad máxima. Cuando el agua se aproxime al borde superior debemos comenzar a vaciar el depósito. Así, activaremos un relé que actuará sobre una bomba, y sacará el agua del aljibe para utilizarla en el riego.

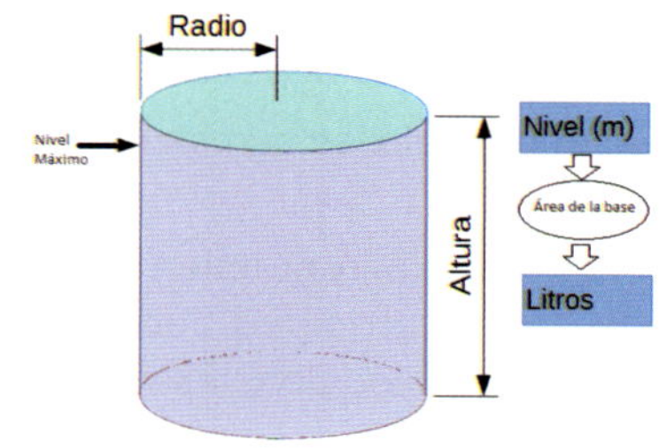

Calculamos el nivel y activamos la bomba

1 **Monta los dispositivos como en la imagen y sube este código de la bomba de agua.**

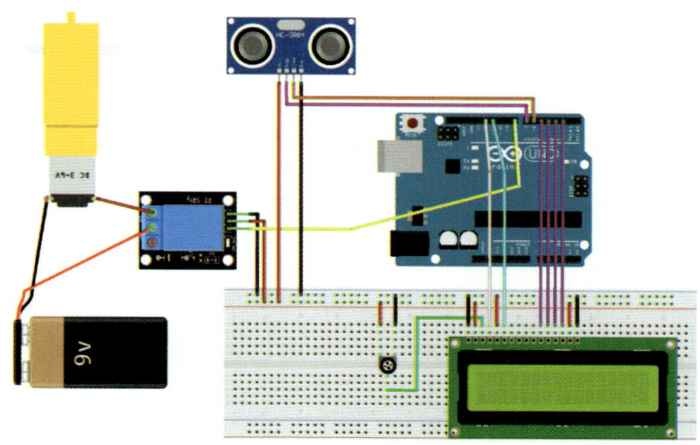

```
const int Trigger = 7;     //Pin digital 7 para el Trigger del sensor
const int Echo = 6;    //Pin digital 6 para el Echo del sensor
const int Rele = 8;    //Pin que activará el relé
const long Radio = 7;    //Radio en cm de tu depósito
const long AltMax = 14;    //Distancia del sensor al fondo del depósito.
const long Limite = 1700;    //Límite para arrancar el riego.
int distancia;    //Distancia en centímetros
long tiempo;    //Tiempo que tarda en llegar el eco
float Contenido;    //Cantidad de agua en cm cúbicos
boolean Bomba = false;    //Estado de la bomba on-off
void setup() {
  pinMode(Trigger, OUTPUT);    //pin como salida
  pinMode(Echo, INPUT);    //pin como entrada
  pinMode(Rele, OUTPUT);    //Controla el relé de la bomba de agua
  digitalWrite(Trigger, LOW);    //Inicializamos el pin con 0
  digitalWrite(Rele, LOW);
  lcd.begin(16, 2); //Inicializa LCD con núm. de filas y columnas
  lcd.setCursor(0,0);
  lcd.print("Control de nivel");
}
void loop(){
  digitalWrite(Trigger, HIGH);
  delayMicroseconds(10);    //Enviamos un pulso de 10 microseg
  digitalWrite(Trigger, LOW);
  tiempo = pulseIn(Echo, HIGH);    //obtenemos el ancho del pulso
  distancia = tiempo*0.000001*34000.0/2.0 ;    //calculamos la distancia en cm
  Contenido = (AltMax - distancia) * 3.14 * Radio * Radio ;
  lcd.setCursor(0,1);
  lcd.print("Vol: ");
  lcd.print(Contenido);    //Enviamos al LCD el volumen de agua
  lcd.print(" cm3   ");
  if ((Bomba == false) && (Contenido > Limite)){
     Bomba = true;
     digitalWrite(Rele, HIGH);    //Pone en marcha el riego
     lcd.setCursor(0,0);
     lcd.print("---- Regando ---");};
  if ((Bomba == true) && (Contenido < (Limite/2))){
     Bomba = false;
     digitalWrite(Rele, LOW);    //Detiene el riego
     lcd.setCursor(0,0);
     lcd.print("Control de nivel");};
  delay(250);    //Hacemos una pausa de 250 ms
}
```

2.10. ¿Cómo dotamos de energía eléctrica a nuestra vivienda?

Vas a suministrar electricidad a tu vivienda mediante paneles solares. Estos módulos están normalizados en cuanto a sus dimensiones y al voltaje que suministran.

Según las necesidades, puedes conectarlos de distintas maneras:

- **En serie:** se suman los voltajes, pero la intensidad será la menor de las intensidades individuales de cada panel.
- **En paralelo:** se suman las intensidades y el voltaje será el menor de los voltajes de un solo panel.

El cálculo del **rendimiento** de las placas solares fotovoltaicas se realiza dividiendo la cantidad de electricidad que son capaces de generar entre la cantidad de energía solar que reciben. En los paneles actuales, el rendimiento se acerca al 20 %.

Conectamos los paneles fotovoltaicos

1 **Investiga sobre los inversores. La energía eléctrica que utilizamos en casa es una corriente alterna senoidal de 230 voltios y, sin embargo, la energía que nos suministran los paneles es en forma de corriente continua, de 12 o 24 voltios. El inversor se encarga de adaptar el voltaje y transformar la corriente continua de los paneles en corriente alterna.**

La característica fundamental de un inversor es su potencia, pero hay otros detalles que considerar. Investiga sobre los tipos de inversores (*string*, microinversores, optimizadores, híbridos, inversor-cargador), y analiza sus características y precios. El voltaje y la intensidad del inversor determinarán la forma de conectar los paneles.

2 **Conecta los paneles solares. Para hacer los cálculos debes saber que, al asociarlos, se comportan como cualquier otra fuente de energía eléctrica. Sigue estos pasos:**

1. Abre la página web de Tinkercad, y accede con tu usuario y contraseña.
2. Elige comenzar un nuevo circuito.
3. En la lista de componentes busca la celda solar.
4. En sus propiedades puedes poner 12 V y 300 mA, o las características de los paneles fotovoltaicos de tu instalación.
5. Copia la celda tantas veces como paneles vayas a instalar en el tejado de tu proyecto de vivienda bioclimática.
6. Añade al circuito un aparato de medida voltímetro – amperímetro; en Tinkercad lo encontrarás como multímetro. A continuación, selecciona voltaje, intensidad o resistencia, según lo que vayas a medir.
7. Realiza distintas pruebas de conexión en serie, paralelo y mixto para conseguir el voltaje e intensidad necesarios.
8. Arranca el simulador, y comprueba con el multímetro los valores de voltaje e intensidad de corriente que obtienes en cada caso.

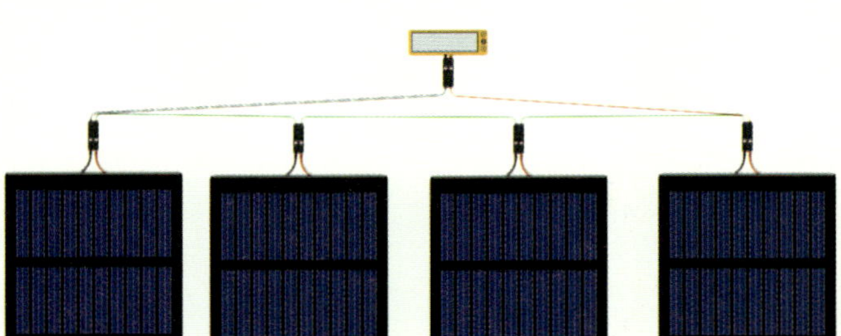

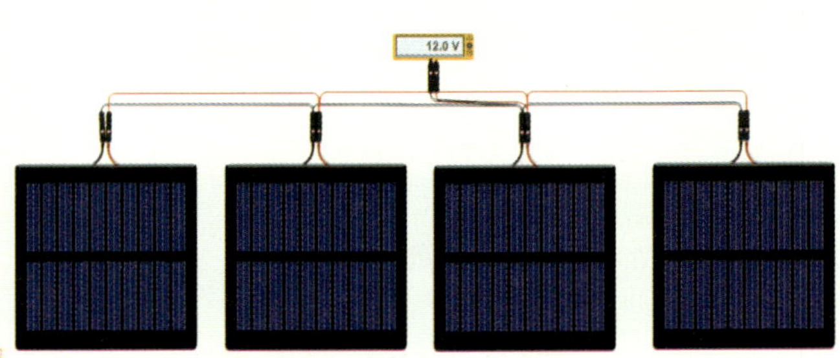

Para diseñar y calcular la instalación eléctrica de la vivienda sostenible necesitas realizar cálculos de consumo eléctrico de los receptores. Utilizarás la **Ley de Ohm** para averiguar la potencia de distintas asociaciones en serie y en paralelo.

Circuito en serie

La intensidad que atraviesa todos los elementos es la misma, y el voltaje se reparte de manera proporcional a la resistencia de cada receptor.

Circuito en paralelo

El voltaje de todos los elementos es el mismo, y la intensidad que atraviesa cada receptor es inversamente proporcional a su resistencia.

La potencia de un receptor depende del producto de la diferencia de potencial (voltaje) por la intensidad que lo recorre.

Hacemos cálculos de consumo

1 **Calcula las magnitudes eléctricas. Para hacerlo en circuitos con varios receptores es importante el concepto de resistencia equivalente; es decir, encontrar una resistencia que tenga el valor de todas las resistencias del circuito.**

Si los receptores están en serie, la resistencia equivalente será la suma de las resistencias individuales. Si están en paralelo, la inversa de la resistencia equivalente será la suma de las inversas de las resistencias individuales.

1. Realiza estos cálculos usando una hoja de cálculo Calc o Excel.

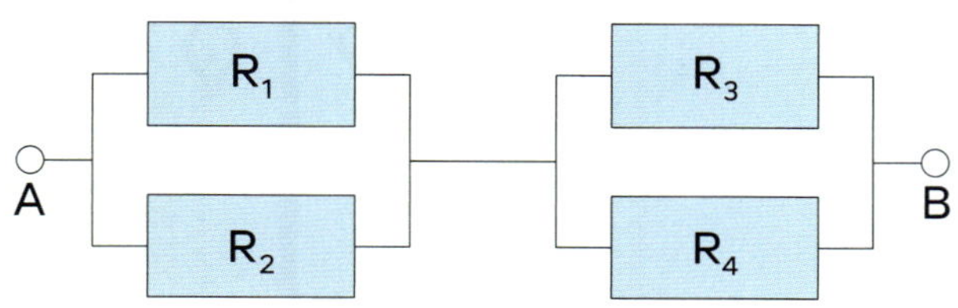

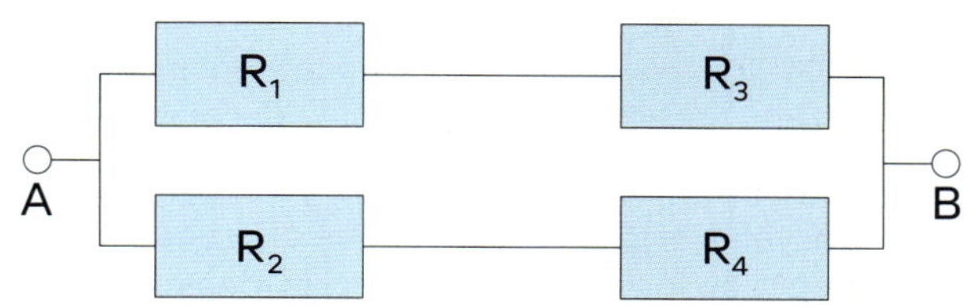

	$R(\Omega)$	V (V)	I (A)	P (W)
R_1	20 Ω			
R_2	20 Ω			
R_3	40 Ω			
R_4	40 Ω			
R_{12}				
R_{34}				
R_{eq}		30 V		

	$R(\Omega)$	V (V)	I (A)	P (W)
R_1	20 Ω			
R_2	20 Ω			
R_3	40 Ω			
R_4	40 Ω			
R_{13}				
R_{24}				
R_{eq}		30 V		

2. Simula el circuito en Tinkercad y toma medidas con el multímetro. Recuerda que los voltímetros se conectan en paralelo y los amperímetros en serie. Si quieres medir la resistencia total del circuito debes desconectarlo de la corriente y colocar el aparato de medida.

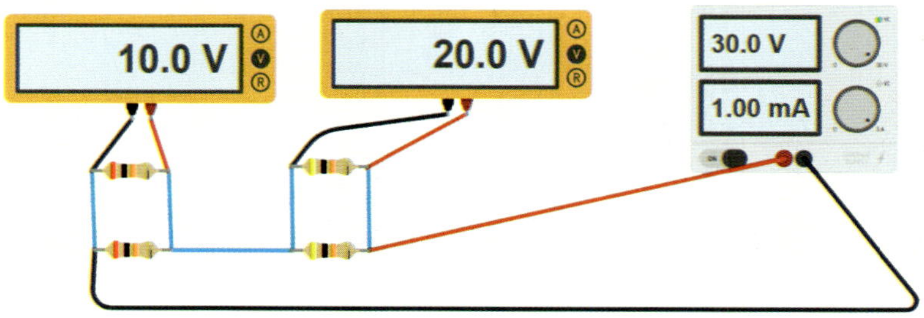

2.11. ¿Cómo testeamos nuestro proyecto?

Ha llegado el momento de poner el prototipo a funcionar en un entorno real y con presencia del usuario. Sus opiniones y comentarios nos servirán para mejorar el proyecto.

> La **matriz de realimentación** es una herramienta que representa, de manera visual, las primeras sensaciones que los usuarios tienen al probar el proyecto.

Para saber cómo clasificar estas impresiones se hacen cuatro cuadrantes que dividiremos en:

- Opiniones positivas y sus razones.
- Críticas constructivas.
- Preguntas que han tenido los usuarios.
- Nuevas ideas que aporten al prototipo.

Entrevistamos al usuario

1 **Realiza una matriz de realimentación con Mural para tu proyecto. Para ello, sigue estos pasos:**

1. Abre la página de web de Mural y accede con tu usuario y contraseña.
2. Elige una de las plantillas existentes llamada **Feedback Grid**.
3. A continuación, pulsa el botón de **Crear un Mural** a partir de una plantilla.
4. Habla con los usuarios, observa sus reacciones y anota en la matriz las ideas que van surgiendo en esa entrevista. No desveles el proyecto, deja que el usuario lo vaya descubriendo. Anota en los pósits amarillos las ideas y arrástralas al cuadrante correspondiente.
5. Una vez hecho todo el testeo, es hora de extraer conclusiones y mejorar el prototipo basándonos en la realimentación que hemos recogido del usuario.

2 **Anota todas las posibles mejoras que se te ocurran. Por ejemplo, imagina que en la fase de testeo detectas que el lugar elegido para la vivienda es una zona con mucho viento y se plantea probar una nueva idea. Para solucionarlo, diseñarías un sistema domótico con el fin de controlar los toldos.**

Entrevistamos al usuario

3 **Diseña el sistema domótico de toldos. Utiliza una herramienta CAD, como Fusion 360, para diseñar un anemómetro capaz de informar al sistema automático de la velocidad del viento. Para ello, sigue estos pasos:**

1. Abre **Fusion 360**.
2. Para comenzar, dibuja un boceto sobre el plano. Elige la **Vista superior**.
3. Dibuja una circunferencia de 50 mm de radio en el centro del plano de trabajo. Será el lugar que ocupe el buje de tu anemómetro.
4. Con el mismo centro, dibuja otras dos circunferencias de radios 125 mm y 175 mm.
5. A continuación, dibuja una línea recta desde el centro hasta el borde de la circunferencia exterior.
6. Añade una circunferencia tangente a los dos círculos exteriores. Utiliza la herramienta de círculo por dos puntos. Será el lugar donde colocaremos la cazoleta.
7. Dentro del menú de **Boceto**, escoge **Crear patrón circular**. Selecciona la circunferencia pequeña y el radio, elige el centro del dibujo e indica que el patrón se repetirá tres veces.
8. Pulsa **Terminar boceto** para empezar a colocar objetos.
9. Para el buje, dibuja un cilindro de 100 mm de diámetro y 20 mm de alto en el centro del boceto. Muévelo 10 mm hacia abajo (eje z) para situarlo en el centro del plano.
10. Para el primer vástago elige la opción de **Cilindro**, en el plano XZ, de diámetro 10 mm y longitud 175 mm. Marca la opción de **Nuevo componente** cuando añadas piezas.
11. Vas a dibujar la cazoleta. Para ello, añade una esfera de 50 mm de diámetro en el extremo del vástago que has insertado previamente.
12. Para vaciar la esfera elige **Modificar → Vaciado** y un espesor de la pared de 2 mm (señala la opción exterior).
13. Para comprobar que hemos dejado hueca la esfera puedes hacer una sección. La herramienta **Inspeccionar → Análisis de sección** nos permite elegir un plano (en este caso YZ).
14. En el **Explorador de objetos** puedes ocultar el análisis pulsando el ojo.
15. Para cortar la esfera elige **Modificar → Dividir** cuerpo. A continuación, selecciona la esfera y el plano de corte (YZ).
16. La esfera queda dividida ahora en dos objetos. Oculta la semiesfera que no necesitas en el menú de **Navegación** pulsando el botón del ojo.
17. Para terminar, escoge **Crear → Patrón circular**. Selecciona los objetos vástago y cazoleta, el eje de simetría y el centro del anemómetro, y repítelo tres veces. Después, guarda.

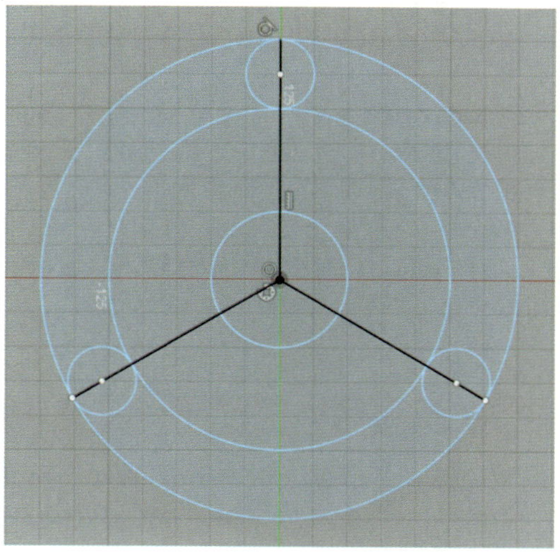

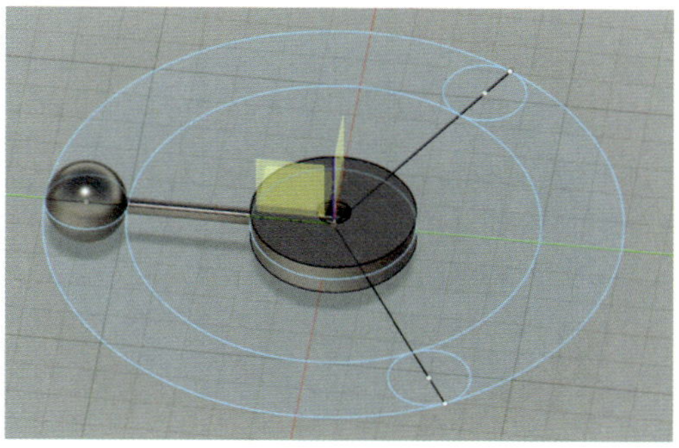

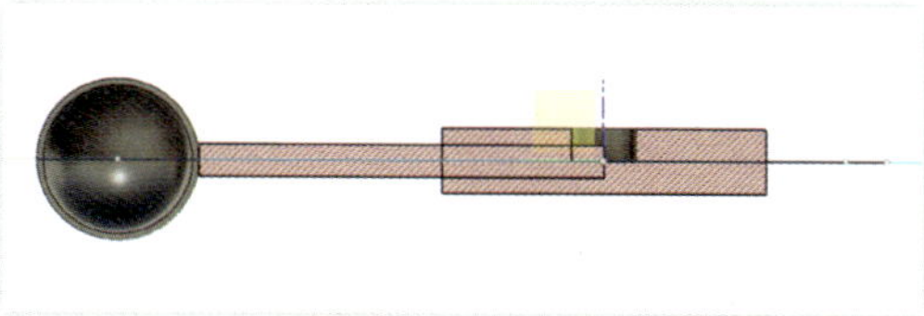

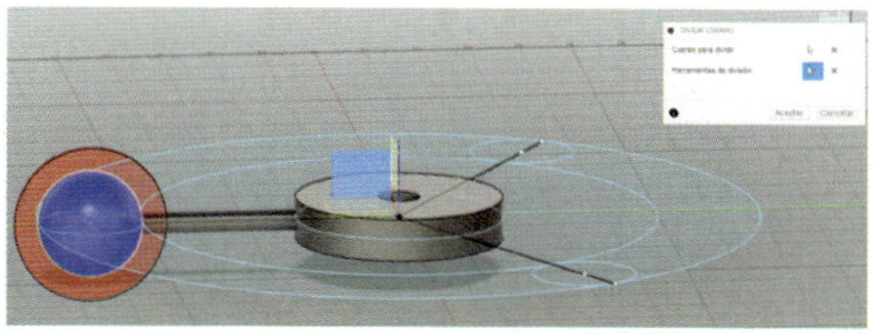

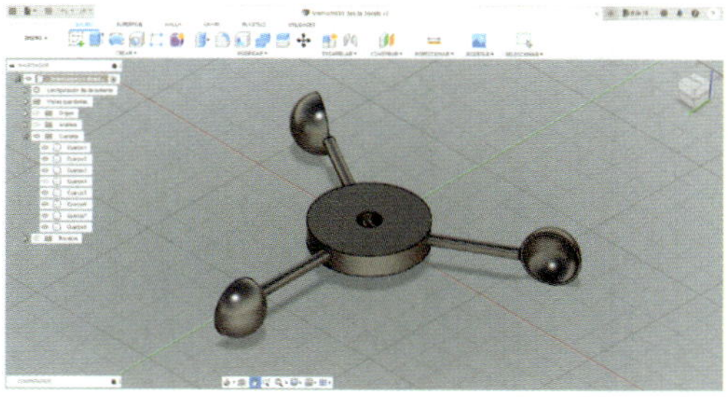

3 Publicación del proyecto

3.1. ¿Cómo elaboramos el presupuesto de nuestro proyecto?

Las **hojas de cálculo** son unas herramientas que permiten representar gráficamente series de datos, ajustando automáticamente las escalas y las proporciones de los elementos gráficos.

Tienes a tu disposición diversos tipos de gráficos que permiten comparar de forma visual los datos económicos de tus proyectos.

Elaboramos el presupuesto

1 **Realiza el presupuesto de tu proyecto en Calc o Excel. Son unas herramientas fundamentales para analizar su viabilidad económica. También permitirán al usuario saber en cuánto tiempo amortizará su inversión. Para ello, sigue estos pasos:**

1. En una hoja de cálculo abre tres hojas llamadas *Diseño*, *Explotación* y *Resumen*.
2. En la hoja de *Diseño* debes contemplar las horas de trabajo y los materiales utilizados (sensores, placas de Arduino, prototipos construidos, etc.). No olvides aplicar los impuestos correspondientes.
3. En la hoja de *Explotación* vas a contabilizar el ahorro mensual de agua y de energía eléctrica a lo largo de un año. También lo representarás gráficamente.

   Para el agua accede a **www.e-sm.net/revti1bach03_06**, en donde obtendrás los datos de precipitaciones por meses. Sabiendo los metros cuadrados del tejado calcula los metros cúbicos mensuales que puedes recoger.

	Enero	Febrero	Marzo	Abril	Mayo	Junio	Julio	Agosto	Septiembre	Octubre	Noviembre	Diciembre	Total
Lluvia (mm)	25,6	21,9	21,2	33,1	33,8	21,4	7,6	7,9	18	45,1	40,9	30,7	307,2
Litros de agua recogidos	5120	4380	4240	6620	6760	4280	1520	1580	3600	9020	8180	6140	61440
Ahorro Agua	10,60 €	9,07 €	8,78 €	13,70 €	13,99 €	8,86 €	3,15 €	3,27 €	7,45 €	18,67 €	16,93 €	12,71 €	127,18 €

Superficie del tejado
200 metros cuadrados

1 mm de agua de lluvia = 1 L de agua por m²

Coste del agua
2,07 €/m cúbico

Para la energía eléctrica accede a **www.e-sm.net/revti1bach03_07**. Introduce la localización del proyecto, la potencia fotovoltaica instalada y obtendrás la producción energética mensual.

	Enero	Febrero	Marzo	Abril	Mayo	Junio	Julio	Agosto	Septiembre	Octubre	Noviembre	Diciembre	Total
Energía eléctrica (Kwh)	617,55	657,99	844,25	867,26	936,4	942,72	1035,08	1019,91	898,16	773,68	612,66	627,62	9833,28
Ahorro electricidad	128,14 €	136,53 €	175,18 €	179,96 €	194,30 €	195,61 €	214,78 €	211,63 €	186,37 €	160,54 €	127,13 €	130,23 €	2.040,41 €

Paneles instalados	20	
Potencia panel	300	w
Potencia Pico	6	Kwh
Precio medio kwh	0,2075	€/kWh

3.2. ¿Cómo presentamos y publicamos nuestro proyecto?

Vas a realizar una presentación de vídeo de tu proyecto arquitectónico. Es la manera de mostrar al resto del mundo tu solución al reto de diseñar una vivienda bioclimática.

Existen múltiples herramientas para la captura y edición de vídeo. Desde las más profesionales como Sony Vegas o Final Cut a otras gratuitas incluidas en Windows 10 (la barra de juegos pulsando las teclas W+G).

> LOOM es una herramienta que permite grabar la pantalla, añadir voz e incluye algunas herramientas de edición sencillas. Además, sube el vídeo a internet y te facilita un enlace para compartir.

Algunos consejos para conseguir una presentación eficaz son:

- Conecta con la audiencia desde el principio.
- No utilices diapositivas muy recargadas.
- No abuses de imágenes o animaciones.
- Emplea gráficas claras, que no necesiten explicación.

Elaboramos una presentación de vídeo

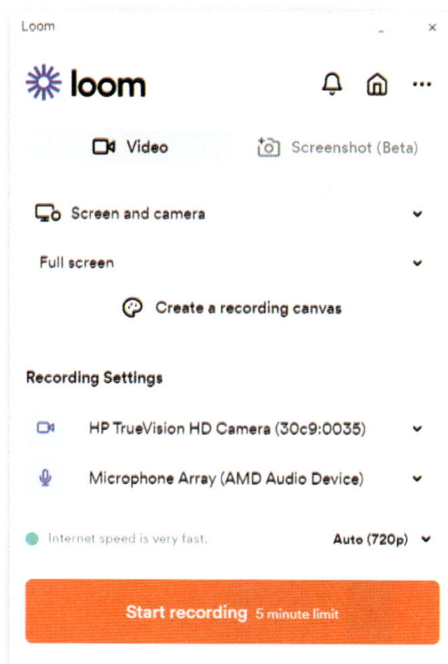

1. **Elabora el guion en PowerPoint o con presentaciones de Google. Puedes crear una o varias diapositivas para cada apartado. Para las transiciones usa el clic del ratón, de forma que te dé tiempo a explicar cada detalle de tu proyecto.**
   - Título, integrantes del proyecto, fecha...
   - Análisis de los requisitos del usuario y análisis del sitio que recibe el nombre de *climatología*.
   - Diagrama psicrométrico. Soluciones pasivas. La elección de los materiales.
   - Boceto, planos y perspectivas del proyecto.
   - Análisis de la instalación fotovoltaica.
   - Gestión del agua de lluvia. El control del aljibe.
   - Presupuesto. El ahorro que consigue tu proyecto respecto a una vivienda tradicional.

2. **Crea una cuenta gratuita de LOOM mediante un correo electrónico y una contraseña. Tendrás que descargar un pequeño programa o instalar un complemento del navegador. Accede a la herramienta y pulsa el botón Record a Loom.**

3. **Configura el tipo de grabación. Para ello, sigue estos pasos:**
   1. Decide si te interesa grabar solo la pantalla, la cámara o la pantalla y la cámara.
   2. Si quieres capturar la pantalla completa o solo una ventana.

4. **Empieza la grabación. Abre tu guion y pulsa en Start Recording. Comenzará una cuenta atrás y, a partir de ese momento, dispones de 5 minutos para explicar tu proyecto.**

   Puedes pausar y reanudar la grabación en cualquier momento con el botón de **Pause**. Cuando termines pulsa el botón de **Stop**.

5. **Sube el vídeo a internet. Desde la página de LOOM puedes recortar o dividir la película, eliminando trozos que no te gusten.**

CONCEPTOS CLAVE

Arquitectura bioclimática

Estudios previos

Diagrama psicométrico
Gráfico utilizado para estudiar las condiciones de temperatura y humedad del aire interior.

Factores clave
Orientación de la casa, sistemas pasivos de ventilación y calefacción (aprovechan las condiciones externas).

Cualidades de materiales
Su difusividad térmica, su toxicidad, si son de origen local, si son reciclables o reciclados; la energía que se necesita en su creación…

CAM *(Computer-Aided-Manufacturing)*

Programas que son la interfaz entre el usuario y las máquinas que fabrican piezas.

CAE *(Computer-Aided-Engineering)*

Programas para simular las interacciones de las piezas con distintas temperaturas, presiones y fuerzas.

Big Data

Conjunto de técnicas de recogida, análisis y procesado de grandes cantidades de datos.

Datalogger

Dispositivo capaz de monitorear y registrar datos en tiempo real.

Sistemas de control

Conjunto de dispositivos que sincronizan sus funciones para gestionar un sistema.

En lazo abierto: el sistema no tiene en cuenta su propia salida.

En lazo cerrado: el sistema mide su propia salida para tomar decisiones y ajustarla.

Energías renovables

Permiten suplir los sistemas eléctricos con energía que no necesita de combustibles fósiles para ser generada. Tienen un menor impacto en la calidad del aire.

Testeo

Pruebas unitarias: permiten evaluar cada parte del sistema por separado.

Publicación

LOOM
Herramienta que permite grabar la pantalla, añadir voz y editar. También permite subir el vídeo a internet.

No olvides la ley de Ohm:

$$V = I \cdot R$$

ACTIVIDADES FINALES

Materiales

1. ¿Qué es un diagrama psicrométrico? ¿En qué otro tipo de proyectos crees que podría ser útil utilizarlo?

2. Entre los nuevos materiales tecnológicos destaca el grafeno por la facilidad que tiene de transferir sus propiedades a los materiales con los que se mezcla. En la construcción, unido al hormigón, resulta un buen conductor del calor para mejorar el rendimiento de los sistemas de acondicionamiento pasivos. Investiga en la red sobre los materiales de construcción surgidos con el grafeno, anota sus propiedades y haz una lista de edificios donde se están utilizando.

Expresión gráfica

3. ¿Qué son los sistemas CAE y CAM? Pon dos ejemplos de cada uno.

4. ¿Qué tipos de perspectiva existen? Realiza una demostración de todos ellos sobre el papel y luego en AutoCAD. ¿En qué medio te ha resultado más sencillo? ¿Por qué?

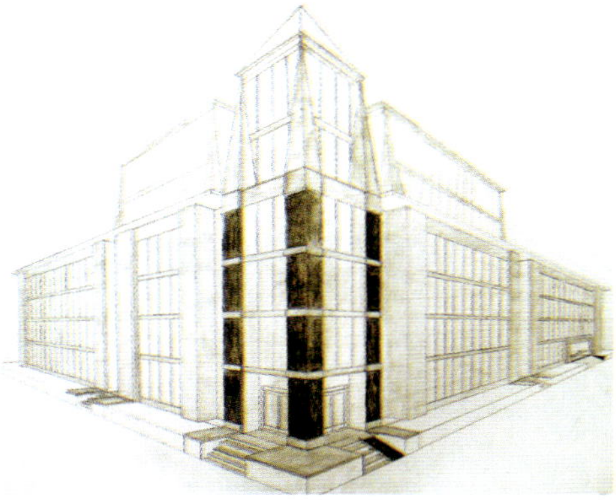

5. Dibuja en AutoCAD un garaje en perspectiva isométrica. No olvides incluir en tu proyecto la entrada, las plazas y las distintas columnas que lo conforman. Explica las principales herramientas que has utilizado, así como las dificultades que has encontrado en la construcción.

Automatización de procesos

6. Explica la diferencia principal que hay entre los sistemas en lazo abierto y los sistemas en lazo cerrado. ¿Por qué crees que alguien escogería utilizar un sistema en lazo abierto en lugar de uno en lazo cerrado para su proyecto?

7. ¿Cómo se graban y se monitorizan los datos ambientales? ¿Qué elementos te ayudan a hacerlo?

8. Diseña un sistema automático con Arduino para el control de los toldos de tu vivienda. Con unos sensores de luz en la fachada (fotorresistencias) puedes detectar cuándo el sol incide sobre ella, y accionar un motor para bajar los toldos y evitar la entrada de calor. Cuando el sensor detecte que ya no molesta el sol, el sistema los levantará para permitir el paso de luz.

9. Ahora incluye en tu proyecto de la actividad 8 un sensor de viento (anemómetro) de forma que, cuando las rachas superen cierta velocidad, el sistema tome la decisión de subir los toldos para evitar daños.

10. Añade, por último, al diseño un sensor de lluvia que permita a tu automatismo recoger los toldos para conseguir que no se mojen.

11. En una de las partes del proyecto has utilizado un sensor de ultrasonidos para medir distancias. Explica detalladamente su funcionamiento. ¿Crees que este sistema funcionaría en el espacio exterior? Razona tu respuesta.

12. El sistema de llenado de la cisterna de casa es un sistema de control. ¿Se trata de un sistema en lazo abierto o lazo cerrado? ¿Cuál es el sensor encargado de medir el nivel de llenado?

Sistemas eléctricos

13 Explica qué es cada una de las siguientes magnitudes clave de los circuitos eléctricos: voltaje, intensidad y resistencia.

14 Investiga cómo llega la corriente eléctrica desde las centrales hasta nuestras viviendas, por qué viaja a una tensión de 400 000 V por las líneas de muy alta tensión y, por último, por qué se transporta en forma de corriente alterna y no como continua.

15 ¿Es correcto colocar un voltímetro en paralelo para medir la diferencia de potencial entre dos puntos de un circuito? ¿Y un amperímetro? Razona tus respuestas.

16 ¿Cuál es la función del inversor en una instalación de energía solar? ¿Qué diferencia hay entre los inversores de onda senoidal pura y los de onda senoidal modificada?

17 Explica la ley de Ohm mediante un ejemplo. Despéjala para todas las magnitudes implicadas. Investiga qué es la potencia y cómo se relaciona con las tres magnitudes eléctricas que has trabajado: intensidad, voltaje y resistencia.

18 Dado el siguiente circuito eléctrico, calcula la resistencia equivalente y averigua lo que marcarán el voltímetro y el amperímetro de la imagen. Puedes simularlo con Tinkercad para verificar tus cálculos.

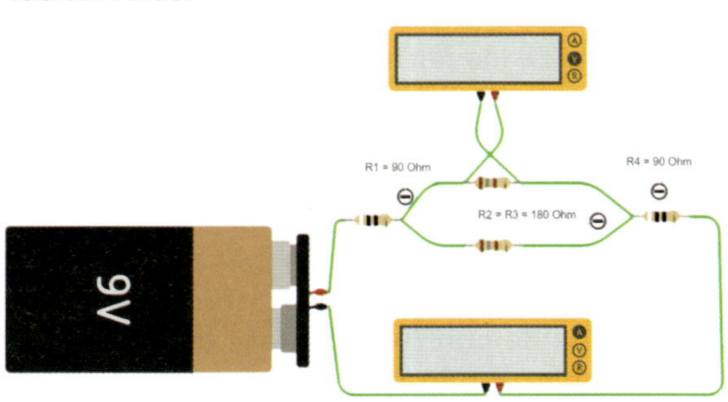

Sistemas y mercados energéticos

19 Explica la diferencia entre compañía distribuidora y comercializadora en el mercado eléctrico. Escribe el nombre de las cinco distribuidoras de electricidad más grandes del país.

20 Investiga en internet qué es Red Eléctrica de España. ¿Cuáles son sus actividades?

21 Para poder hablar de mercado ideal deben darse cuatro condiciones. Explica en qué consiste cada una de ellas:

a. Libre concurrencia.
b. Transparencia.
c. Homogeneidad del producto.
d. Sin limitaciones de entrada y salida.

22 En el mercado eléctrico español existe la tarifa regulada y la tarifa libre. ¿En qué consiste cada una ellas? ¿Qué ventajas e inconvenientes podemos encontrar?

23 Responde a estas cuestiones sobre el mercado eléctrico: ¿Qué es el mercado eléctrico? ¿Cómo se fija el precio? ¿Qué factores pueden hacer que el precio varíe? ¿Quién supervisa el correcto funcionamiento del mercado?

Publicación

24 Investiga los problemas medioambientales originados por los RCD (residuos de la construcción y demolición) y difunde la información a través de un vídeo corto. Para ello:

a. Haz una presentación en PowerPoint sobre su impacto ambiental, la reutilización, el reciclaje y la reflexión personal sobre el problema.
b. Realiza un vídeo con LOOM basándote en la presentación anterior. Graba los comentarios con tu voz mientras avanzan las diapositivas. Preséntalo ante tus compañeros.

Mis competencias · Autoevaluación

DA UN PASO MÁS

Ampliación del proyecto

1 Utiliza AutoCAD para completar el plano de tu vivienda bioclimática añadiendo las instalaciones. Recuerda utilizar la simbología apropiada en cada una de ellas. Para ello, tendrás que aprovechar bibliotecas para AutoCAD que incorporan todos estos símbolos.

2 Crea una capa en AutoCAD para dibujar un diagrama unifilar de la instalación eléctrica de tu vivienda. Debe incluir los siguientes elementos:

- Los puntos de luz.
- Las tomas de corriente.
- El cuadro general de mando y protección.

3 Crea dos capas más para representar la instalación de ACS (agua corriente sanitaria). Utiliza el color azul en una de las capas para el agua fría y el color rojo en la otra para el agua caliente. Localiza grifos, llaves de paso individuales y generales, y el contador.

4 A lo largo de nuestro proyecto hemos investigado una manera de aprovechar la energía solar para producir energía eléctrica; es la que conocemos como energía solar fotovoltaica. Pero podemos aprovechar la energía solar para calentar agua; en este caso se trata de la energía solar térmica. Ese aprovechamiento se realiza con colectores solares situados en el tejado de la vivienda.

a. Analiza la viabilidad de esta ampliación del proyecto.

b. Investiga qué es un muro Trombe o muro solar. Averigua su funcionamiento y busca algún esquema de su construcción. Reflexiona si es o no apropiado para tu proyecto.

c. Investiga qué es la calificación energética de una vivienda. ¿Quién emite tal etiqueta? ¿Qué datos aparecen en ella?

d. ¿Existe alguna acreditación de vivienda bioclimática? Busca información sobre los certificados "verdes" y cuál se adapta mejor a tu proyecto.

Aplicación

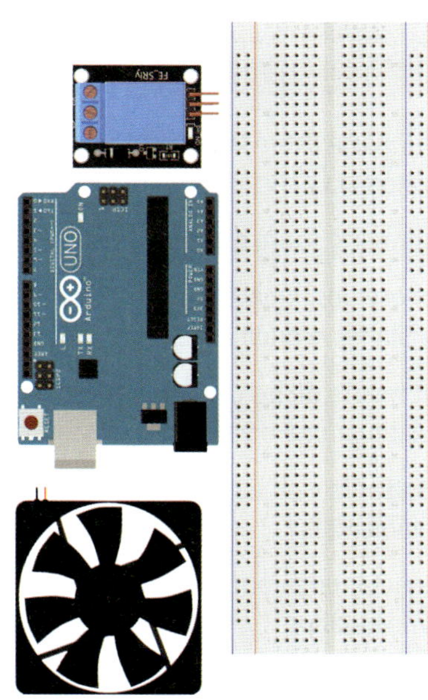

5 Diseña un sistema con un sensor de temperatura de forma que, cuando en el interior de la vivienda se supere la temperatura de confort, ponga en marcha algún sistema de refrigeración activo, como un ventilador o un aparato de aire acondicionado. Para ello, necesitarás una placa de Arduino Uno, un sensor de temperatura y un actuador como un relé. Sigue los pasos que aparecen a continuación:

1. Conecta el sensor y el relé a tu placa de Arduino.
2. Establece un valor umbral de temperatura de forma que, si se supera, el relé se active. En cambio, si está por debajo de ese límite, el relé se desconecte.
3. Escribe un programa tomando como base el sistema de control del aljibe que hiciste durante el proyecto.
4. Comprueba su funcionamiento.
5. Qué problema existe si la temperatura ronda continuamente el valor umbral? ¿Cómo podemos solucionar dicho problema?

2.2 Infraestructuras sostenibles

¡EMPEZAMOS!

Cierta localidad va a mejorar su comunicación terrestre a través de una estación de ferrocarril. Te han encomendado la función de proyectar un viaducto que salve un valle en el cual irá la vía del ferrocarril que hará llegar el tren a la localidad.

Para ello, deberás usar técnicas de Design Thinking y realizar las siguientes tareas:

- Informarte sobre la importancia del transporte por ferrocarril, y su impacto económico y social en la zona.
- Informarte sobre qué tipo de infraestructura es necesaria para su implantación.
- Conocer los impactos producidos por la implantación de dichas infraestructuras en los planos económico, social y ambiental.
- Informarte de las condiciones técnicas que deben cumplir dichas infraestructuras, y elaborar una o varias propuestas técnicas.
- Estudiar la viabilidad del proyecto desde el punto de vista económico, técnico y ambiental.
- Redactar un informe con las conclusiones incluyendo los diversos informes contemplados.
- Desarrollar un sistema de control automático de pesaje de equipaje.
- Desarrollar un sistema de control de afluencia de personas en un recinto.

HERRAMIENTAS QUE VAS A UTILIZAR

A lo largo del proyecto usarás herramientas informáticas, así como dispositivos electrónicos y electromecánicos:

- Programas de diseño gráfico como Blender.
- Placa de Arduino UNO y Arduino Nano 33 IoT.
- Célula de carga y sensor PIR.
- Pantalla LCD.
- Punto de acceso wifi para conectar tu dispositivo a la nube.
- Suite ofimática como los procesadores de texto y las hojas de cálculo para los informes, que nos permitan llevar el control del presupuesto y ayudar en los cálculos necesarios para el diseño.
- Aplicaciones para realizar folletos como Scribus.
- Herramientas de Design Thinking, como Mural, para hacer análisis.

RUTA DE APRENDIZAJE

PLANIFICACIÓN

1. Aplicar Design Thinking en un proyecto de ingeniería civil.
2. Crear diseños en 3D de las posibles soluciones.
3. Conocer los materiales empleados para la construcción de obra civil.
4. Elaborar un informe sobre el impacto generado por la construcción del viaducto.

DESARROLLO

5. Expresar de forma gráfica un diseño, utilizando herramientas de representación en 3D.
6. Conocer los principios básicos de resistencia de materiales.
7. Crear dispositivos para el control de acceso de personas y de equipajes.
8. Aplicar sensores a la placa Arduino para monitorizar el control de aforo de personas y equipajes.

PUBLICACIÓN

9. Dar a conocer los beneficios de la construcción de una vía ferroviaria.
10. Crear un folleto publicitario usando Scribus.

1 Planificación del proyecto

1.1. ¿Cómo hacer un estudio para la construcción del viaducto?

Antes de comenzar con la construcción del viaducto tenemos que hacer un estudio con el fin de comprender la necesidad de la construcción de esta infraestructura.

La localidad donde vas a realizar el proyecto se encuentra en una comarca del norte de España. Se trata de una zona con montañas de mediana altura, situada en el alto de un valle por el que fluye el río.

Hasta ahora, las comunicaciones han sido exclusivamente a través de una carretera llena de curvas, lo que hace que el acceso sea lento y, en ocasiones, peligroso.

Para solventar este problema se ha decidido realizar un estudio para construir una vía férrea con un viaducto que atraviese el valle. El proyecto incluiría, además, la construcción de una estación de tren para pasajeros y mercancías.

A partir de este momento, el siguiente paso consistiría en elaborar un estudio sobre la forma más adecuada de implementar el viaducto, desde el punto de vista técnico y de cómo puede afectar al entorno natural, económico y social de la comarca.

Hacemos el estudio para implementar el viaducto

1. **Busca información en internet sobre los siguientes aspectos:**
   - Contexto económico, social y geográfico:
     - España vaciada.
     - Cooperativa agrícola.
     - Importancia histórica de los puentes.
   - Contexto medioambiental:
     - Estudio de impacto ambiental.
   - Desde el punto de vista técnico:
     - Evolución técnica en la construcción de puentes.

2. **Recopila la información utilizando Google Docs y crea un informe donde se resuman las cuestiones estudiadas.**

3. **Desarrolla un resumen en el que se indiquen tanto los problemas actuales, debidos a una comunicación deficiente, como los problemas derivados de la solución al problema original.**

1.2. ¿En qué se diferencian un puente y un viaducto?

Un **puente** es un tipo de construcción que salva un accidente geográfico, generalmente un río, y otro tipo de obstáculos, como una carretera o una vía férrea.

Un **viaducto** es un tipo de puente, generalmente de mayor altura y longitud que un puente, que salva un valle u otro accidente geográfico de grandes dimensiones.

Puente

Viaducto

Para la construcción de viaductos y otras infraestructuras de obra civil se utiliza, mayoritariamente, el hormigón armado, aunque en determinadas ocasiones también se emplea el acero.

El **hormigón armado** es el resultado de añadir acero al hormigón, generalmente en forma de barras. Se trata de un material que está compuesto de matriz cerámica, y reforzantes cerámicos y metálicos.

La matriz y el cemento dan continuidad al material. El cemento reacciona con el agua y, tras unas horas, fragua, se endurece y adquiere, así, una consistencia y dureza elevadas. Además, crea una adherencia con los elementos reforzantes, tanto los de tipo cerámico (arena, grava, cantos, etc.), como el reforzante metálico (acero).

Sin el armado metálico, el hormigón tendría buena resistencia a la compresión, pero apenas tendría resistencia a la tracción. Es por este motivo por lo que se debe incorporar el acero, pues tiene muy buena resistencia tanto a la tracción como a la compresión.

Investigamos acerca de la construcción de viaductos a lo largo de la historia

1. **Investiga acerca de las grandes obras de ingeniría civil de la Antigua Roma:**
   - Cómo hacían los puentes en la época romana.
   - Qué materiales utilizaban los romanos.
   - Qué técnicas constructivas empleaban los romanos.
2. **Busca ejemplos de los puentes que se construían a finales del siglo XVII. Se trataba, en su mayoría, de puentes de hierro. Céntrate en los siguientes puntos:**
   - Busca ejemplos de tu localidad o sus inmediaciones.
   - Investiga las ventajas que presentaron este tipo de puentes frente a los puentes de piedra y de madera previos.
3. **Elabora un documento usando Mural en el que indiques los condicionamientos de tipo medioambiental que se deben tener en cuenta a la hora de diseñar un viaducto.**
   - Efectos sobre la fauna.
   - Efectos sobre la flora.
   - Efectos sobre el paisaje.

1.3. ¿Cómo sabemos si es viable nuestro proyecto?

Para que nuestro viaducto sea viable ha de ser rentable y, para ello, debemos tener en cuenta varios aspectos. Uno de ellos es el tipo de viaducto que elijamos diseñar, pues este factor va a influir en los materiales, en los costes, etc.

Existen cuatro tipologías de puentes:

Puente tipo viga

Puente de arco

Puente atirantado

Puente colgante

Hacemos un estudio de viabilidad

1. Investiga sobre los tipos de viaducto que existen. Busca en qué consiste cada uno de ellos y ten en cuenta las siguientes características: si es o no operacional, la parte económica, la parte técnica, la parte social y ambiental, y si su construcción es legal.

2. Elabora un documento, utilizando Mural, en el que aparezca toda la información que has recabado sobre los cuatro tipos de viaductos que puedes realizar.

3. Realiza un estudio de viabilidad para cada una de las posibles opciones de viaducto.
   1. Crea una tabla de doble entrada con tu editor de texto (Word o Writer). A la izquierda incorpora los nombres de los diferentes tipos de viaducto y en la parte superior escribe los cinco criterios de viabilidad.
   2. Rellena cada celda con una puntuación de 0 a 10.
   3. Descarta cualquier opción que no alcance 5 en uno de los criterios de viabilidad.
   4. Evalúa la puntuación total de cada propuesta y comparte tu conclusión.

	Operacional	Económica	Técnica	Legal	Social y ambiental	TOTAL
A - De viga	•••	•••	•••	•••	•••	•••
B - De arco	•••	•••	•••	•••	•••	•••
C - Atirantado	•••	•••	•••	•••	•••	•••
D - Colgante	•••	•••	•••	•••	•••	•••

Uno de los tipos de viaductos más utilizados y con una viabilidad más alta es el viaducto de tipología A: puente tipo viga.

Vas a escoger este tipo de puente para crear tu proyecto. Una vez elegido el diseño, el siguiente paso que realizarás será elaborar un prototipo del viaducto seleccionado. Para ello, haz un boceto.

Un **boceto** es un dibujo en dos o en tres dimensiones, realizado a mano alzada, con el que se pretende representar la idea de un objeto o sistema. Un boceto puede contener cualquier tipo de anotación.

Es muy importante que en el boceto queden reflejadas todas las partes que componen un viaducto, para después realizar de manera correcta su diseño:

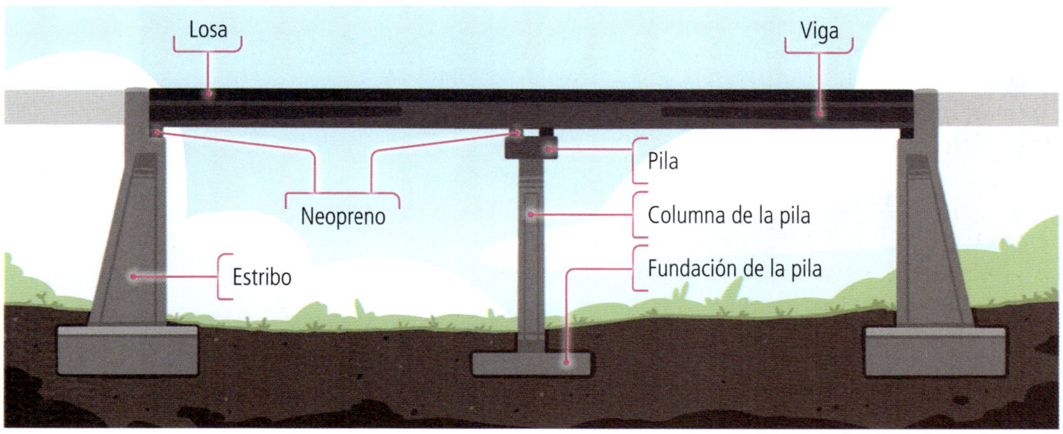

Hacemos un boceto del viaducto

1. **Averigua cómo es el perfil del terreno sobre el que va a ir asentado nuestro viaducto. Para ello, sigue estos pasos:**
   1. Abre Google Earth.
   2. Dibuja una ruta o abre una existente.
   3. Haz clic en **Editar**. Mostrar **Perfil de elevación**.
   4. Aparecerá un perfil de elevación en la mitad inferior del Visor 3D.

2. **Calcula la longitud y las distintas alturas de las pilas a partir del perfil de tu terreno de Google Earth. Ten en cuenta estas indicaciones:**
   1. Si tu medida de elevación muestra 0, asegúrate de que la capa de terreno está activada.
   2. El eje Y del gráfico muestra la elevación y el eje X, la distancia.
   3. Para ver la elevación y la distancia en distintos puntos de una ruta, desplaza el cursor del ratón por la ruta.
   4. Para ver los datos de una parte de la ruta, haz clic con el botón izquierdo y mantenlo presionado donde corresponda. A continuación, desplaza el cursor por la parte de la ruta que deseas ver.
   5. Para cambiar los sistemas de medición, selecciona **Herramientas** y, a continuación, **Opciones**. Después, elige la opción *metros* en **Mostrar elevación**.

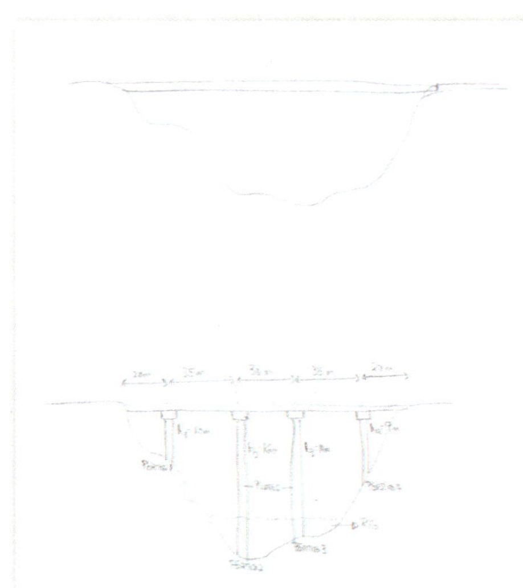

3. **Dibuja tu croquis con todas las partes del viaducto teniendo en cuenta los datos que has recabado.**

2 Desarrollo del proyecto

2.1. ¿Cómo modelamos nuestro viaducto?

Una vez que se han definido y plasmado en un boceto la tipología y las dimensiones, vamos a empezar a modelar nuestro viaducto.

Blender es una aplicación libre, gratuita y multiplataforma de creación de contenido 3D dedicada especialmente al modelado, la iluminación, el renderizado, la animación y la creación de gráficos tridimensionales.

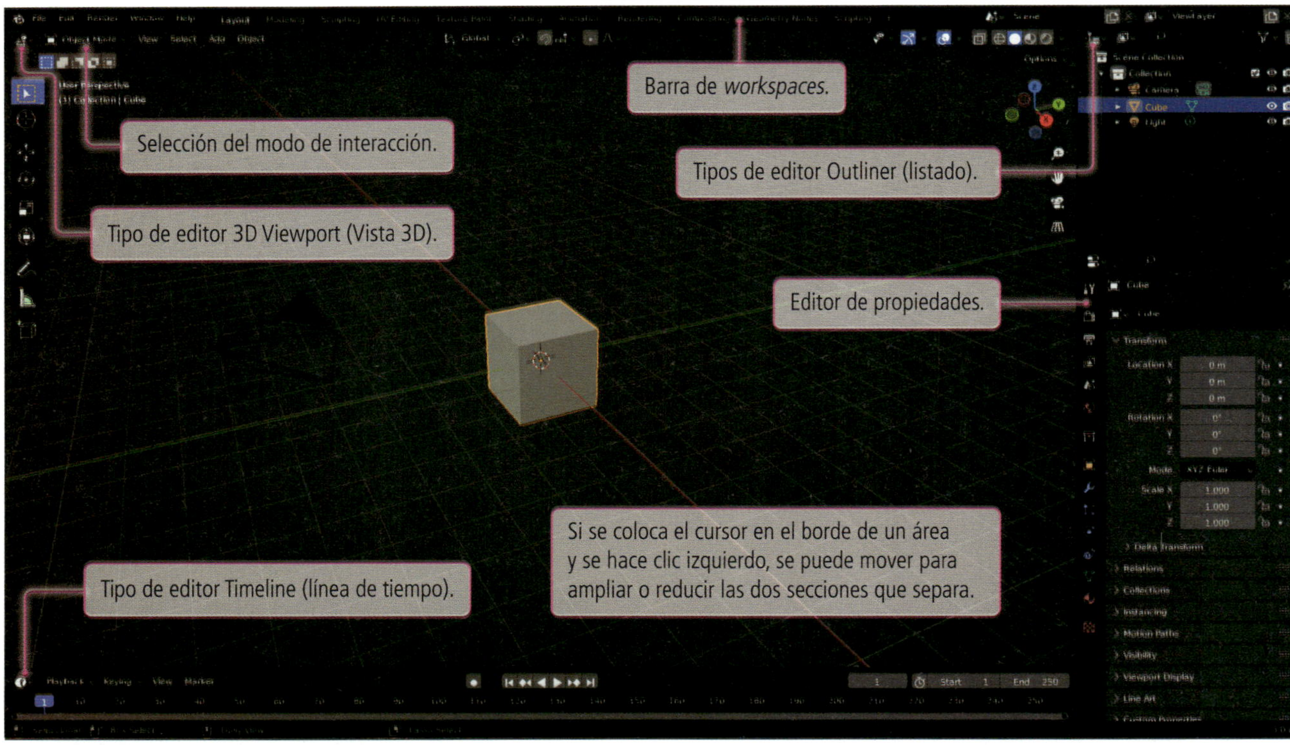

Conocemos el entorno de trabajo de Blender

1. Descarga e instala Blender en tu ordenador accediendo al siguiente enlace: **www.e-sm.net/revti1bach04_01**.

2. Configura Blender según tus necesidades. Para ello, abre el programa y accede al Menú de preferencias. Busca en internet las distintas posibilidades. Es recomendable mantener la interfaz en inglés, todos los tutoriales que puedes encontrar están con referencia a las órdenes en inglés.

3. Navega por la interfaz y comienza a familiarizarte con el entorno de trabajo. Accede a los distintos editores y trata de ver en qué consisten. Para ello, haz clic en el Selector de editores. Te aparecerá una ventana con todos ellos y habrás de elegirlos de uno en uno. Puedes acceder al manual oficial de Blender a través del siguiente enlace: **www.e-sm.net/revti1bach04_02**.

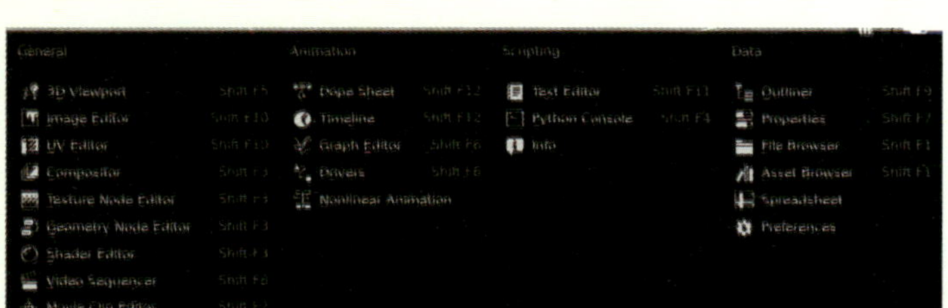

2.2. ¿Cómo creamos primitivas en Blender?

Para poder empezar a modelar nuestro viaducto, debemos tener en cuenta algunos conceptos previos.

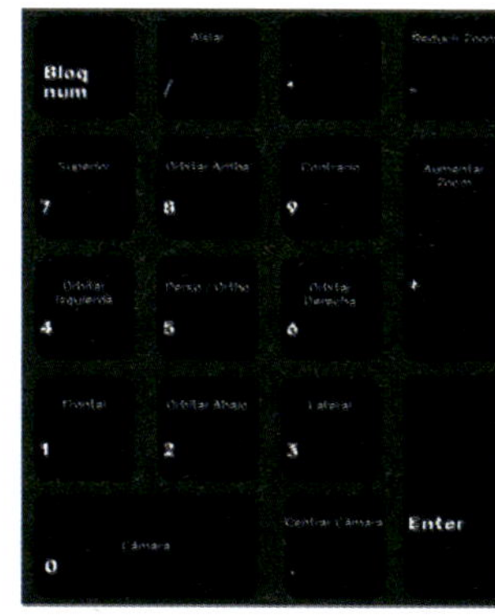

> **Orbitar** es cambiar el punto de vista desde el cual se observa lo que se está trabajando. Hay varias formas de realizarlo, la más sencilla es hacer clic en el botón central del ratón.

> **Panear** es desplazar la vista del objeto a través de la pantalla. Para hacerlo, pulsa la tecla **SHIFT** + **botón central** del ratón.

Con el zum podrás girar hacia adelante o hacia atrás la ruleta del ratón, para disminuir o aumentar la vista de la pantalla. También se puede usar **CRTL** + **botón central** presionado, y desplazar hacia arriba o hacia abajo el ratón.

Otra forma de hacer estas operaciones es mediante los **gizmos** o **manipuladores gráficos**, que se encuentran por defecto en la esquina superior derecha del editor 3D Viewport.

La tercera forma de realizar estas operaciones es mediante **atajos** en el teclado numérico.

> Las **primitivas** son objetos geométricos sencillos: cubo, cilindro, esfera, plano, etc., y estos constituyen la base para crear objetos más complejos. Se accede a ellas a través de la combinación **SHIFT** + **A** o a través del menú **Add** → **Mesh**.

Una vez creada una primitiva, podemos modificarla a través de las distintas herramientas disponibles.

Creamos una primitiva con Blender

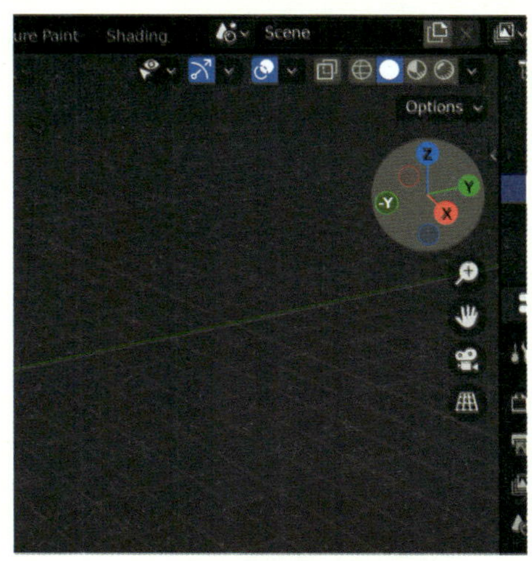

1. **Divide el espacio de trabajo del editor por defecto, 3D Viewport, en tres o cuatro ventanas más pequeñas. Para ello, sigue estos pasos:**
   1. Mueve el cursor hasta que se encuentre sobre el límite del tipo de editor 3D Viewport. El cursor debería transformarse en dos flechas.
   2. Haz clic derecho y elige **Vertical Split** si quieres crear dos ventanas dispuestas en horizontal u **Horizontal Split** si las quieres en vertical.
   3. Mueve el cursor hasta el lugar donde quieras que se sitúe la frontera entre las dos ventanas y haz clic para confirmar. Repite el proceso las veces que necesites.
   4. Si necesitas cerrar una ventana, mueve el cursor hasta una ventana adyacente a ella. Dentro, sitúa el cursor cerca de una de las esquinas que delimitan la frontera entre ambas. El cursor debería transformarse en una especie de cruz. Haz clic y arrastra en dirección a la ventana que quieres borrar. Cuando dicha ventana aparezca sombreada, ya puedes soltar el botón del ratón.
2. **Borra el cubo por defecto haciendo clic sobre él, y después pulsando la tecla Suprimir o la X.**
3. **Crea una primitiva a tu elección. Para ello:**
   - Accede al menú **Add** que se encuentra en la parte superior.
   - A continuación, elige cualquier primitiva o pulsa para desplegarlo directamente **SHIFT** + **A**.
4. **Experimenta con los elementos de control orbitar, panear, zum y gizmos. Investiga las herramientas que se muestran en la parte izquierda del editor.**

2.3. ¿Cómo hacemos una sección del viaducto en Blender?

Vamos a empezar a crear la sección del viaducto en Blender.

Para ello, necesitamos saber de antemano cómo se puede seleccionar, mover, rotar, escalar y modificar la posición del cursor 3D.

El **cursor 3D** es el punto donde se posicionan los objetos cuando los creamos. Inicialmente están en el centro del mundo, pero los podemos situar donde queramos con **SHIFT** + **clic derecho**. El cursor 3D también sirve como punto de pivote y como herramienta de alineación de objetos. Si pulsamos **SHIFT** + **S** se visualiza un menú circular que permite controlar su posición y alinear objetos con él.

Duplicar un objeto es crear una copia con las mismas características que el original y totalmente independiente de este. Se puede duplicar mediante **SHIFT** + **D**.

Crear una **instancia** es un proceso similar a duplicar, pero en este caso se obtiene una copia que está vinculada al original; es decir, si entramos en el modo edición y modificamos cualquiera de las instancias, todas ellas van a verse modificadas de la misma manera. Se hacen instancias con **ALT** + **D**.

Los **modificadores** son acciones que se aplican sobre objetos para cambiar algo sobre ellos de manera no destructiva; es decir, se puede activar o desactivar su efecto sin causar cambios irremediables sobre el objeto original. Las opciones de modificadores se encuentran en el tipo de editor propiedades, en la pestaña con el icono de una llave inglesa azul.

Creamos una sección del viaducto

1 **Crea la sección del viaducto. Para ello, sigue los pasos que se indican a continuación:**

1. Crea un cilindro y alárgalo sobre el eje Z.
   Puedes definir exactamente cuánto quieres que sea el factor de escala si, después de pulsar **S** y el eje Z, escribes el factor. Por ejemplo, *10*.
2. Pulsa **N** teniendo el cursor sobre la ventana 3D Viewport para mostrar y ocultar el menú lateral derecho que en la pestaña **Item** indica y permite modificar la posición, la rotación, la escala y las dimensiones del objeto seleccionado.
3. Sitúa el cilindro en X = –1.7, Z = 10 escribiendo en el apartado del menú lateral **Location** en su coordenada X, *–1.7* y en Z, *10*.
4. Duplica el cilindro seleccionándolo y pulsando **SHIFT** + **D**. Deja la copia en el lugar de su creación pulsando clic derecho.
   Después de duplicarlo, mueve su copia a X = 1.7, Z = 10.
5. Crea un cubo y sitúalo en Z = 20.5 para que quede sobre los cilindros. Escribe en sus dimensiones: X = *7 m*, Y = *1 m*, Z = *1 m*.
6. Crea otro cubo que tenga las siguientes dimensiones: X = 0.5 m, Y = 1 m, Z = 0.5 m.
   Después, sitúalo en X = –3.25, Y = 0, Z = 21.25. Más adelante le daremos forma de viga y entonces lo duplicaremos.
7. Por último, crea nuevamente un cubo y sitúalo en Z = 21.75. Este cubo debe tener las siguientes dimensiones: X = 7 m, Y = 1 m, Z = 0.5 m.
8. Recuerda renombrar todos los objetos haciendo doble clic sobre su nombre en el listado y escribiendo uno nuevo.
9. Guarda el progreso desde **File** → **Save** o pulsando simultáneamente **CTRL** + **S**.

Duplicar un objeto es crear una copia con las mismas características que el original y totalmente independiente de este. Se puede duplicar haciendo **SHIFT + D**.

Al hacer una instancia se obtiene una copia idéntica al original, pero que va a estar vinculada a este; es decir, si entramos en el modo edición y modificamos cualquiera de las instancias, todas ellas van a verse modificadas de la misma manera. Se hacen instancias con **ALT + D**.

Al entrar en el modo edición, veremos los objetos formados por una serie de puntos y de líneas que los unen y forman las distintas caras; es la **malla**.

Creamos nuestro viaducto en Blender

1 Crea las vigas de tu viaducto. Para ello, sigue estos pasos:

1. Selecciona el cubo que rompe la simetría de la composición y entra en **Edit Mode** pulsando el **tabulador**.

2. Genera dos *loop cuts* horizontales pulsando simultáneamente los botones **CTRL + R**.

   Después, acerca el cursor a una arista vertical y mueve la rueda del ratón hasta que aparezcan dos cortes. Haz clic izquierdo para confirmar y, por último, clic derecho para que permanezcan en el sitio donde se crearon.

3. Teniendo seleccionados los vértices que acabamos de crear, escálalos en Z por 2.

4. Crea de nuevo dos *loop cuts* horizontales en el espacio central del objeto repitiendo el segundo paso. Escálalo en X por 0.5.

5. Para terminar, vuelve al modo objeto pulsando el tabulador, y crea cuatro instancias de este objeto seleccionándolo y pulsando simultáneamente **ALT + D**.

   Cuando crees una instancia, antes de hacer clic, pulsa **X** y luego **1.625**. Confirma y, a continuación, pulsa simultáneamente **SHIFT + R** para repetir la última acción hasta crear cuatro instancias.

2 Aumenta la longitud de tu viaducto. Para ello, sigue estos pasos:

1. Selecciona una de las secciones de vigas y, en el tipo de editor propiedades, ve a la pestaña con el símbolo de una llave inglesa azul y añade un modificador de tipo **Array**.

2. En los factores X, Y y Z de **Relative offset** escribe *0* para X y *1* para Y.

3. Incrementa **Count** según la longitud que desees que tenga tu viaducto. En nuestro viaducto pondremos 125.

4. Ahora selecciona todos los objetos excepto las columnas cilíndricas haciendo clic sobre ellas mientras mantienes **SHIFT** pulsado. El objeto activo es, de todos los seleccionados, el último, y se distingue con un borde más amarillento que el resto de los objetos seleccionados. Asegúrate de que el objeto activo es la viga a la que le hemos aplicado el modificador.

5. Pulsa **CTRL + L** y elige **Copy modifiers** para copiar el modificador a los objetos seleccionados.

6. Repite los dos primeros pasos para uno de los cilindros, pero en los factores de **Relative offset** escribe *6,2* en Y y *11* en **Count**. Después, copia el modificador al otro cilindro como hiciste en los puntos 4 y 5.

2.4. ¿Cómo creamos la vía del tren en Blender?

El **sombreado** o ***shading*** es el proceso preliminar mediante el cual se asignan materiales a los objetos. Esto confiere a sus superficies características como color, transparencia, rugosidad, luminiscencia...

Sin embargo, en Blender, la palabra *shading* también se utiliza para designar las distintas maneras que existen de visualizar un objeto (viendo solamente sus vértices, o solamente sus materiales, o sus materiales y su interacción con las luces...). Las opciones de los diferentes modos de visualización de sombreado se encuentran en la parte superior derecha del tipo de editor 3D Viewport.

Creamos la vía y el terreno del viaducto

1 **Crea la vía del tren que pasará por tu viaducto. Para ello, sigue estos pasos:**

1. Crea un cubo que será un raíl y dale las siguientes dimensiones X = 0.1 m, Y = 1m y Z = 0,1 m.
   Después, colócalo en X = 0.7 y Z = 22.15.
2. Genera una instancia del raíl y muévela 1.5 m en X.
   A continuación, crea instancias de las dos y colócalas en los mismos valores de X, pero en negativo.
3. Añádeles a todos los raíles un modificador **Array** con los mismos parámetros que a las vigas y las plataformas horizontales.
4. Crea un cubo nuevo de dimensiones X = 2m, Y = 0.2 m y Z = 0.1 m. Colócalo en X = 1.45 y Z = 22.05, y aplícale un modificador **Array** con los mismos parámetros que al anterior, pero en el factor en Y escribe *3* y ajusta **Count** a *208* para que cuadre.
5. Duplica este último objeto y sitúalo en X = –1.45.

2 **Añade un terreno en el diseño de tu viaducto. Para ello, sigue los pasos que aparecen a continuación:**

1. Haz clic en **Edit → Preferences**. En la ventana que se abre pulsa sobre el botón **Add-ons** y busca en la caja donde hay una lupa la palabra **landscape**. La lista de Add-ons se reducirá a uno llamado **Add Mesh: A.N.T. Landscape**, activa su **checkbox**.
2. Ahora, desde el menú de agregar primitivas podrás añadir un terreno, que en Blender recibe el nombre de **landscape**. Añade uno a la escena y amplía su tamaño en X e Y por 200, y en Z por 70. Luego muévelo a Z = –16.
3. Teniendo el terreno seleccionado, accede al menú de modificadores en el tipo de **editor propiedades** y añádele un modificador de tipo **Subdivision surface**; este lo hará más suave.
4. Con el cursor en el **3D Viewport** experimenta con los modos de visualización de sombreado pulsando **Z** y eligiendo, de uno en uno, todos los modos. Recuerda que también puedes acceder a los modos de visualización de sombreado desde los botones de la parte superior derecha.

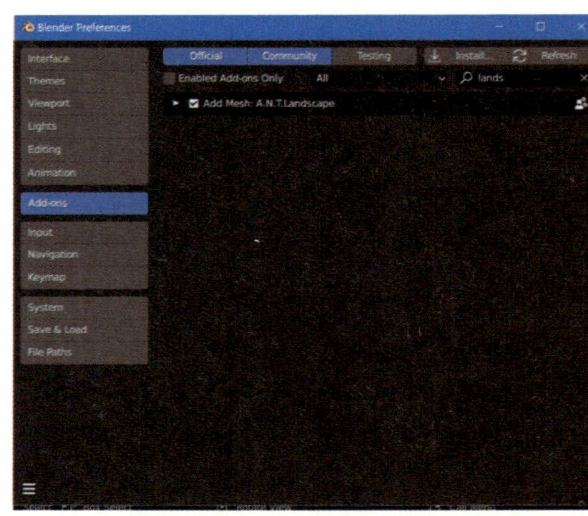

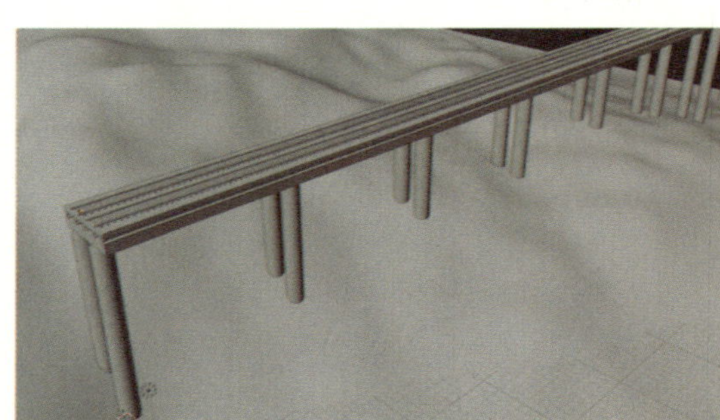

Uno de los tipos de visualización de sombreado es **Material preview**, que nos permite previsualizar los materiales que aplicamos a los objetos, aunque aún no hemos aplicado ningún material a ningún objeto.

Los **materiales** definen la apariencia de las superficies (y, en algunos casos, los volúmenes) de los objetos. Las **texturas** son, generalmente, imágenes que definen alguna propiedad de un material.

Los materiales se aplican y modifican desde la pestaña **Material properties** del tipo de editor **Properties** o, si se desea un control más preciso o una apariencia más compleja, también se puede trabajar en el tipo de editor **Shader editor** a través de nodos, que son una serie de bloques que realizan operaciones encadenadas.

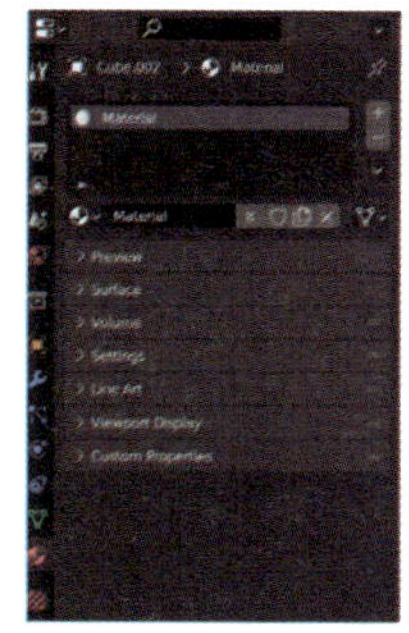

Añadimos texturas a nuestro viaducto

1 Aplica materiales y añade texturas al viaducto. Para ello, sigue estos pasos:

1. Selecciona un pilar. Después, ve a la pestaña **Material properties** del tipo de editor **Properties** y haz clic en **New**.

   En la parte superior aparecerá la lista de materiales que tiene el objeto seleccionado, que, en este caso, solamente es uno. Llámalo *Material pilar* haciendo doble clic sobre el nombre del material.

2. La propiedad **Base Color** define, a grandes rasgos, el color del objeto. Este campo suele ser una textura en lugar de un color plano.

   Busca una textura en **www.e-sm.net/revti1bach04_03** y descarga su **Albedo** (información de color).

   Aplica la imagen al color y ajusta las UVs del objeto.

3. Selecciona el otro pilar y pulsa en el icono de material con una flecha hacia abajo que se muestra a la izquierda del botón **New**. En el desplegable, elige **Material pilar**.

   Si ves que la textura se aplica de forma diferente sobre este pilar comparado con el anterior es porque sus UVs no son iguales.

   Puedes borrar el nuevo, duplicar el pilar antiguo y colocarlo donde se encontraba.

4. Ahora crea otro material teniendo seleccionada una viga.

   La propiedad **Metallic** determina lo parecido que es el material a un metal, y con el campo **Roughness** se configura cuan rugosa sería su superficie a nivel microscópico. Es decir, cómo de difusos son los reflejos. Pon ambas a un valor alto (0.8).

5. Repite los pasos para el resto de los objetos. Descarga imágenes de hierba para el terreno, de hormigón o cemento para las plataformas, y crea otro material metálico para los raíles.

6. Para ver los materiales aplicados cambia al modo de visualización de sombreado **Material preview** pulsando **Z** o utilizando los botones de la parte superior derecha del 3D Viewport.

7. Por último, guarda tu proyecto.

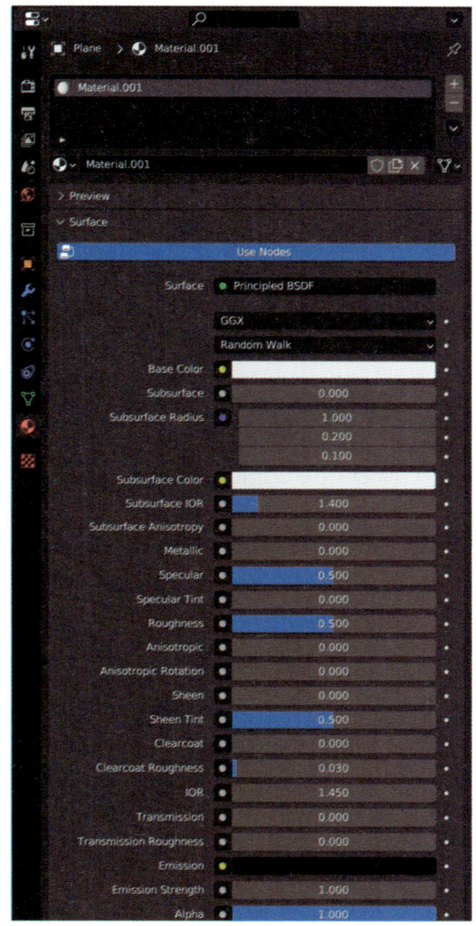

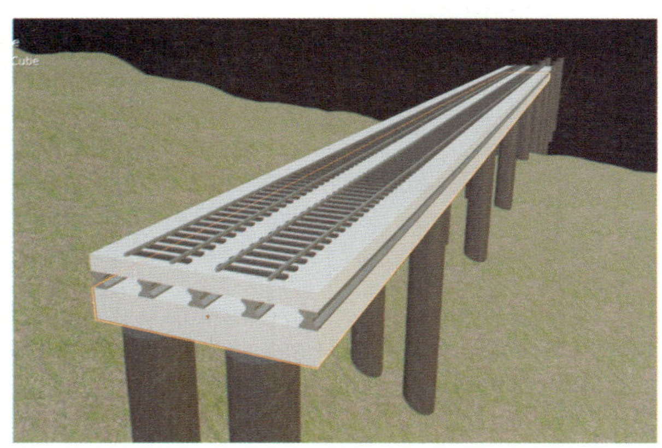

2.5. ¿Cómo dotamos de iluminación al viaducto?

Para que una escena resulte realista debe tener una correcta iluminación. Blender dispone de cuatro tipos de luces: **Point**, **Sun**, **Spot** y **Area**. Para introducir una luz en la escena debemos hacerlo como si insertáramos cualquier otro objeto: pestaña **Add** o **MAY** + **A** → **Light** → **Tipo de luz**.

Point

Proporciona una iluminación que emite en todas las direcciones del espacio y crea una esfera de luz con centro en el punto donde se ha insertado.

Sun

Da una luz de rayos paralelos, con la inclinación que nosotros determinemos. Los rayos recaerán de la misma manera en toda la escena, independientemente del punto de inserción.

Spot

Proporciona una iluminación cónica, independientemente del punto de inserción. Se emite una luz muy parecida a la que proporcionaría un foco.

Area

Proporciona una iluminación similar a la luz tipo Spot, pero con la diferencia de que la iluminación solo se emite a través de un área que definimos según nuestra necesidad.

Una vez elegido el tipo de luz que aplicaremos, podemos controlar sus parámetros en la pestaña con una bombilla verde como icono, en el tipo de editor propiedades.

Se pueden controlar parámetros como el color, la potencia, el grado de reflexión o la sombra creada.

Iluminamos el diseño de nuestro viaducto

1. **Ilumina la escena del diseño de tu viaducto. Para ello, sigue los pasos que se indican a continuación:**

   1. Borra la luz de tipo punto **Point** que Blender crea por defecto en la escena y añade una luz de tipo **Sun**.
   2. Antes de comenzar a ajustar sus parámetros, cambia al modo de visualización de sombreado **Rendered** para poder ver los cambios que realices.
   3. Verás que la luz es demasiado tenue. Cambia su potencia en la pestaña con el icono de una bombilla. En el tipo de editor elige **Properties**. En **Strengh** escribe 5, y en el color elige uno que sea anaranjado.
   4. Por último, rota el sol 70° en el eje Y para conseguir un efecto de atardecer.
   5. No olvides guardar tu documento.

2. **Añade una textura al entorno de tu viaducto. Para ello, sigue los pasos:**

   1. Las texturas del entorno **Environment textures** afectan en la iluminación de la escena de la misma forma que lo hace el cielo sobre los objetos que están en la calle. Para añadir una, ve a la pestaña con el icono de un globo terráqueo y en el tipo de editor Properties accede al campo **Color**. Allí, haz clic sobre el punto amarillo y en el desplegable elige **Environment texture**. Observa que aparecen dos botones alargados: **New** y **Open**.
   2. Entra en tu navegador y accede a **www.e-sm.net/revti1bach04_04**. Descarga una imagen de una pradera, si es posible, al atardecer. Utilizaremos esta imagen como textura de entorno.
   3. En Blender pulsa sobre el botón alargado **Open** y elige la imagen descargada. Ya tienes la textura en tu entorno.
   4. Guarda tu proyecto.

2.6. ¿Cómo renderizamos el viaducto?

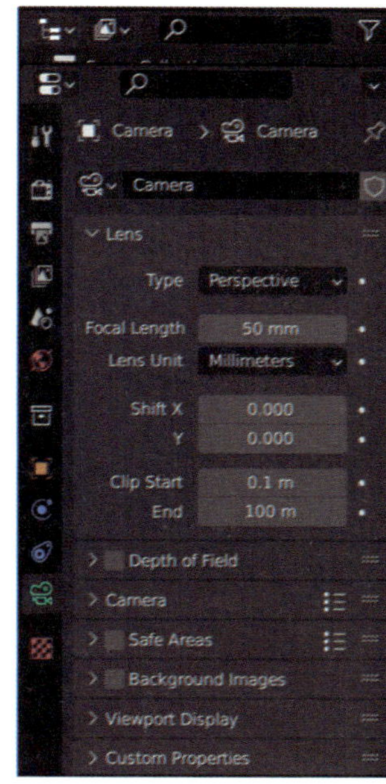

Antes de renderizar nuestro proyecto, debemos definir un punto de vista desde el cual tomar la imagen final. Esto se hace por medio de la cámara.

A efectos de posicionamiento, la cámara se puede mover y girar como si fuera cualquier otro objeto. Cuando tenemos una cámara seleccionada podemos cambiar sus parámetros desde el menú **Camera** del editor de propiedades (icono de videocámara verde).

Podemos insertar cuantas cámaras queramos, el renderizado se hará desde el punto de vista de la cámara activa en ese momento. Asimismo, las cámaras pueden ser configuradas para que se desplacen, como si fueran andando o volando.

Una vez elegido el punto de vista, ya solo queda hacer el renderizado. Para esta operación se pueden utilizar dos motores de renderizado distintos: el **Eevee** y el **Cycles**.

Un **motor gráfico** lo compone una serie de algoritmos que procesa las condiciones definidas por los distintos parámetros en el proyecto y obtiene la imagen final realista.

Eevee es un motor gráfico que permite ver los materiales, sombras y algunos otros efectos. No es tan potente como Cycles, pero resulta mucho más rápido y requiere menos recursos de *hardware*.

Cycles es un motor que tiene en cuenta las propiedades físicas de la luz. Genera reflexiones y rebotes en las distintas superficies, y proporciona al resultado final una sensación de realismo superior a Eevee, aunque puede requerir una tarjeta gráfica.

Renderizamos el viaducto

1 **Renderiza el viaducto. Para ello, sigue estos pasos:**

1. Para elegir el punto de vista de una manera más cómoda, pulsa **0** en el *numpad* para acceder a la vista de la cámara; a continuación, desde el menú lateral derecho (desplegable con **N**) ve a la pestaña **View** y, en el apartado **View lock**, activa la opción **Camera to view**. Ahora, cuando orbites y panees llevarás la cámara contigo.
2. Prueba varias posiciones de la cámara y cuando encuentres una que te guste desactiva la opción **Camera to view** para que la cámara deje de seguirte cuando orbitas alrededor de la escena.

3. Si partes del viaducto o del plano, aparentemente desaparecen de la vista; esto ocurre porque la cámara tiene una distancia máxima para mostrar, y más allá de ella no mostrará nada. Este parámetro puede modificarse en las propiedades que aparecen cuando seleccionas la cámara, en el tipo de editor **Properties**. El campo que hay que modificar es **Clip Start** y **End**. Cambia **End** a 1000.
4. Puedes renderizar una imagen haciendo clic en **Render** (botón de la parte superior izquierda) → **Render image** o pulsando **F12**. La imagen se renderizará en una pestaña nueva de forma inmediata si tenemos elegido **Eevee** como motor de renderizado.

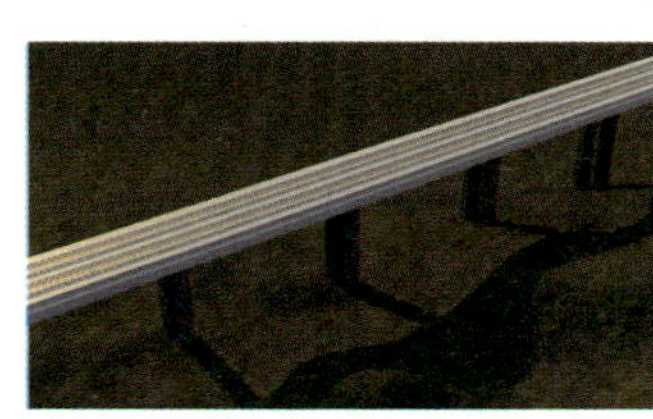

5. Para cambiar el motor de renderizado, ve a la pestaña con el icono de una cámara gris en el tipo de editor **Propiedades** y cambia el campo **Render engine** por el deseado. Si eliges **Cycles** es recomendable que en el tipo de editor **Properties**, en la misma pestaña, en el apartado **Sampling** → **Render** cambies **Max samples** a un número mucho menor, como 64 o 128. Cuanto mayor sea el número menos ruido tendrá la imagen, pero más tardará en renderizar.
6. Para guardar la imagen, ve a la pestaña donde se renderizó o al *workspace* **Rendering** y, arriba, elige **Image** → **Save as** para elegir un nombre y un destino.

2.7. ¿Cómo controlamos el equipaje de los pasajeros?

En la estación de tren, además de los servicios habituales, se ha decidido instalar un sistema de control de peso del equipaje de los pasajeros. Para ello, se va a utilizar un sistema automatizado basado en la plataforma Arduino.

La plataforma Arduino consta de:

Placa controladora

Entorno IDE

ARDUINO

La **tarjeta controladora** va a gestionar las entradas recibidas a través de los sensores, por medio de un programa escrito en lenguaje C adaptado a este sistema, y generará las salidas correspondientes para cada situación, que serán llevadas a efecto a través de los actuadores.

Definimos nuestro sistema de control de equipaje

1. Comprende en qué consiste el sistema de control de equipaje. El sistema constará de una plataforma donde se coloque el objeto que se pesará. El peso se verá reflejado en una pantalla LCD. Cuando el peso sea inferior a 25 kg, se iluminará también una luz de color verde. Cuando el peso esté comprendido entre los 25 y los 30 kg se iluminará una luz naranja, y cuando se superen los 30 kg se iluminará una luz roja parpadeante y sonará un zumbador.

2. Investiga qué es una célula de carga. Busca información en internet para contestar las siguientes cuestiones:
   - ¿Qué aplicaciones utilizan células de carga?
   - ¿Qué tipos o variantes existen?

3. Elige la célula de carga que vas a utilizar en tu sistema de control de equipaje. Busca en internet una célula de carga o similar que sea compatible con Arduino, y haz un informe utilizando un procesador de textos (Word o Writer) con toda la información necesaria para su uso.

4. Investiga qué es un display o pantalla LCD. Busca información en internet sobre este dispositivo. ¿Cómo se consigue que una parte de la pantalla se vuelva de color oscuro?

5. Haz un boceto de tu sistema de control de equipaje; han de aparecer todos los componentes que debe comprender. Explica cómo implementarías la báscula.

6. Buscamos alternativas para el sistema de control de equipaje. Además de la báscula, busca información sobre otras maneras de implementar un sistema de control de peso del equipaje. Haz un informe usando un procesador de textos (Word o Writer) en el que expliques estas alternativas.

Una **célula de carga** es un dispositivo transductor que convierte la fuerza en una señal eléctrica. Aun así, hay células de carga que convierten la fuerza en señal hidráulica o neumática.

Las células que vas a utilizar en tu báscula basan su funcionamiento en las galgas extensiométricas.

Las **galgas extensiométricas** son unos sensores que miden la deformación, la presión o la carga por el efecto piezorresistivo; esta es una característica que poseen ciertos materiales y que provoca la variación de su resistencia cuando se deforman.

El **módulo conversor analógico digital HX711** está diseñado específicamente para trabajar con células de carga. Convierte la entrada analógica, de muy baja tensión, en una salida digital de 24 bits a 5 V. Si en lugar de tener cuatro células hubiera menos, habría que incluir resistencias para completar el puente.

Montamos las células de carga en nuestra placa Arduino

1. **Conecta los componentes de entrada a tu placa. Vamos a usar cuatro células de carga que colocaremos en cada una de las patas del soporte de la báscula. Así, nos aseguraremos de que esté equilibrado siempre que la báscula se asiente en una superficie lisa y horizontal. La lectura será independiente de la posición del objeto sobre la plataforma.**

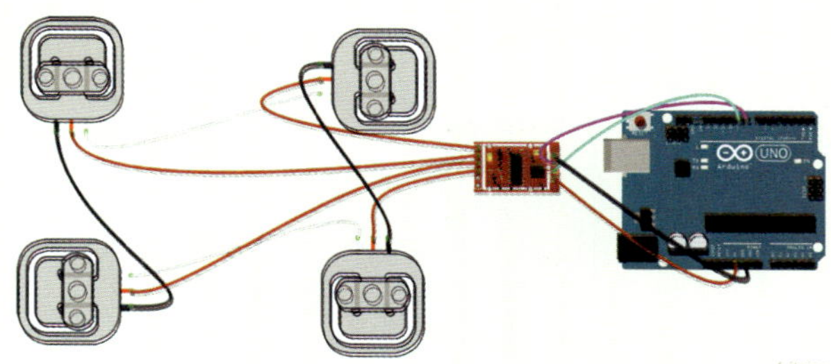

   1. Monta las cuatro células de carga según el esquema de la imagen. Suelda los cuatro cables rojos a los cuatro pines superiores de la izquierda del módulo HX711, E+, E-, A-, A+; los pines B+ y B- corresponden a otro canal, y se dejan libres. No es relevante el orden en el que se montan, aunque siempre es mejor hacerlo de forma ordenada.
   2. Suelda los cables a los pines de salida del módulo HX711 y conecta el cable GND a cualquiera de los GND de la tarjeta; el cable DT al pin 8; el SCK al pin 9, y VCC a +5 V.

2. **Programa las células de carga. Conecta tu placa al ordenador y sube el siguiente código usando la IDE de Arduino.**

```
#include "HX711.h    // Llamada a la librería que controla en ADC
#define DEBUG_HX711
#define CALIBRACION 20780.0    // Parámetro para calibrar el peso y el sensor
byte pinData = 8;    // Pin de datos
byte pinClk = 9;    // Pin del reloj
HX711 bascula;    // Definimos una instancia de tipo HX711 llamada báscula
void setup() {
    #ifdef DEBUG_HX711
    Serial.begin(9600);    // Iniciar comunicación serie
    Serial.println("[HX7] Inicio del sensor HX711");
    #endif
    bascula.begin(pinData, pinClk);    // Iniciar sensor
    bascula.set_scale(CALIBRACION);    // Aplicar la calibración
    bascula.tare();    // Iniciar la tara. No tiene que haber nada sobre la báscula
    }
void loop() {
    #ifdef DEBUG_HX711
    Serial.print("[HX7] Leyendo: ");
    Serial.print(bascula.get_units(), 1);
    Serial.print(" Kg");
    Serial.println();
    #endif
    }
```

2.8. ¿Cómo hacer que nuestra báscula sea más visual?

Vamos a incluir ahora en nuestra balanza un monitor para que se muestre de una forma visual el peso de nuestras maletas. Para ello, utilizaremos una pantalla LCD. Además, haremos que si la maleta excede de unos determinados pesos nos avise a través de luces y sonidos.

> Una **pantalla LCD** es un dispositivo diseñado para mostrar información de manera gráfica.

La pantalla LCD 1602A tiene 2 filas, la 0, superior y la 1, inferior, y 16 columnas. La 0 es la primera de la izquierda, y sus píxeles son monocromos: azules del color del fondo cuando están sin activar y negros cuando están activados. Esto permite que se pueda escribir un total de 32 caracteres.

> Un **zumbador** es un dispositivo capaz de enviar avisos a través del sonido. Puede ser mecánico, electromecánico o piezoeléctrico.

Los zumbadores más usados son los piezoeléctricos: cuando se les aplica una señal eléctrica, el material se deforma y produce un sonido.

Pantalla LCD

Zumbador

Añadimos una pantalla, un zumbador y ledes a nuestra placa Arduino

1. **Conecta los componentes a tu placa Arduino. Monta los componentes a la placa como aparecen en la imagen. Para ello, sigue estos pasos:**
   1. Conecta el cable negro del zumbador al negativo y el cable rojo al pin 13.
   2. Los ledes deben conectarse a través de una resistencia de 200 Ω que limite la corriente para que no se fundan. Asegúrate de que los ánodos (terminales positivos) estén conectados con los pines 12, 11 y 10, respectivamente.
   3. Es preciso que, antes de ser utilizada, a la pantalla de cristal líquido se le suelde una tira de pines, con el fin de poder conectarla a la *protoboard*. Una vez colocada en la placa, han de unirse los cables tal y como se aprecia en la imagen. El potenciómetro al que se conecta el pin 3 de la pantalla sirve para regular el contraste.

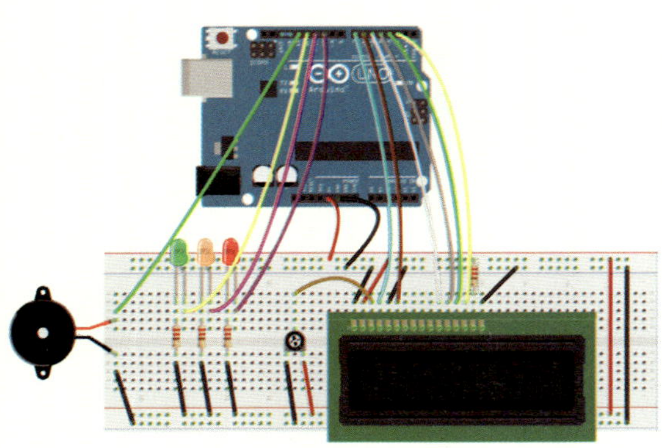

Para conectar un led a una placa y que esta se encienda, es necesario configurar los pines de E/S digitales como salidas digitales.

La configuración de los pines digitales, al igual que la configuración de otros parámetros, se realiza a través de la IDE de Arduino.

Las principales funciones que utilizaremos para la configuración de las salidas digitales en la placa Arduino son las siguientes:

pinMode(n, OUTPUT)

Esta función permite configurar cualquiera de los pines digitales como salidas (OUTPUT) o como entradas (INPUT).

delay(n)

Esta función detiene la ejecución del programa n milésimas de segundo, de modo que permite apreciar que el led esté encendido.

digitalWrite(n, HIGH)

Esta función pone el pin n a 5 V (nivel lógico "1"), es decir, encendemos el led.

digitalWrite(n,LOW)

Esta función pone el pin n a 0 V (nivel lógico "0"), es decir, apagamos el led.

Programamos nuestra placa Arduino

1 Programa los componentes de tu placa Arduino. Para ello, sigue los pasos que aparecen a continuación:

1. Conecta tu placa Arduino al ordenador a través del cable USB.

2. A continuación, abre el IDE de Arduino en tu ordenador y sube el siguiente programa a tu placa:

```
#include <LiquidCrystal.h>    // importa la librería liquidCrystal
LiquidCrystal lcd(7, 6, 5, 4, 3, 2);   // creamos un objeto llamado lcd de tipo liquidCrystal
                                       // e indicamos los pines de la tarjeta Arduino que van a ser utilizados
int contador=0;   // definimos una variable de tipo entero, nombre contador y valor 0

void setup() {
 lcd.begin(16, 2);   // inicializa a display de 16 columnas y 2 líneas
 pinMode(13, OUTPUT);
 pinMode(12, OUTPUT);
 pinMode(11, OUTPUT);
 pinMode(10, OUTPUT);   // se definen los pines 13, 12,11 y 10 como salidas
 }

void loop() {
 lcd.setCursor(2, 0);   // posiciona el cursor en columna 2 y línea 0
 lcd.print("Prueba LCD");   // escribe el texto entrecomillado
 lcd.setCursor(2, 1);   // ubica cursor en columna 2 y línea 1
 lcd.print(contador);   // escribe el valor de la variable contador
 delay(1000);   // espera de un segundo
 contador =+1;   // el valor de la variable contador se incrementa en una unidad
 for (int j=10; j<13; j++) {   // bucle para que se ilumine un led durante 0.2 s, se apague y se encienda el siguiente…
digitalWrite(j, 1);
  delay(200);
  digitalWrite(j, 0);
  }
 tone(13,500);   // el zumbador conectado en el pin 13 genera un sonido de frecuencia 500 Hz
 delay (700);
 noTone(13);   // paramos la generación de sonido por parte del zumbador conectado en el pin 13
 }
```

2.9. ¿Cómo acoplamos todas las partes de la báscula?

Hemos montado por separado el bloque de entrada y el bloque de salida de nuestra báscula. De esta manera, podemos controlar que cada una de las partes funciona correctamente.

Ahora solo nos queda acoplar las dos partes para tener nuestro sistema de control de equipaje.

Creamos el sistema de control de equipaje

1. Colocamos los componentes en la placa Arduino de manera que quede como en la imagen:

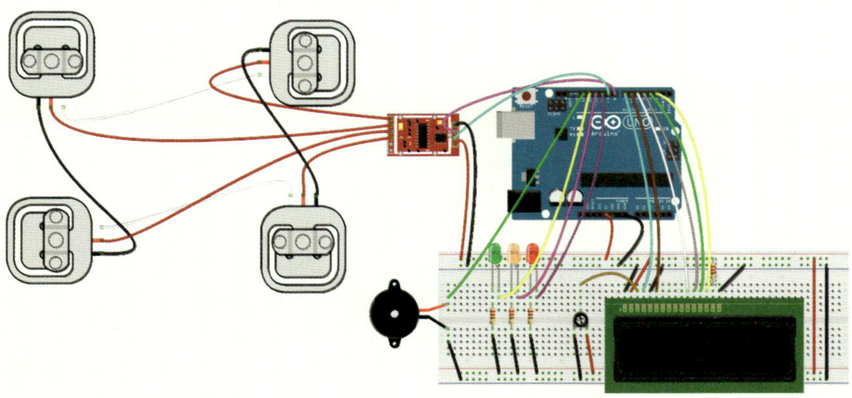

2. Programa el sistema de control de equipaje. Ya has conectado a la placa de Arduino todos los componentes del *hardware*, tanto los de entrada como los de salida. Además, has comprobado, por un lado, que la báscula funciona y muestra en la pantalla del monitor serie el peso del objeto con una precisión aceptable.

   Por otro lado, hemos visto cómo hacer que se vean en la pantalla LCD un texto y el valor de una variable, y cómo iluminar los ledes y hacer que el zumbador produzca sonido. Ahora queda programar las condiciones con las que queremos que funcione la báscula.

   Para ello, sigue estos pasos:

   1. Conecta la placa al ordenador.
   2. Abre el IDE de Arduino.
   3. Escribe el código del programa fusionando los dos programas que has visto en las dos prácticas anteriores.
   4. A continuación, introduce cambios en el código para mostrar el peso que recibe la báscula en todo momento, incluso cuando esté vacía.
   5. Ahora, haz que cuando el peso esté comprendido entre 0 y 25 kg se ilumine el led verde.
   6. Cuando el peso sea mayor de 25 g y menor de 30 kg, haz que se ilumine el led naranja.
   7. Por último, programa el código para que cuando el peso sea mayor de 30 kg se ilumine el led rojo y el zumbador emita un sonido de advertencia.

2.10. ¿Cómo podemos controlar el aforo de la estación?

Nuestro proyecto va a incluir una estación de tren para dar servicio a los habitantes de la localidad. Entre otras cosas, en la estación se va a añadir un sistema para monitorizar, en tiempo real, la cantidad de personas que hay en su interior para poder controlar su aforo.

El elemento que nos indicará si alguien está cruzando una puerta o cualquier otro espacio es el detector de movimiento pasivo PIR HC-SR501.

> El **sensor PIR HC-SR501** es un tipo de sensor piroeléctrico que detecta las emisiones térmicas de humanos y animales o, más propiamente, detecta la variación de las emisiones infrarrojas que estos producen en los alrededores del sensor.

Este sensor consta de tres elementos:

Sensor PIR | **Lente de Fresnel** | **Controlador - Amplificador**

Cuando el sensor no detecta presencia, da señal baja, 0 V, y cuando es activado, da señal alta, +5 V.

Programamos nuestro controlador de aforo

1. **Coloca los componentes en la placa Arduino de manera que quede como en la imagen. Los cables que van al módulo HC-SR501 han de ser lo suficientemente largos para posicionarlos adecuadamente.**

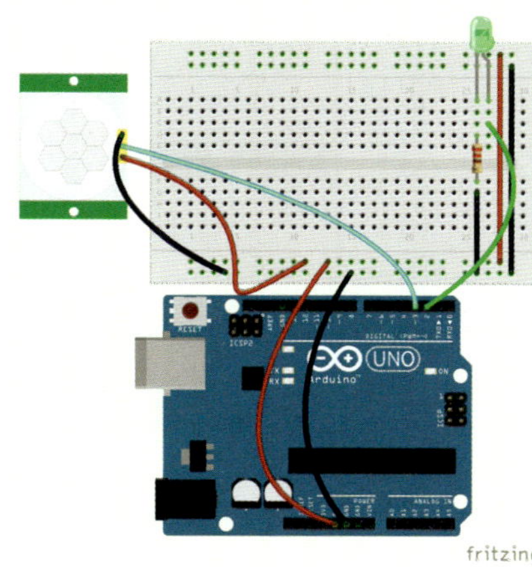

2. **Programa el sensor. Para ello, conecta la placa al ordenador y pon en el IDE de Arduino el siguiente código:**

```
int pinLed=2;                // conectamos el led de entrada en el pin 2
int pinPir=3;                // conectamos el PIR de entrada en el pin 4
bool valPir=0;               // definimos una variable de tipo booleano (dos valores posibles, 1 y 0,
                             TRUE y FALSE) //para almacenar el estado del sensor de entrada
int contador=0;              // indicará el número de personas en el recinto

void setup() {
 Serial.begin(9600);         // inicializamos el puerto serie
 pinMode(pinLed, OUTPUT);    // definimos el pine como salida
 pinMode(pinPir, INPUT);     // definimos el pine como entrada
 }

void loop() {
 valPir=digitalRead(pinPir); // se lee el sensor PIR y guarda su valor en la variable valPir
 if(valPir==1){              // si se activa el sensor de entrada, se le suma 1 al contador
  contador =contador+1;
  digitalWrite(pinLed,1);    // se ilumina el led indicando que ha entrado
  Serial.print(" SENSOR A ");
  Serial.print(valPir);
  delay (1000);
  }
  else{
   digitalWrite(pinLed,0);   // si el sensor no se activa el led de salida se apaga
   Serial.print(" SENSOR A ");
   Serial.print(valPir);
   }
  Serial.print(" EN EL RECINTO HAY   ");
  Serial.print(contador);
  Serial.println(" PERSONAS");
  digitalWrite(pinLed,0);    // se apaga el led
  }
```

2.11. ¿Cómo podemos subir a la nube los datos?

Con nuestro controlador ya podemos saber cuándo entra alguien y cuánta gente hay en el interior de la estación. Ahora tenemos que subirlos a la nube para que puedan consultarse estos datos.

Para ello, vamos a usar la plataforma de Arduino IoT Cloud.

Arduino IoT Cloud es una plataforma de aplicación de Internet de las Cosas muy sencilla de usar. De una manera fácil, se pueden desarrollar y gestionar aplicaciones en IoT que permiten centrarse en resolver problemas reales tanto en el ámbito laboral como en el personal.

Internet de las cosas describe la red de objetos físicos o cosas que llevan incorporados sensores, *software* y otras tecnologías, con el fin de conectarse e intercambiar datos con otros dispositivos y sistemas a través de internet.

Subimos a la nube los datos de nuestro controlador de aforo

1. **Coloca los componentes. Al utilizar esta plataforma tendremos que sustituir la placa Arduino UNO por la placa Nano 33 IoT. Coloca todos los componentes como en la imagen.**

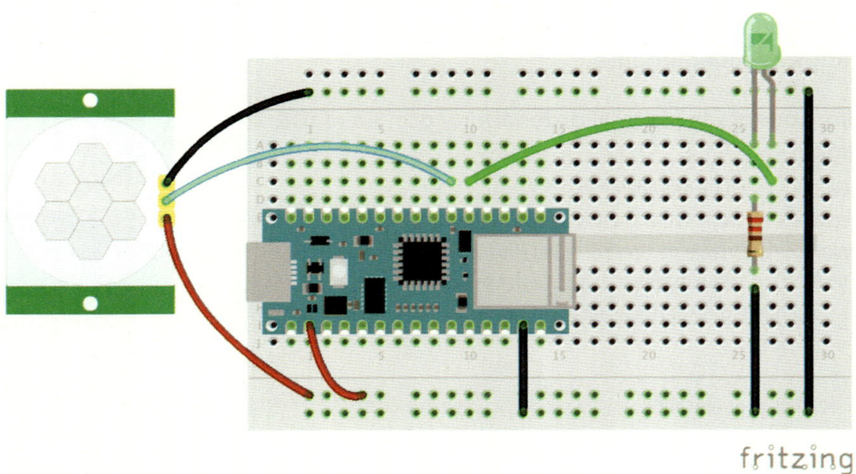

2. **Modifica el código. Para ello, debes incluir las siguientes líneas en las posiciones que se indican para adaptarlo a la plataforma Arduino IoT Cloud:**
   - Incluye esta línea antes de las definiciones de las variables globales:

```
#include "thingProperties.h"
```

   Permite la conexión con la pestaña **thingProperties.h** en Arduino IoT Cloud (AIoTC), donde están declaradas aquellas variables que van a ser mostradas a través del tablero de mandos o *dashboard*. En esta pestaña se pone el nombre del wifi al que nos conectamos, así como su contraseña de acceso.

   - Incluye estas cuatro líneas dentro de la función setup ()

```
initProperties();   // Se inicializan los elementos mencionados
ArduinoCloud.begin(ArduinoIoTPreferredConnection);   // Se inicializa la conexión con el cloud
setDebugMessageLevel(2);   // Seleccionamos el nivel de detalle de los informes de errores generados por la AIoTC
ArduinoCloud.printDebugInfo();   // Muestra en pantalla los informes de errores
```

   - Incluye esta línea al principio de la función loop ()

```
ArduinoCloud.update();   // actualiza los valores de las variables en el AIoTC para que puedan ser mostradas en el dashboard.
```

3. **Comprueba que el código está bien. Para ello, haz clic en ✓ Verificar para comprobar que no haya errores.**

Subimos a la nube los datos de nuestro controlador de aforo

4 Accede a la web www.e-sm.net/revti1bach04_05. Loguéate y después haz clic en CREATE THING.

5 Define las variables. Para ello, sigue estos pasos:

1. Pincha en ADD VARIABLE.
2. Define aquellas variables que quieres que sean vistas en el *dashboard*. En nuestro caso solo vamos a definir la variable *contador*, que será la que almacene el número de personas que hay en el recinto.

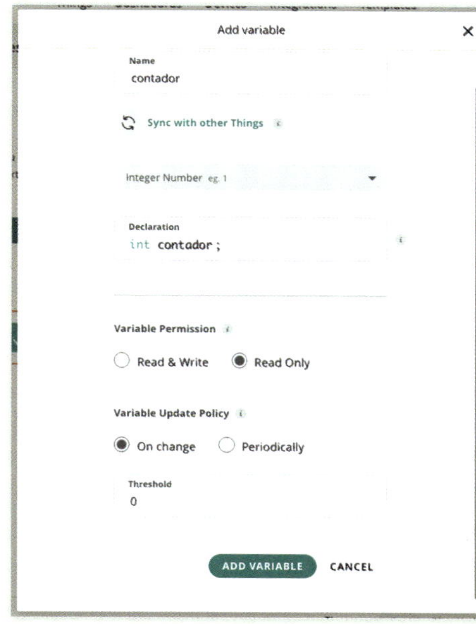

6 Selecciona el dispositivo. Una vez definida la variable *contador*, haz clic en Device, y selecciona un dispositivo o configura uno nuevo. A continuación, pulsa en Network e introduce el nombre y la contraseña del wifi que estés utilizando en ese momento. El proyecto por defecto se llama *Untitled*. Haz clic sobre él y cámbiale el nombre por el que hayas decidido.

7 Carga el programa a tu placa. Para ello, sigue los pasos que mostramos a continuación:

1. Ve a la pestaña **Sketch** y haz clic en **</> Open full editor**. Se abrirá un entorno similar al de IDE de tu ordenador.
2. Borra todo el contenido y pega el código que habías escrito en el IDE.
3. Haz clic en **✓ Verify and save**. Verás que se ha generado un error en la línea donde se define la variable *contador*. Esto ocurre porque ya la hemos definido en el paso previo para que pueda ser mostrada en el *dashboard*. Bórrala y escribe al final de la función *setup():* el siguiente código:

   contador=0; (sin el "int")

4. En la pestaña **Readme.adoc** puedes hacer una descripción del programa, o poner instrucciones y comentarios; de este modo, si quieres revisarlo al cabo de un tiempo, te será fácil entender lo que hiciste cuando creaste el programa.
5. No toques nada de la pestaña **thingProperties.h** ni de la pestaña **Secret**, a no ser que cambies de wifi, en cuyo caso puedes modificar los datos de nombre del wifi **SECRET_SSID** y la contraseña **SECRET_PASS**; de este modo evitarás tener que volver a configurarlo desde la pantalla inicial.
6. Carga el programa en la placa haciendo clic en **Upload and Save**. Tras unos segundos el programa se habrá transferido a la placa. Haz clic en el icono **Monitor** y verás la evolución del programa.

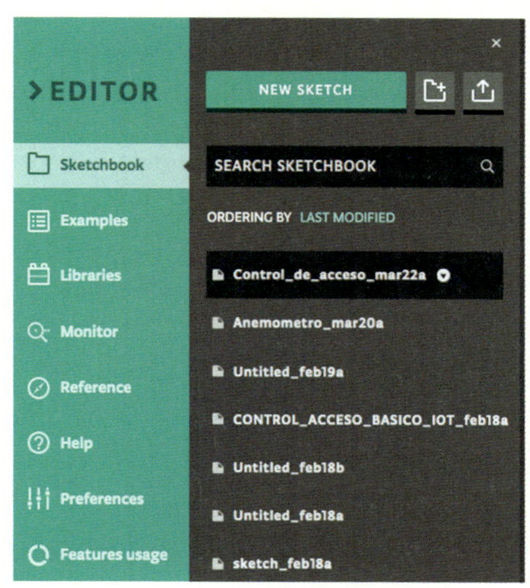

8 Elabora el *dashboard*. Para ello, sigue los pasos que se indican a continuación:

1. Haz clic en GO TO IOT CLOUD → DASHBOARDS → BUILD DASHBOARD → ADD.
2. Se desplegará una lista con los *widgets* disponibles. En nuestro caso vamos a seleccionar **Value**, que simplemente nos mostrará en pantalla el valor de la variable *contador*.
3. Enlaza la variable *contador* con el *widget* y ponle el título que consideres.

2.12. ¿Cómo podemos mejorar nuestro proyecto?

En esta fase vamos a probar todas las partes de las que se compone nuestro proyecto. Analizaremos si su funcionamiento es el adecuado, qué fallos tiene y cómo arreglarlos, o cómo mejorar su diseño y desempeño.

En la fase de testeo de cualquier proyecto es fundamental que todos los diseños hayan sido probados por los usuarios durante algún tiempo.

Una vez introducidas las mejoras, se deberá volver a testear para comprobar que son efectivas o, de lo contrario, requerirá más modificaciones.

Testeamos nuestro proyecto

1 **Testea el diseño del viaducto que has creado en Blender. Evidentemente el viaducto no ha sido construido, así que debemos hacer un ejercicio de imaginación y tratar de visualizar, con la ayuda de las vistas renderizadas del diseño, los posibles problemas que podrían haber surgido si se hubiera construido realmente. Para ello, juntaos en grupos de tres o cuatro, y debatid sobre los siguientes aspectos:**

- ¿Cómo se ha visto afectada la flora local? ¿Se ha eliminado mucha vegetación en las inmediaciones? ¿Cómo podría solventarse este problema?
- ¿Cómo se ha visto afectada la fauna local? ¿Se ha cortado o dificultado el paso de los animales a sus lugares para abrevar o comer? ¿El paso del tren genera demasiado ruido o vibración? ¿Cómo se podrían resolver estos problemas?
- ¿Las obras de ejecución se han llevado a cabo según todos los procedimientos establecidos para la protección del entorno?¿Se ha dejado la zona limpia de escombros y restos?
- ¿La estación es accesible? ¿Dispone de rampas de acceso para personas con discapacidad? ¿Tiene ascensor, rampa o elevador? ¿Dispone de baños adaptados?
- ¿La estación tiene sistemas de ahorro energético? ¿Dispone de placas solares? ¿De qué tipo son: termosolares, para calentar agua, o electrosolares, para generar electricidad?

Elaborad con **Mural** un documento colaborativo que recoja los problemas encontrados y sus posibles soluciones.

2 **Testea el sistema de control de peso del equipaje. Para ello, probaremos la báscula y trataremos de someterla a situaciones desfavorables utilizando distintos pesos. A continuación, responde a estas cuestiones a partir de los resultados obtenidos de las pruebas:**

- ¿Es sólido el montaje de la báscula? ¿Resulta estable?
- ¿Qué precisión tiene la báscula? Pruébala con diversos pesos conocidos, tanto bajos como altos. ¿Qué fórmula deberíamos aplicar para comprobar la precisión? ¿Tiene la misma precisión con pesos bajos que con pesos altos?
- ¿Se reflejan con rapidez en el *display* los cambios de peso?

Elabora un informe utilizando un procesador de textos (Word y Writer) en el que indiques los problemas encontrados y sus posibles soluciones.

3 **Testea el montaje de control de aforo de la estación. Para ello, vamos a probarlo y trataremos de someterlo a situaciones desfavorables. A continuación, responde a las siguientes cuestiones a partir de los resultados obtenidos de las pruebas:**

- ¿Es precisa la detección? ¿Refleja con precisión el número de personas presentes en el recinto?
- ¿El *dashboard* se refresca con suficiente rapidez?

Elabora un informe utilizando un procesador de textos (Word y Writer) en el cual indiques los problemas encontrados y sus posibles soluciones.

Diseñamos una rampa de acceso en Blender

1 **Diseña con Blender una rampa de acceso para personas con movilidad reducida. Debe tener barandilla y una anchura suficiente para el paso simultáneo de dos sillas. Para ello, sigue estos pasos:**

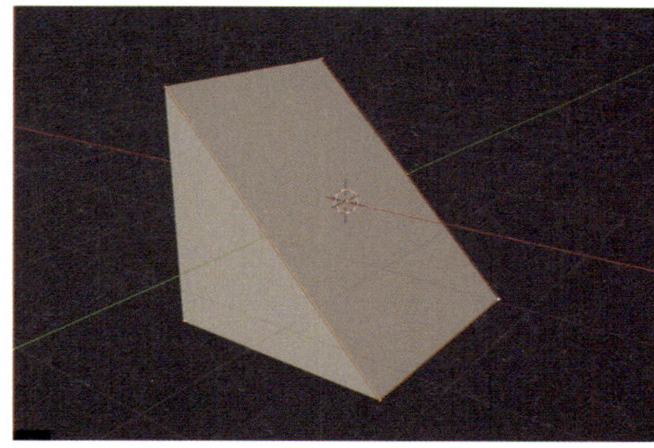

1. Abre Blender.
2. Selecciona el cubo por defecto.
3. Entra en **Edit mode** y selecciona dos vértices superiores contiguos. Muévelos en el eje Z –2 metros para hacerlos coincidir con los dos vértices de abajo.
4. Ahora mismo hay varios vértices ocupando la misma posición en el espacio. Para evitarlo, selecciona todos los vértices haciendo clic en **A**.
5. A continuación, pulsa **F3** para mostrar el menú del buscador. Busca *merge* y haz clic en **Merge by distance**.
6. Según la normativa que regula la inclinación de este tipo de rampas, su pendiente no puede superar el 10 %. Además, queremos que la rampa suba la altura de la plataforma del viaducto que medía 50 cm. Para realizar esto, pasa a modo objeto y cambia las dimensiones de la rampa para que de alto mida 0.5 m y de largo, 0.5 m x 10 = 5m.

   Ya tenemos creada la rampa.

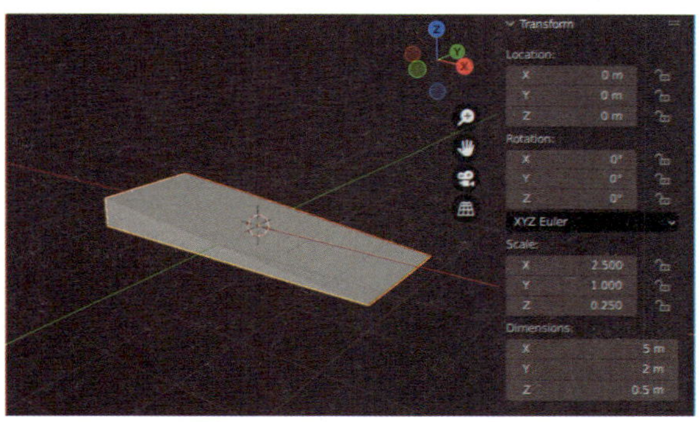

7. Ahora tenemos que añadir la barandilla. Para ello, entra en modo **editar**.
8. Selecciona una de las aristas oblicuas, pulsa **E** y desplázala 0.7 en Z.
9. Ahora selecciona la cara que se ha generado, pulsa **P** y elige la opción **By selection**.
10. Pasa ahora a modo **objeto**.
11. Selecciona la cara y añádele un modificador **Wireframe**.
12. Duplícalo situando sus copias en el lado contrario y en el centro.
13. Guarda tu proyecto.

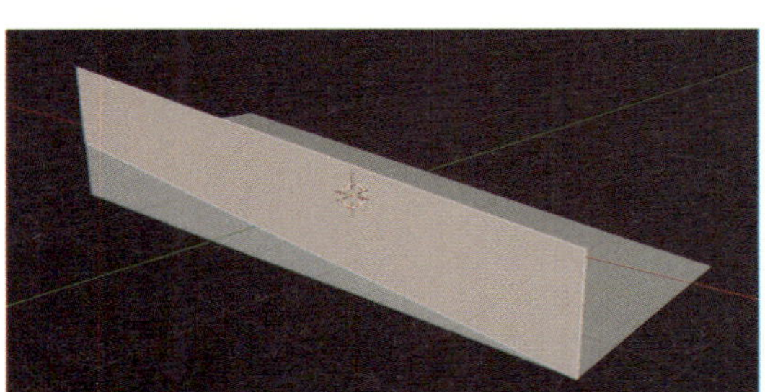

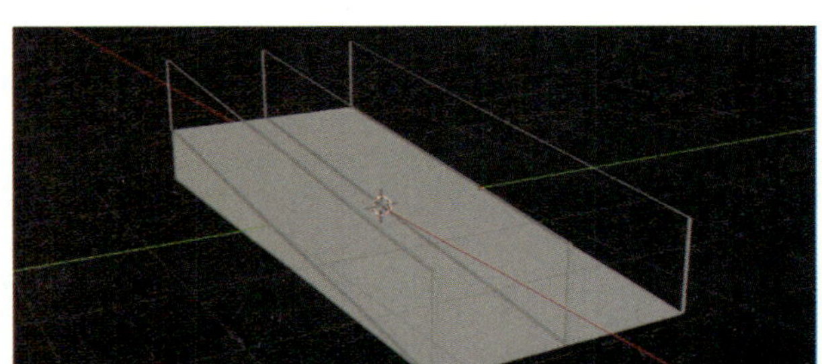

3 Publicación del proyecto

3.1. ¿Cómo creamos un folleto publicitario?

Una vez analizado el resultado del proyecto vamos a publicar un folleto para que los habitantes de la zona puedan conocer la nueva estación y los beneficios que la línea férrea va a proporcionar a la localidad.

Para hacer esto utilizaremos Scribus.

Scribus es una aplicación de *software* libre, gratuita y multisistema. Se utiliza para maquetar textos e imágenes con calidad profesional.

Creamos nuestro folleto publicitario

1. **Elabora un boceto del folleto publicitario. Antes de ponerte a trabajar con Scribus deberías hacer en un papel un boceto del folleto publicitario que quieres realizar.**

   Recuerda que el boceto no tiene que ser muy elaborado ni debe tener muchos detalles, pero te será de gran ayuda y ahorrarás mucho tiempo.

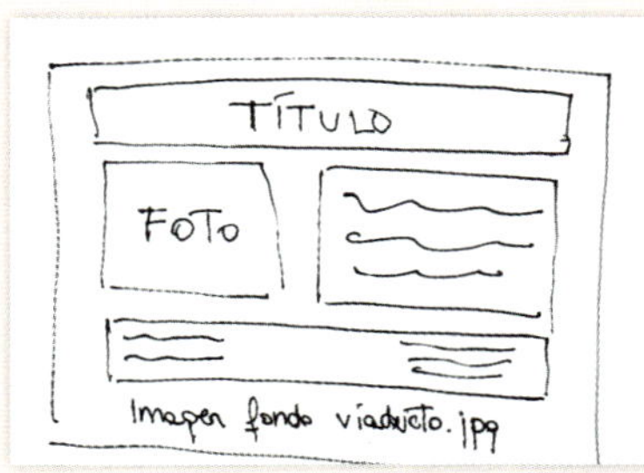

2. **Realiza el folleto publicitario de la estación de tren. Para ello, sigue los pasos que aparecen a continuación:**

   1. Entra en **www.e-sm.net/revti1bach04_06** y descarga el programa.
   2. Ejecuta el programa e instálalo en tu ordenador.
   3. Abre Scribus. Verás que aparece una ventana donde se puede hacer la configuración inicial del trabajo. Puedes elegir una plantilla o abrir trabajos hechos previamente.
   4. Selecciona el tipo de folleto que más se ajuste a lo que necesitas. Puedes empezar de cero, o elegir o descargar de internet una plantilla prediseñada.

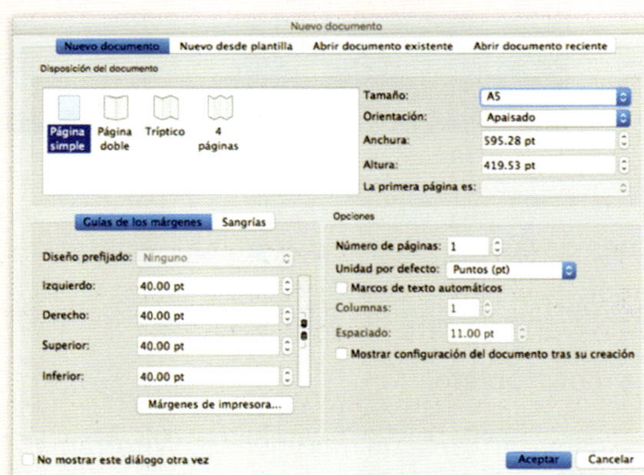

   5. Las unidades por defecto son el punto tipográfico. 72 puntos equivalen a una pulgada, es decir, 25.4 mm. En esta misma ventana se pueden cambiar a otra unidad.
   6. Una vez definidos los valores del documento, haz clic en **Aceptar** y aparecerá la ventana del entorno de trabajo.
   7. Verás que en la parte central de la ventana está el papel sobre el que trabajar, definido por un rectángulo de color rojo, exterior, y otro azul, indicando los bordes. Puedes ajustar el tamaño de la vista por medio de las lupas que encontrarás en la parte inferior de la izquierda o mediante el selector de porcentaje de zum a la izquierda de estas.

Creamos nuestro folleto publicitario

8. Para poder escribir se debe crear previamente un cuadro de texto. A continuación, haz doble clic izquierdo o clic en el botón derecho, y selecciona **Añadir texto** si lo vas a escribir en el momento. Si deseas utilizar un archivo de texto creado previamente, selecciona **Cargar texto**.

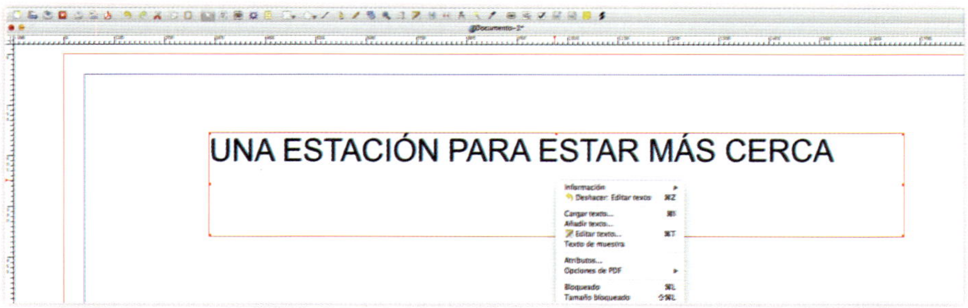

9. Puedes cambiar la fuente, el tamaño, el color o la alineación, haciendo clic en **Editar texto**.

10. Una vez editado, haz clic en el stick verde de la barra superior.

11. Para incluir imágenes has de insertar previamente un marco de imagen haciendo clic en el icono de la barra superior.

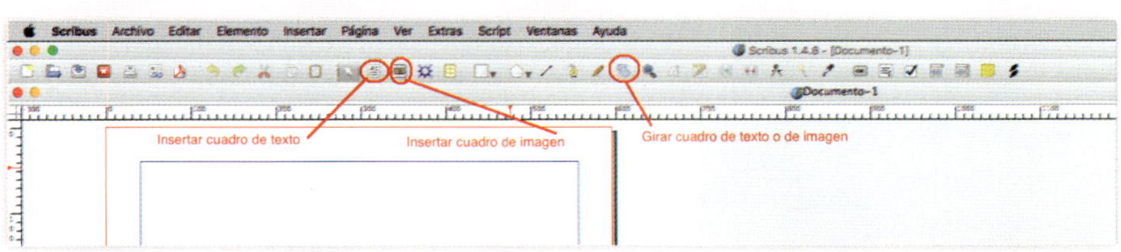

12. Una vez insertado, debes cargar la imagen haciendo clic derecho y pinchando en **Obtener imagen**. Si la imagen es demasiado grande y solo se ve parcialmente, haz clic derecho y pulsa en **Ajustar imagen a marco**.

13. Puedes insertar tantas imágenes y cuadros de texto como necesites. Si una nueva imagen o cuadro de texto oculta algún elemento que debe ser mostrado, haz clic derecho y ve a la opción **Nivel**.

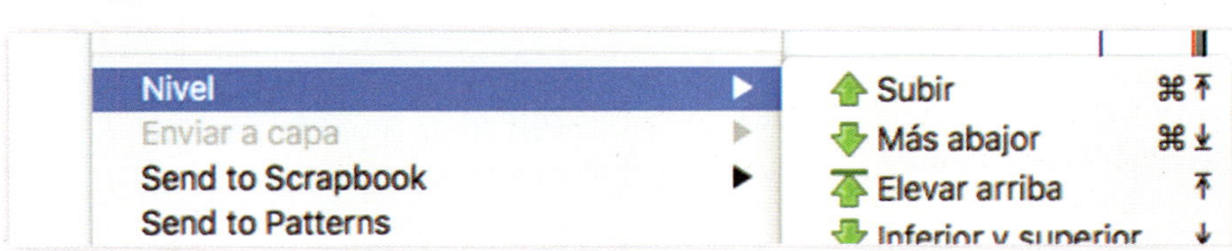

14. Elabora tu presentación teniendo en cuenta a quién va a ir dirigida, y expresa las ventajas que conllevará la apertura de la nueva línea de tren y la estación.

15. Una vez terminada, no te olvides de guardar tu folleto.

16. Por último, publícala y compártela en tus redes sociales.

Infraestructuras sostenibles

Materiales de construcción

Los **áridos** son un conjunto de materiales granulados. Comprenden la arena, la grava, cantos y bloques.

El **acero** posee una alta resistencia mecánica ante todos los esfuerzos mecánicos.

El **hormigón**, también conocido como concreto, es un material compuesto por la mezcla de cementos, áridos y grava.

El **hormigón armado** es el resultado de añadir acero en forma de barras al hormigón. El acero tiene como misión reforzar el hormigón, sobre todo ante los esfuerzos de tracción, frente a los cuales tiene muy poca resistencia.

Tipos de infraestructuras

Un viaducto es un tipo de puente que salva grandes distancias.

Las cuatro tipologías en la construcción de puentes son:

Puentes viga

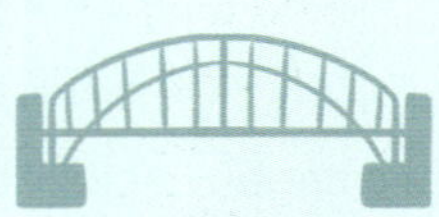

Puentes de arco

Puentes atirantados

Puentes colgantes

Dispositivos y elementos electrónicos

Una **célula de carga** es un dispositivo transductor, es decir, transformador de energía, que convierte la fuerza en una señal eléctrica. También hay células de carga que convierten la fuerza en señal hidráulica o neumática.

Un **ADC** (Analogic to Digital Converter) es un dispositivo que convierte una señal analógica en una señal digital.

Un **sensor PIR** detecta las emisiones térmicas de los cuerpos y reacciona generando una señal eléctrica.

Programas y conceptos

Blender es una aplicación multiplataforma, gratuita y de código abierto capaz de cubrir todo tipo de tareas relacionadas con el diseño 3D. Tiene herramientas para la creación de elementos básicos, para su modificación, la aplicación de texturas, materiales y luces para la renderización.

Tipos de editor: define el conjunto de herramientas y opciones accesibles en una ventana.

Modos: dentro del tipo de editor 3D Viewport existen los modos, que especifican aún más el conjunto de herramientas y propiedades modificables.

- En el modo objeto se pueden modificar los objetos como conjunto.
- En el modo de edición puede modificarse su geometría.

Scribus es una aplicación de *software* libre, gratuita y multiplataforma, utilizada para maquetar textos e imágenes con calidad profesional.

ACTIVIDADES FINALES

Construcción y materiales

1 ¿A qué esfuerzos pueden estar sometidos los materiales? Busca las definiciones, esquemas, imágenes, etc., y preséntalo a tu grupo mediante un documento de Scribus o de cualquier otro programa de edición o presentación.

2 En los siglos XIX y XX hubo una gran cantidad de construcciones que se realizaron en hierro. En algunas ciudades podemos encontrar palacios de cristal, puentes de hierro, estaciones de tren o incluso grandes monumentos, como la Torre Eiffel, o rascacielos como la torre Chrysler o el Empire State. Todos ellos fueron construidos de una determinada manera y con un tipo muy particular de unión entre las piezas que los formaban. Investiga en la web sobre este tipo de construcciones, y realiza una presentación en Prezzi u otra aplicación similar.

3 El hormigón es un material muy versátil, pues tiene buena resistencia, durabilidad, adecuado comportamiento ante el fuego... Una ventaja y, simultáneamente, desventaja, es que se puede preparar *in situ*, pero si no se hace correctamente podemos contar con una resistencia determinada sin llegar a ella por la mala elaboración. Investiga a qué ensayos se debe someter el hormigón para asegurar que su resistencia es la adecuada.

Desarrollo sostenible. Blender

4 ¿Qué es un motor de renderizado? ¿Qué diferencias hay entre los dos principales motores de renderizado que incluye Blender? Indica en tu cuaderno cuál de ellos utilizarías en cada una de las siguientes situaciones:

a. Un videojuego.

b. Una simulación arquitectónica de una vivienda diseñada teniendo como factor principal la luz del sol.

c. Una imagen de una pieza industrial.

5 Uno de los principales problemas causados por la construcción de grandes infraestructuras como las autovías o las vías férreas es el cambio en el espacio natural por el que la fauna local se movía, que queda de repente interrumpido, e impide el paso a zonas de su hábitat o el acceso a los espacios de los que disponían para abrevar. Juntaos en grupos de trabajo y pensad de qué manera se puede evitar esto. Diseña, usando el programa Blender, la solución a la que habéis llegado.

Robótica y control automático

6 ¿Qué son las células de carga? Explícalo en tu cuaderno y busca en internet todos los usos que se les puede dar.

7 ¿Qué es un sensor piroeléctrico? ¿Y una galga extensiométrica? Explícalo en tu cuaderno de una forma clara.

8 Reutilizando componentes usados durante el proyecto de la báscula, diseña y construye un dinamómetro de mano; es decir, un sistema para saber cuánta fuerza se está ejerciendo al cerrar una mano. El resultado debe mostrarse en la pantalla LCD y ha de guardar el máximo de los valores alcanzados en su uso.

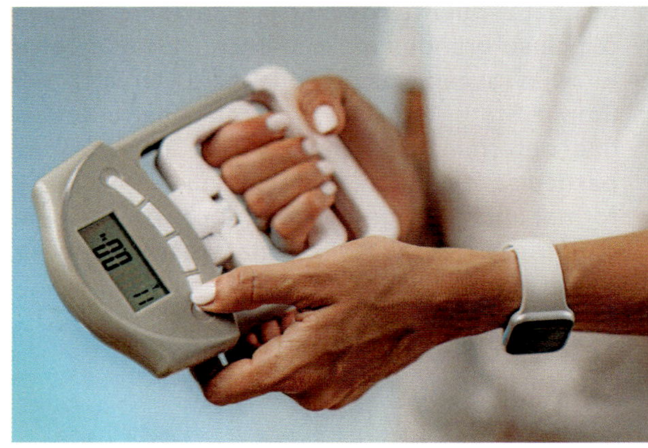

9 ¿Qué es una lente de Fresnel? ¿De qué elemento electrónico forma parte? Investiga acerca del nombre y haz un informe usando un procesador de textos (Word y Writer) en el que expliques por qué se llama Fresnel.

10 Modifica el sistema de control de acceso de tal forma que, cuando el aforo del local esté completo, baje una barrera movida por un servomotor que no permita el paso hasta que el aforo vuelva a estar por debajo del máximo.

11 Fusiona los proyectos desarrollados en este tema para hacer un sistema de control de cargas en camiones. Debe cumplir las condiciones que aparecen a continuación:

- **a.** Contabilizará el número de bultos que pasan por el punto de control y el pesaje. Se mostrará en una pantalla LCD el número total de bultos cargados hasta el momento.
- **b.** Pesará cada uno de los bultos. El peso de cada uno se reflejará en una pantalla LDC.
- **c.** Llevará registro del peso total cargado hasta el momento. El peso total se reflejará en la pantalla LCD.
- **d.** Cuando se alcance el peso máximo autorizado de carga del camión, bajará una barrera, y en la pantalla LCD se alternarán dos mensajes: el inicial, que indicará el peso del bulto cargado en ese momento, el número y el peso total de objetos, y otro, que mostrará un mensaje como: "Se ha superado el máximo autorizado. Retire el último bulto".
- **e.** Se deberá incluir un pulsador que alce la barrera, elimine el último bulto y, por consiguiente, su correspondiente peso.
- **f.** Se deberá incluir también un pulsador para hacer el *reset* del sistema.

Mis competencias | Autoevaluación

Ampliación del proyecto

1 **Los sistemas de alarma suelen basarse, entre otros elementos, en detectores de presencia. Diseña un objeto para Internet de las Cosas que sirva como sistema de alarma antiintrusos para las tiendas de la estación de tren. Considera, para ello, que cada tienda tendrá un tamaño de 100 m^2 con dos puertas de acceso, una en cada extremo, y con ventanas que den al vestíbulo de la estación. Cuando esté activada la alarma y se detecte que alguien ha entrado en la tienda, se activará una alarma sonora que se mantendrá durante 30 s.**

Para hacer el proyecto necesitarás estos elementos: tarjeta Arduino Nano 33 IoT, red wifi a la que conectar la tarjeta, dos módulos detectores de movimiento PIR HC-SR501 y un zumbador, o similar, para generar la señal sonora de alarma.

Recuerda que los pasos que se deben seguir son:

1. Conectar el zumbador a tu placa.
2. Usar Arduino IoT Cloud para crear el objeto (*Thing*) que va a controlar la apertura de la puerta.
3. Definir una variable que indique si hay intruso o no.
4. Introducir los valores de la red wifi.
5. Editar el programa para que se accione según las condiciones indicadas.
6. Añadir un *widget* en el panel de control para obtener información en remoto del estado del taller en tiempo real.
7. Comprobar desde el panel de la aplicación Arduino IoT Remote el correcto funcionamiento del dispositivo.

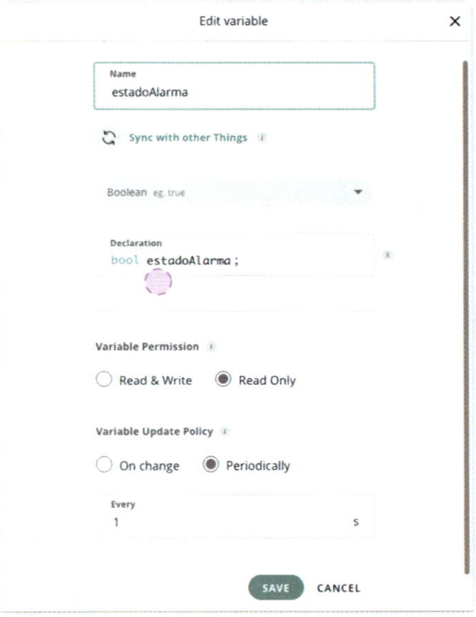

Aplicación

2 **Partiendo del objeto creado en el apartado anterior, modifícalo de tal forma que exista la posibilidad de desconectar la alarma cuando la tienda esté abierta o de forzar manualmente su desconexión una vez haya empezado a sonar.**

En el *dashboard*, además del estado de la alarma se mostrará un interruptor que la desconectará cuando la tienda esté abierta o una vez haya empezado a sonar.

Las variables que debes declarar en el programa del Arduino IoT Cloud serán:

- **silenciarAlarma**, de tipo booleano y declarada como **Read&Write,** de lectura y escritura, y **On change** dentro de **Variable policy update**, la política de actualización de variable.
- **estadoAlarma** para almacenar el valor del estado de la alarma, de tipo **Read only**, de solo lectura y **Periodically every 1 s** dentro de **Variable policy update**.

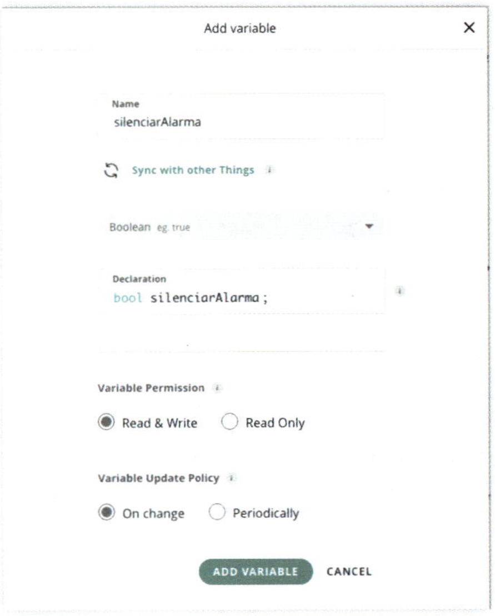

Bloque 3 ELECTRÓNICA Y MECANISMOS

3.1. Ingeniería ambiental

3.2. Tecnología aeroespacial

3.1 Ingeniería ambiental

¡EMPEZAMOS!

El Ministerio de Transición Ecológica quiere impulsar las energías renovables construyendo un campo eólico. Has sido el elegido para planear todo el proyecto y empezar a ponerlo en marcha.

Para ello, deberás aplicar técnicas de Design Thinking y realizar las siguientes tareas:

- Informarte de qué es la energía y sus diversas fuentes.
- Ampliar la información obtenida de la energía eólica para la generación de energía eléctrica.
- Estudiar las diversas partes que componen un aerogenerador.
- Conocer los principales mecanismos para la transmisión y transformación del movimiento: palancas, poleas y engranajes.
- Aplicar las leyes de Kirchhoff para la resolución de circuitos eléctricos.
- Tomar conciencia de las normas de seguridad en el manejo de sistemas eléctricos y electrónicos.
- Modelar con Blender una pieza de un aerogenerador y animarla.

HERRAMIENTAS QUE VAS A UTILIZAR

A lo largo del proyecto usarás herramientas informáticas, así como dispositivos electrónicos y electromecánicos:

- Programas de diseño, ensayos de ingeniería y fabricación, como Blender y AutoCAD.
- Herramientas de Design Thinking, como Mural y Tom's, Planner para realizar análisis y planificaciones.
- Placas Arduino UNO y Arduino Nano 33 IoT.
- *Encoders* como sensores de velocidad de rotación.
- Pantalla LCD y zumbador.
- Aplicaciones, como Tinkercad, para simular y dibujar circuitos eléctricos y electrónicos.
- Herramientas, como Rubistar, para generar rúbricas.
- Suite ofimática como Office o LibreOffice para los informes, gráficos, cálculos y presentaciones.

RUTA DE APRENDIZAJE

PLANIFICACIÓN

1. Investigar las energías renovables.
2. Analizar el impacto ambiental de los parques eólicos.
3. Hacer un prototipo de un aerogenerador.

DESARROLLO

4. Conocer y diseñar las partes que forman un aerogenerador.
5. Comprender el funcionamiento de un aerogenerador.
6. Modelar las aspas del aerogenerador en Blender.
7. Crear animaciones en Blender.
8. Diseñar un anemómetro en un programa CAD.
9. Programar y monitorear un anemómetro.

PUBLICACIÓN

10. Crear una *webquest*.
11. Hacer una rúbrica y entender su uso.

1 Planificación del proyecto

1.1. ¿Qué son las energías renovables?

Se denomina **energía renovable** a la energía que se obtiene a partir de fuentes naturales inagotables, bien por la inmensa cantidad de energía que contienen o bien porque se regeneran por medios naturales.

Las principales energías renovables son:

Energía hidráulica
Se obtiene de la energía generada en los saltos de agua.

Energía eólica
Se obtiene de la energía generada por la fuerza del viento.

Energía solar térmica
Se obtiene de la energía generada por el sol.

Energía geotérmica
Se obtiene aprovechando el calor del interior de la Tierra.

Biomasa
Se obtiene de la materia orgánica de los seres vivos.

Energía mareomatriz
Se obtiene del movimiento del agua de los océanos.

Energía solar
Se obtiene de la radiación electromagnética del sol.

Hidrógeno verde
Se obtiene de la la separación de un compuesto que contenga hidrógeno.

Investigamos sobre las energías renovables

1. Haz un informe, usando un procesador de textos (Word o Writer), en el que expliques de dónde proviene la mayoría de la energía que consumimos. El consumo y, con ello, la necesidad energética del mundo van aumentando. Así mismo, el medioambiente se va degradando. Presta atención a los siguientes datos:
   - Observa el siguiente gráfico del consumo de energía mundial.

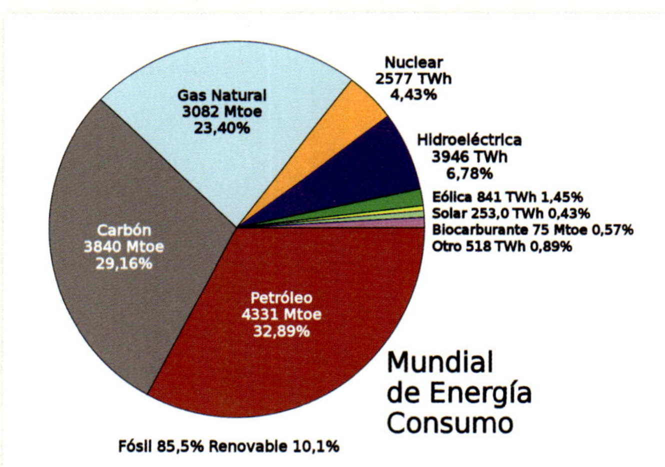

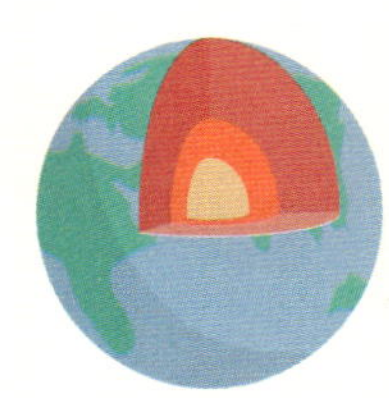

   - Identifica cuáles son energías renovables y cuáles son no renovables. La mayoría de la energía mundial, ¿de qué tipo de energía proviene principalmente?
   - ¿Qué consecuencias medioambientales puede suponer según estos datos?

2. Investiga sobre el uso de la energía eólica a lo largo de la historia y haz un informe en un procesador de textos (Word o Writer) teniendo en cuenta los siguientes puntos:
   - La energía del viento se viene utilizando desde hace más de cinco años para impulsar los barcos. Posteriormente su uso se extendió a los molinos, para moler el grano y bombear agua.
   - A partir de finales del siglo XIX se construyó el primer aerogenerador.
   - Ventajas y desventajas de la energía eólica y su impacto ambiental.

1.2. ¿Qué es un aerogenerador?

Un **aerogenerador** es una máquina que, a través de una hélice, recoge la energía cinética del viento y la convierte en energía eléctrica gracias a un alternador conectado a esta por un mecanismo multiplicador del movimiento.

Los aerogeneradores pueden ser de dos tipos:

Aerogenerador de eje vertical

El eje está colocado transversalmente con respecto al viento y no necesita estar orientado hacia el viento para moverse. Las palas rotan en torno a un eje central vertical.

Aerogenerador de eje horizontal

En este tipo de aerogeneradores el eje está en posición horizontal con respecto al viento, por lo que las palas giran en dirección perpendicular a la velocidad del viento.

Estudiamos los aerogeneradores

1 **Busca información sobre el primer aerogenerador y haz un informe usando un procesador de textos (Word o Writer). Para ello, ten en cuenta la siguiente información:**

- El primer aerogenerador se construyó en 1887.
- Tenía 144 palas de rotor y un diámetro de rotor de 17 m. Compáralo con el tamaño de los aerogeneradores actuales, ¿era más grande o pequeño?
- Este aerogenerador era capaz de producir 12,7 kW. Compáralo con la energía que producen actualmente los aerogeneradores, ¿te parece que era eficiente?

2 **Los entornos más favorables para la instalación de aerogeneradores son aquellos donde el viento sopla de manera constante. Busca en Google Maps en qué zona de tu comunidad autónoma colocarías un parque eólico en función de los siguientes aspectos:**

- ¿Es más favorable situar los campos eólicos en lo alto de una colina o una montaña?
- ¿Es más favorable situar los campos eólicos próximos a la costa o alejados de esta?

3 **Investiga los distintos tipos de aerogeneradores verticales y horizontales que existen.**

1. Completa una tabla similar a la que aparece a continuación en la que indiques el nombre, el tipo de aerogenerador que es y sus características.

Nombre	Tipo	Características	Ventajas	Inconvenientes
Aero turbina lenta	Vertical	Entre 6 y 24 palas	•••	•••
•••	•••	•••	•••	•••
•••	•••	•••	•••	•••
•••	•••	•••	•••	•••

2. Haz una presentación (PowerPoint o Impress) para explicar la información que has obtenido y qué tipo de generador consideras más adecuado para tu proyecto.

1.3. ¿Qué es la energía?

La **energía** es la capacidad de los cuerpos para realizar un trabajo y producir cambios en ellos mismos o en otros cuerpos a causa de su constitución (**energía interna**), de su posición (**energía potencial**) o de su movimiento (**energía cinética**).

La energía puede cambiar de forma, pero en su transformación la cantidad total se mantiene constante; es lo que llamamos **principio de conservación de la energía.**

La energía, al igual que el trabajo o el calor, se mide en **julios** (J).

Según la forma en la que se manifiesta, tendremos distintas energías.

Energía mecánica

Es la suma de la energía que almacenan los cuerpos debido a su posición (energía potencial), y la que tienen por su movimiento (energía cinética).

Energía interna o térmica

Depende de la energía que tengan las partículas que forman el cuerpo. Cuanto más rápido se mueven o vibran las partículas, mayor energía interna habrá.

Energía eléctrica

Es la energía que se genera cuando entre dos puntos hay distinto valor del potencial de campo eléctrico.

Energía nuclear

Se trata de la energía que se encuentra almacenada en los núcleos de los elementos químicos.

Energía electromagnética

Es la energía presente en aquella parte del espacio en la que hay un campo electromagnético.

Energía química

Se trata de la energía acumulada en un material y que se libera al reaccionar con otro material diferente.

Analizamos las fuentes de energía eléctrica

1. **Identifica las fuentes de energía eléctrica que hay, y sus ventajas y desventajas.**

   Realiza en un procesador de texto (Word o Writer) un informe para trabajar las siguientes cuestiones:

   - Las fuentes de generación de energía eléctrica pueden ser renovables o no renovables. ¿Que sean renovables significa que tienen menor impacto en el medioambiente?
   - Las fuentes de generación de energía eléctrica pueden producir residuos que afectan al medioambiente. ¿Hay alguna forma de energía que sea 100 % limpia?
   - Identifica las ventajas y las desventajas de cada tipo de energía eléctrica. ¿Cuál consideras mejor? ¿Por qué?

2. **Haz un gráfico, utilizando una hoja de cálculo (Excel o Calc), para representar las fuentes de energía eléctrica más usadas en España.**

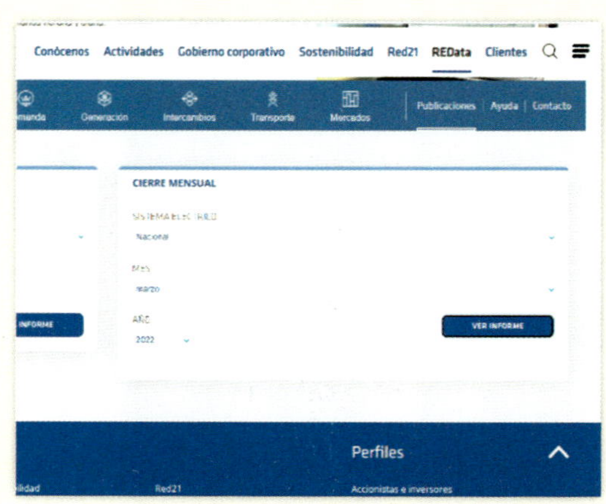

   1. Entra en **www.e-sm.net/revti1bach05_01**. En **Cierre Mensual** selecciona **Sistema eléctrico → Nacional**. En **Mes** y **Año** elige el más actual disponible. Pincha en **Ver Informe** para conocer los porcentajes de uso de las fuentes de energía eléctrica que se han utilizado en España en ese mes, y la media del año.
   2. Abre una hoja de cálculo y crea un gráfico circular con los datos del último mes y con los datos de la media del año.
   3. Compara ambos gráficos. ¿Es la energía eólica la más usada en España? ¿Aumenta cada vez más su uso? ¿Cuáles son las ventajas y las desventajas de la energía eólica?

1.4. ¿Cómo sabemos si nuestro proyecto es viable?

Siempre debemos procurar que el proyecto sea rentable, y no solo desde el punto de vista económico. Para ello, hemos de estudiar los siguientes aspectos para nuestro parque eólico:

Viabilidad legal

¿Está permitida la instalación de aerogeneradores en la zona? ¿Cuál es la altura máxima permitida? ¿Está limitado el nivel de ruido? ¿El ayuntamiento al que pertenece el emplazamiento es favorable?

Viabilidad económica

¿Cuál es el coste de cada aerogenerador? ¿Cuál su producción de potencia? ¿Y el precio de venta de la corriente generada? ¿Qué costes de mantenimiento tiene? ¿Cuál es su vida útil?

Viabilidad técnica

¿El modelo en estudio está suficientemente desarrollado? ¿Se ha mostrado eficiente y fiable en instalaciones previas? ¿La tecnología que se va a utilizar es sencilla de instalar y de usar?

Viabilidad operacional

¿El emplazamiento es accesible? ¿Hay centros logísticos cercanos que puedan distribuir con rapidez los materiales necesarios tanto para la construcción como para el mantenimiento del parque? ¿Hay que realizar obras previas para su acondicionamiento? ¿El régimen de vientos es el adecuado, o quizá haya largos períodos sin viento o con vientos muy fuertes?

Viabilidad social y ambiental

¿El parque eólico se encuentra próximo a zonas protegidas? ¿Pasa cerca del emplazamiento del parque eólico alguna ruta migratoria de aves? ¿Hay cerca del lugar donde se instalará alguna zona de cría de aves? ¿La población local está de acuerdo con la instalación del parque eólico? ¿Es admisible el impacto paisajístico que se causará? ¿Se ven afectadas zonas agrícolas debido a la construcción del parque eólico?

Hacemos un estudio de viabilidad

1. **Realiza una sesión de *brainstorming* para obtener el mayor número de soluciones posible para cada aspecto que habremos de estudiar en nuestro parque eólico.**
   1. Entra en **www.e-sm.net/revti1bach05_02**.
   2. Regístrate gratis. Crea tu espacio de trabajo mediante un nombre, compártelo con tus compañeros y añade sus direcciones de correo.
   3. Observa las plantillas de inicio rápido **Templates**.
   4. Usa el buscador de plantillas para localizar **Brainstorming and idea priorization.** Selecciónala y pulsa sobre **Create Mural.** Agrega a tus compañeros de equipo.
   5. Proponed varios planes de acción posibles para solucionar los problemas que puedan surgir. Realizad una puesta en común y una reflexión.
   6. Guardad y descargad en formato PDF vuestra plantilla.
2. **Realiza un estudio de viabilidad para cada plan de acción.**
   1. Crea una tabla de doble entrada con tu editor de texto (Word o Writer). En la parte izquierda incorpora los nombres de los diferentes planes escogidos y en la parte superior escribe los cinco criterios de viabilidad.
   2. Rellena cada celda con una puntuación de 0 a 10.
   3. Descarta cualquier opción que no alcance 5 en uno de los criterios de viabilidad.
   4. Evalúa la puntuación total de cada propuesta y comparte tu conclusión con tu grupo para seleccionar entre todos el plan ganador.

1.5. ¿Cómo planificar las tareas de un proyecto?

A medida que el proyecto empieza a tomar forma comienzan a definirse una serie de tareas que hay que realizar entre los miembros del equipo. También tendrás una fecha límite para entregar tu proyecto del parque eólico, y ese hito determinará todo el calendario de trabajo.

Para planificar los proyectos existen diversos tipos de herramientas, como los diagramas de Gantt, los Pert o el método Roy.

> En el **diagrama de Gantt** se representa la relación entre las tareas y el tiempo, de manera que permite visualizar fácilmente la distribución temporal del proyecto.

Para construirlo necesitas identificar las distintas **tareas y subtareas** del proyecto. Además, es importante decidir qué tareas no tienen dependencias y cuáles dependen de la finalización de una tarea previa. Cuando el diagrama está terminado, se puede estudiar el camino crítico y ver qué tareas se podrían acelerar para acortar el tiempo total del proyecto.

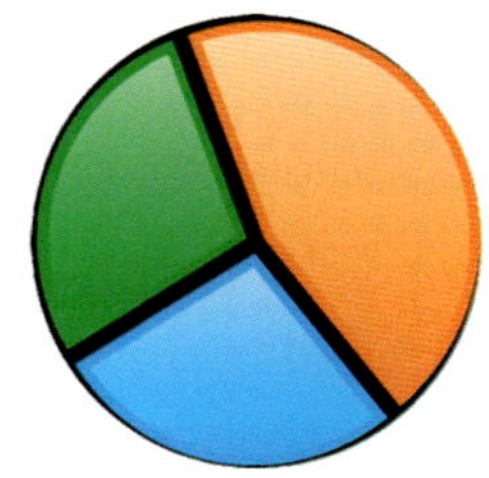

Las principales características de un diagrama de Gantt son:

- Cada tarea se representa mediante un bloque rectangular cuya longitud indica su duración.
- La posición de cada bloque indica los instantes de inicio y finalización de la tarea que representan.

Planificamos el proyecto

1 **Elabora una lista de tareas, calcula los días que puede llevar completarla y si tienen alguna dependencia con tareas anteriores. También puedes elegir a una persona del equipo para que se encargue de dicha actividad.**

ID	Tarea	Predecesoras	Duración	Responsable
A	Dibuja un prototipo del aerogenerador	...	2	Esther Sánchez
B	Diseña el buje	A	5	Miguel del Peso
C	Diseña el sistema de orientación de las palas	...	4	Pedro Morillas
D	Diseña las palas y simula su movimiento	A	5	Miguel del Peso
•••	•••	•••	•••	•••

2 **Crea un diagrama de Gantt para planificar la construcción del parque eólico.**

1. Accede a **www.e-sm.net/revti1bach05_03** y regístrate.
2. Inserta cada una de las tareas que hayas identificado en las filas. Puedes añadir nuevas filas haciendo clic en el **botón derecho del ratón → Insertar fila.**
3. Para añadir al responsable de cada tarea, pulsa en el encabezado de la columna **Activity** y haz clic en el **botón derecho del ratón → Insertar nueva columna.** Deja la opción **Normal (texto)** y pulsa **Insertar a la derecha.** Verás que aparece la nueva columna, pincha en su encabezado y cambia el nombre a "Responsable". Ya puedes completar los nombres de los responsables. Para eliminar columnas pulsa **botón derecho del ratón → Eliminar columna.**
4. En la columna **Status** indica el estado de cada tarea.
5. Para añadir los períodos de duración de cada tarea, marca la fila de la tarea y pulsa **botón derecho del ratón → Insertar nuevo período.** Escoge uno de los colores que aparecen en la paleta; se abrirá un recuadro que podrás desplazar a la fecha que desees pulsando sobre él y arrastrándolo. Para interrelacionar tareas pulsa sobre el período haciendo clic con el **botón derecho → Añadir interrelación.** En este mismo menú dispones de opciones variadas para personalizar.
6. Exporta el resultado como PDF pulsando **Importar/Exportar → PDF.**

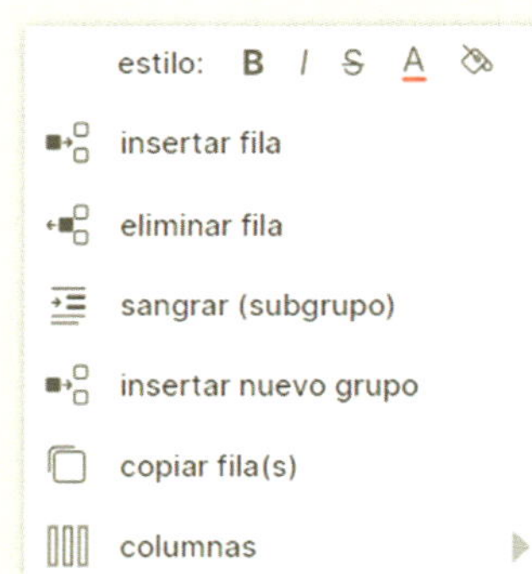

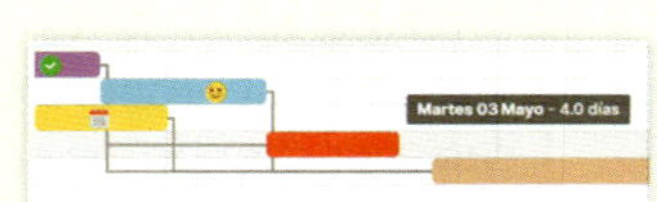

1.6. ¿Cómo hacemos el prototipo del aerogenerador?

En el parque eólico finalmente vas a utilizar aerogeneradores de eje horizontal. Estos aerogeneradores se componen de las siguientes partes principales.

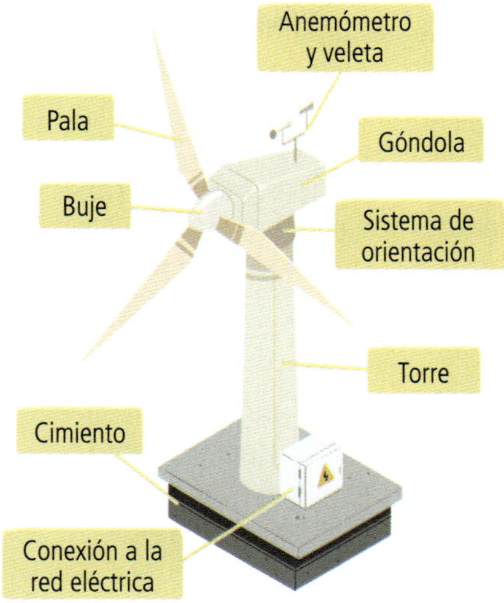

Diseñamos el prototipo del aerogenerador

1 Dibuja en AutoCAD la vista frontal de un aerogenerador de eje horizontal. Para ello, sigue estos pasos:

1. Inicia AutoCAD y crea un dibujo nuevo pinchando en el icono **AutoCAD → Nuevo → Dibujo.**
2. Escribe "Unidades" y presiona **Intro** para poder configurar las unidades con las que vas a trabajar. En el menú desplegable, selecciona **metros**.
3. Con el comando **Línea** dibuja una línea horizontal que mida 5 metros. Constituirá la base del aerogenerador.
4. Teclea *LINEAX* para generar una línea auxiliar. A continuación, teclea *V* para hacer que la línea auxiliar sea vertical.
5. Pasa la línea auxiliar por el punto central de la base del generador. Para ello, usa el triángulo que indica el punto medio de la recta que creaste en el paso 3. Para activarlo, pulsa **Referencias a objetos → Punto medio.**
6. 60 metros por encima de la línea de 5 metros, dibuja otra de 2 metros que sea paralela. El punto medio de esta línea debe coincidir con la línea auxiliar creada en el paso 4. Después, une los extremos de ambas líneas y forma la torre del aerogenerador.
7. Dibuja un cubo 3 + 3 metros y en su interior un círculo inscrito. Colócalo en la parte superior de la torre, de modo que el centro de ambos quede en la línea auxiliar que dibujaste en el paso 4. Ya has creado el buje.
8. Para hacer un aspa dibuja una línea de 30 metros de longitud. Desde el extremo superior, traza otra línea de 24 metros. El ángulo será de 5°. A un 1 metro a la izquierda de la línea de 30 metros, dibuja hacia arriba una línea paralela de 1 metro de longitud. Ahora solamente tienes que trazar la línea que cierre el perímetro para obtener el aspa.
9. Selecciona todas las líneas que forman el aspa y clica **Matriz → Matriz polar.** Establece el centro de la matriz en el centro de la circunferencia inscrita e indica en **Recuento de elementos** que consta de tres elementos.

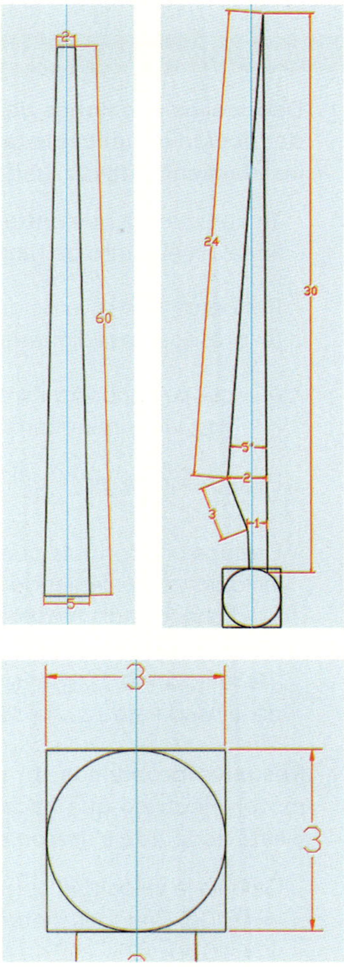

2 Desarrollo del proyecto

2.1. ¿Cómo se transmite movimiento en el aerogenerador?

La energía que produzca tu aerogenerador no siempre se usará en el lugar donde se genera, sino que tendrá que ser transportada y modificada. Para transformar y modificar tal energía cinética emplearás ejes y árboles, ruedas de fricción, poleas, correas o engranajes.

Un **eje** es un elemento, generalmente de sección circular, que no está sometido a torsión ni transmite energía y sirve de soporte para elementos mecánicos giratorios. Un **árbol** es un elemento que está sometido a torsión y transmite potencia, y sirve de soporte a otros elementos giratorios.

Un **sistema de ruedas de fricción** es el mecanismo más simple para transmitir movimiento circular entre árboles paralelos. Consiste en dos o más ruedas que están en contacto directo sin que se produzca deslizamiento relativo entre ellas. Cuando la **rueda conductora o motriz** gira por el rozamiento, la **rueda conducida** se ve obligada a girar.

Un **sistema de poleas y correa** consiste en dos discos unidos (las poleas) mediante un elemento flexible (la correa). Los discos suelen presentar una ranura, y pueden tener distintos perfiles en su zona perimetral, llamada **garganta**. La correa transmite por medio del rozamiento el movimiento de la polea conductora o motriz a la polea conducida.

Usamos las leyes de transmisión para resolver problemas

1 Deduce las relaciones de transmisión de los mecanismos. El estudio de las ruedas de fricción es aplicable tanto a los sistemas de poleas y correa como a los engranajes. Partiendo de las ruedas de fricción, sigue estos pasos para deducirlas.

1. Ten en cuenta que entre las ruedas no hay deslizamiento, de modo que la velocidad lineal en el punto de tangencia entre ambas es la misma.

2. Recuerda que la velocidad lineal, *V*, es el producto de la velocidad angular, *w*, (expresada en radianes por segundo, rad/s) por el radio, *R*: $V = w \cdot R$

3. A veces te encontrarás la velocidad angular expresada en revoluciones por minuto (r. p. m.); la representaremos con la letra *N*.

   Para pasarla a rad/s, utiliza la fórmula $w = \dfrac{2\pi N}{60}$.

4. Deduce una fórmula que relacione las velocidades angulares de las dos ruedas teniendo en cuenta todos los puntos anteriores. En dicha fórmula deben aparecer los valores de *N* y los diámetros de las dos ruedas. Después, determina una fórmula para calcular *i*, la relación de transmisión, que es el cociente entre la velocidad de la rueda motriz y la de la conducida. Razona su significado.

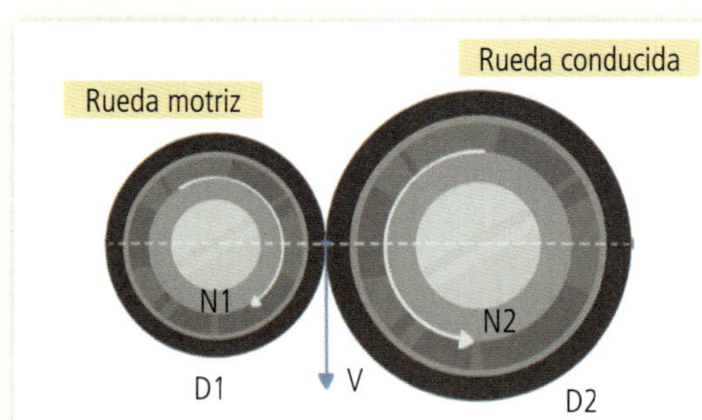

2 Resuelve problemas de movimiento del aerogenerador. Supón que el árbol del motor eléctrico que hace girar la góndola de tu aerogenerador gira a 100 r. p. m. y está acoplado a una polea que, a su vez, está unida a otra mediante una correa.

1. Calcula la velocidad angular de la polea conducida si la relación de transmisión es $i = 0{,}008$. Después, determina el diámetro de la polea motriz si el de la conducida es $D_2 = 2000$.

2. Calcula el tiempo que el sistema tarda en hacer que la góndola gire 180°. Por último, haz una representación del sistema.

Cuando hay que transmitir grandes potencias se puede producir el patinado entre ruedas de fricción o entre una polea y la correa. Para evitar esto, recurrirás a las ruedas dentadas.

Un **engranaje** es un sistema mecánico formado por dos o más ruedas dentadas acopladas entre sí. Sus tres parámetros fundamentales son el diámetro primitivo, D; el número de dientes, Z, y el módulo, m. Están relacionados por la fórmula: $D = Z \cdot m$.

El **diámetro primitivo** es el diámetro que debería tener una rueda de fricción para que, desde el punto de vista cinemático, se comporte como la rueda dentada equivalente.

Un **engranaje epicicloidal** está formado por una corona dentada interiormente, un elemento central, llamado **planeta**, y unos elementos engranados a la corona y al planeta, llamados **satélites**, y unidos entre sí por medio de la armadura portasatélites.

En este tipo de sistema, la relación de transmisión viene dada por la fórmula de Willis: $N_P \cdot Z_P + N_C \cdot Z_C = N_A \cdot (Z_P + Z_C)$ donde Z_p y Z_C indican el número de dientes del planeta y de la corona, respectivamente. Los parámetros N_p, N_C y N_A son las velocidades de rotación del planeta, de la corona y de la armadura portasatélites, respectivamente.

Trabajamos con engranajes epicicloidales

1 **Deduce las relaciones de transmisión de los engranajes. Teniendo en cuenta las leyes y relación de transmisión que ya conoces, obtén las de engranajes. Sigue estos pasos.**

1. Utiliza la expresión que relaciona el diámetro con el módulo y el número de dientes.
2. Ten en cuenta que dos engranajes que engranan entre sí tienen el mismo módulo.

2 **Piensa en el movimiento de un engranaje epicicloidal. El movimiento puede entrar o salir desde el satélite, desde la corona o desde la armadura portasatélites. Para que el sistema funcione hay que bloquear uno de los tres elementos. Estudia qué sucedería según el elemento bloqueado. Sigue estos pasos:**

1. Imagina que se bloquea, por ejemplo, la corona, lo que significa matemáticamente que $N_C = 0$.
2. Supón que el movimiento se introduce a través de la armadura portasatélites. Despeja el valor de N_P.
3. Razona si el valor obtenido para N_P es mayor o menor que N_A. Indica, por tanto, si se trata de un sistema multiplicador o reductor, y lo que ocurriría si el movimiento entrara por el planeta.
4. Repite los cálculos y haz un razonamiento idéntico si se bloqueara la armadura portasatélites o, en su caso, el planetario. Deduce qué sucede según el elemento desde el que se introduce el movimiento, y haz una representación gráfica de cada pieza y del sentido en que se mueve.

3 **Calcula los parámetros de un sistema multiplicador. Imagina que la primera etapa de un multiplicador epicicloidal de un aerogenerador tiene como parámetros $Z_P = 34$, $Z_C = 128$ y $Z = 47$. Calcula el resto de valores siguiendo estos pasos:**

1. Calcula la velocidad de giro de la armadura del portasatélites si la turbina que está acoplada al árbol del planetario gira a 23 r. p. m. y la corona está bloqueada.
2. Razona el sentido de giro que tendrá la salida respecto a la entrada.

2.2. ¿Cómo se orientan las palas de un aerogenerador?

Las palas del aerogenerador están unidas al **buje** que se encarga de transmitir todas las fuerzas y vibraciones a la torre. Lo más habitual es que este buje sea rígido.

Algunos aerogeneradores disponen de un **sistema de orientación** de las palas, para ajustar su posición dependiendo de la velocidad del viento, movido por una leva y un seguidor de leva.

Diseñamos el sistema de orientación de las palas

1 **Diseña el buje del aerogenerador en AutoCAD. Recuerda crear una capa para cada tipo de línea que realices en un diseño. Siempre es recomendable hacerlo para poder diferenciar cada elemento del dibujo, y activar o desactivar lo que no queramos clicando una vez sobre el icono de la bombilla que aparece a la izquierda de cada capa. Sigue estos pasos:**

1. Accede a AutoCAD y crea un dibujo nuevo clicando **icono AutoCAD → Nuevo → Dibujo.**
2. Escribe *UNIDADES* y presiona **Intro** para poder configurar las unidades con las que vas a trabajar. En el menú desplegable, selecciona **metros**.
3. Abre el panel **Propiedades de capa.** Crea una nueva capa clicando sobre el icono o pulsando **Alt + N.** Nombra esta capa como "Dibujo" e indica que el color sea blanco, el tipo de línea, continua, y el grosor de línea, por defecto.
4. Crea otras dos capas más. Una, para las líneas auxiliares, con el color 140 y el tipo de línea por trazo. Si solo te aparece un tipo de línea en el menú desplegable, pulsa en **Cargar**. La otra capa será de color rojo y el tipo de línea, continua. Se llamará "Cotas".
5. Ahora, crea un estilo de cota personalizado. Para ello, selecciona **Anotar → Cotas**, y pulsa en la flecha de la esquina inferior derecha. En la ventana emergente crea un nuevo tipo, nómbralo y clica **Continuar**. En **Líneas** puedes elegir el color, en **Texto** el tamaño de texto, y en **Símbolos y flechas** la flecha que quieras. En este caso, elige un color rojo, y tamaño 0,18 para el texto y la flecha. Por último, acepta y defínela como actual.

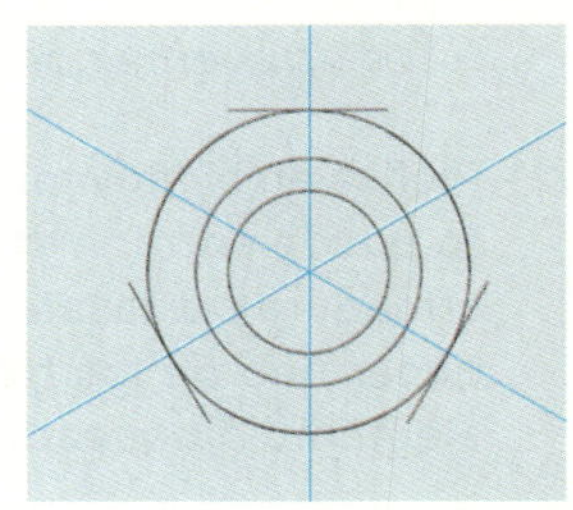

6. Teclea *CÍRCULO* o presiona el icono, y crea tres circunferencias que compartan centro, de 5, 3,5 y 2,5 metros de diámetro respectivamente. Una vez dibujadas, asígnalas a la capa *Dibujo*. Para ello, tan solo hay que seleccionarlas y, en el menú **Capas** de la parte superior, pulsar sobre la capa *Dibujo*. Después, clica sobre el botón **Establecer como actual** para que todo lo que dibujes a partir de ahora se cree en esta capa.

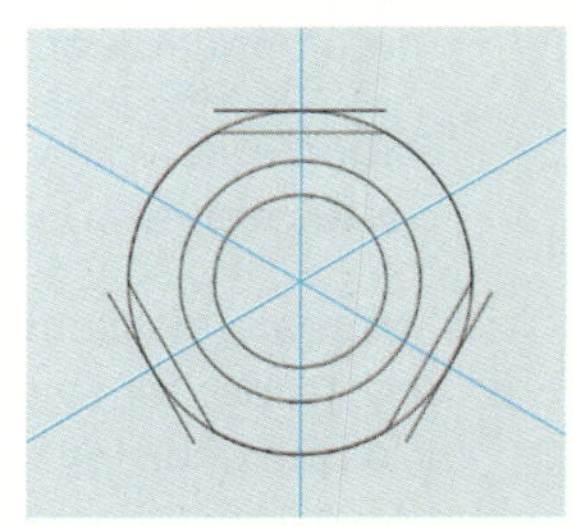

7. Teclea *LINEAX* para crear una línea auxiliar; después teclea *V* para hacerla vertical. Colócala en el centro de las circunferencias. Asígnala a la capa *Líneas auxiliares*. Selecciona esta línea y crea una matriz polar pulsando **Matriz → Matriz polar**. Selecciona el centro de las circunferencias y pon *3* en **Conteo de elementos**. Después, pulsa **Cerrar Matriz.**
8. Crea una línea de 2,5 metros. Sitúa su centro en el punto superior donde corta la línea auxiliar vertical a la circunferencia de mayor tamaño.

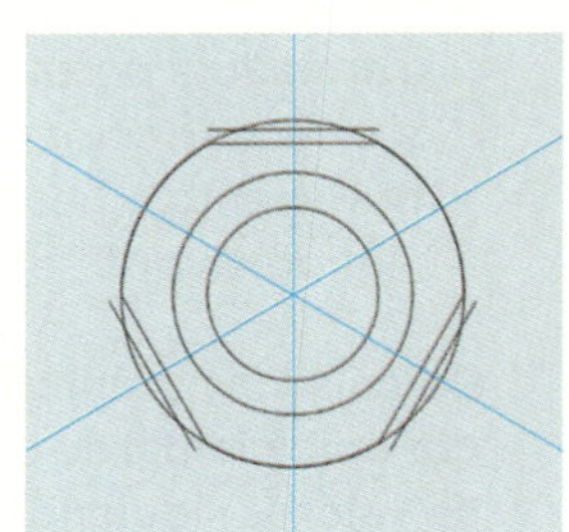

9. Ahora vas a crear dos copias de la línea del paso anterior. Para ello, teclea *DESFASE* e indica que la distancia sea 0,13 metros. A continuación, pulsa la línea, mueve el cursor en dirección al interior de las circunferencias y clica el botón izquierdo del ratón. Verás que se ha creado una copia de la línea y se encuentra a 0,13 metros en dirección al centro de la circunferencia.
   Repite el proceso para hacer una segunda copia de la línea, pero esta vez indica que la distancia sea de 0,33 metros hacia el interior de las circunferencias.
10. A continuación, elimina la línea que creaste en el paso 8.

Diseñamos el sistema de orientación de las palas

11. Usa el comando **Línea** para unir entre sí los extremos de las copias que creaste.

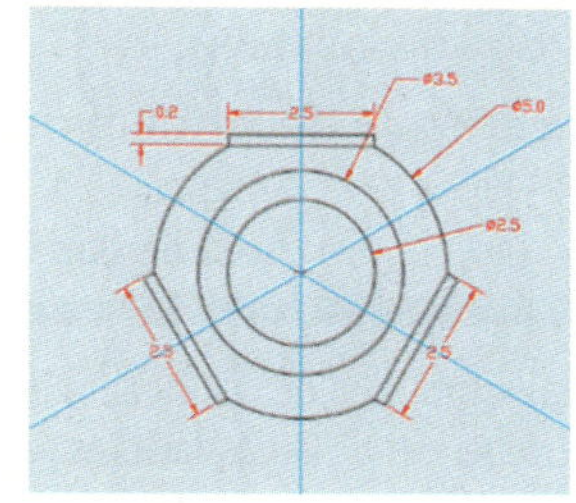

12. Selecciona el rectángulo resultante y crea una matriz polar cuyo centro sea el centro de las circunferencias. En **Recuento de elementos** pon *3*. Después, pulsa **Cerrar Matriz.**
13. A continuación, usa el comando **RECORTA** para eliminar la parte sobrante de la circunferencia exterior. Ya has creado la parte donde van las palas.
14. Para finalizar, vas a acotar el diseño de tu buje. Primero acota la parte donde van las palas del aerogenerador. Para ello, teclea *ACOTA*, pulsa la línea horizontal y colócala en un sitio visible. Para acotar las partes de las palas de los laterales repite el proceso, pero tecleando *ACOLI*. Por último, acota las circunferencias con el comando **ACODIA**.

(2) **Diseña una leva en AutoCAD. Para ello, sigue estos pasos:**

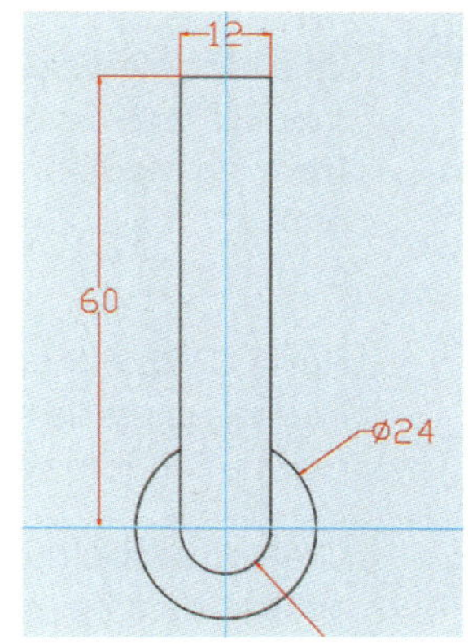

1. Accede a AutoCAD y crea un dibujo nuevo.
2. Configura las unidades para que estén en milímetros.
3. Crea las capas de tu diseño. En este caso crearás dos: la capa *Dibujo* y la capa *Líneas auxiliares*. Para ello, abre el panel **Propiedades de capa.** Crea la capa *Dibujo* y asígnale el color blanco, el tipo de línea, continua, y el grosor de línea, por defecto. Después, crea la capa *Líneas auxiliares* e indica que el color sea 140 y el tipo de línea, por trazo.
4. A continuación, escribe *CÍRCULO*. Indica que el radio sea de 12 mm. Repite el procedimiento y crea una circunferencia de 6 mm de radio. Colócala de manera que comparta el centro con la primera circunferencia de 12 mm de radio.

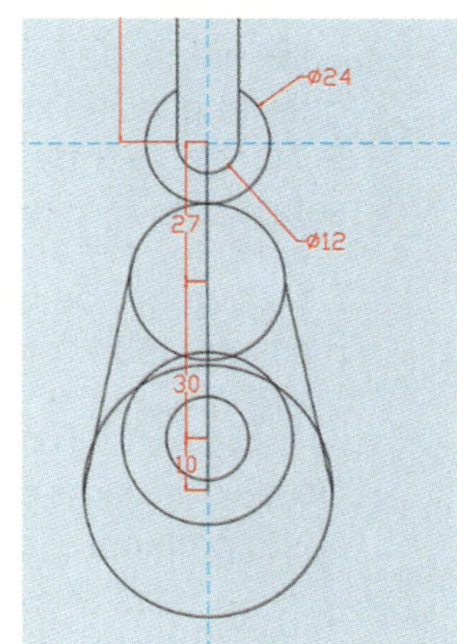

5. Asigna las dos circunferencias a la capa *Dibujo* y establece esa capa como actual.
6. Teclea *LINEAX* y genera una línea auxiliar, luego teclea *V* para que sea vertical. A continuación, crea una segunda línea auxiliar (por defecto, el programa la dibujará en horizontal; mantenla así). Colócalas en el centro de las circunferencias de manera que las dividan en cuatro cuadrantes. Recuerda asignar estas líneas a la capa *Líneas auxiliares*.
7. Desde los cuadrantes laterales del círculo menor, traza dos líneas verticales de 60 mm y coloca una de ellas en el cuadrante izquierdo de forma que su extremo inferior empiece donde se une el círculo con la línea auxiliar horizontal. Haz lo mismo con la otra línea vertical, pero esta vez en el cuadrante derecho. Después, une los extremos de ambas creando una tercera línea de 12 mm.

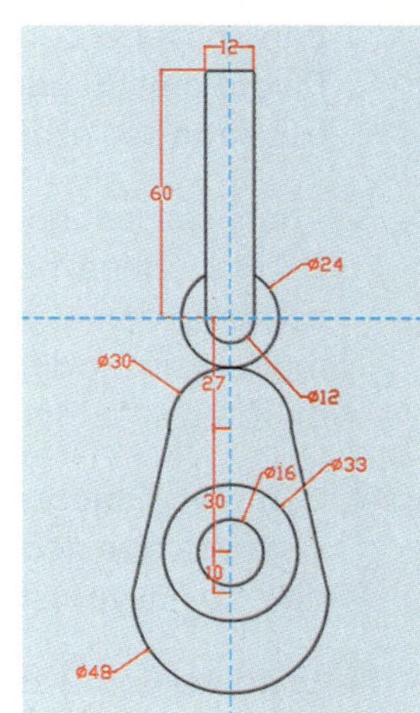

8. Con el comando **RECORTA** elimina la parte de cada circuferencia que queda dentro del rectángulo.
9. Seguidamente, teclea *CÍRCULO* y crea una circunferencia con radio 15 mm. Colócala 27 mm por debajo del centro de las circunferencias que creaste.
10. Desplázate 30 mm por debajo del centro de la circunferencia del paso anterior y crea dos más que compartan centro, de 8 y 16,5 mm de radio, respectivamente.
11. Crea una última circunferencia de 24 mm de radio y colócala 10 mm por debajo del centro de las circunferencias que creaste en el paso 10.
12. Accede a objetos en el panel de referencias y activa la opción **Cuadrante**. Después, dibuja dos líneas que unan los cuadrantes laterales de las circunferencias de 30 y 48 mm de diámetro.
13. Con **RECORTA**, elimina las líneas hasta obtener la leva, como en la imagen.

2.3. ¿Cómo modelamos el aerogenerador?

Recuerda que un aerogenerador convierte en potencia eléctrica la energía que el viento entrega en las palas.

Esta energía dependerá del área de barrido, la densidad del aire y la velocidad del viento.

Área de barrido

La distribución de velocidades del viento va a depender de varios factores: la rugosidad del terreno, los obstáculos y la altura sobre el suelo. A mayor altura, más aumenta la velocidad del aire.

Densidad del aire

La densidad del viento varía según las condiciones atmosféricas y geográficas. A nivel del mar el aire es más denso, y también cuando la temperatura es baja.

Velocidad del viento

La potencia del aire se incrementa de forma cúbica respecto a la velocidad; es decir, si la velocidad se duplica, la potencia se multiplica por ocho.

Modelamos las palas del aerogenerador en Blender

1 Crea las palas del aerogenerador en Blender.

1. Ve a modo *edición* y selecciona la cara superior del cubo por defecto. Abre el menú lateral derecho, si todavía no lo tiene abierto, pulsando **N**. En la pestaña **Item**, en **Median**, escribe *40* en el campo Z para situar el punto medio de la cara en X = 0, Y = 0, Z = 40. Selecciona la cara inferior y sitúa su punto medio en el origen (0, 0, 0).
2. Pulsa **CTRL + R** para añadir *loop cuts* a la malla. Crea uno horizontal (no muevas la rueda del ratón) y pulsa **Intro** dos veces para confirmar. Ahora, manteniéndolo seleccionado, sitúa su punto medio en Z = 40/6.
3. Crea otro *loop cut* que cruce horizontalmente por la mitad la cara de abajo que acabas de crear situando el ratón sobre ella y luego pulsando **CTRL + R, Intro**. Por último, hacemos clic en el lado derecho del ratón.

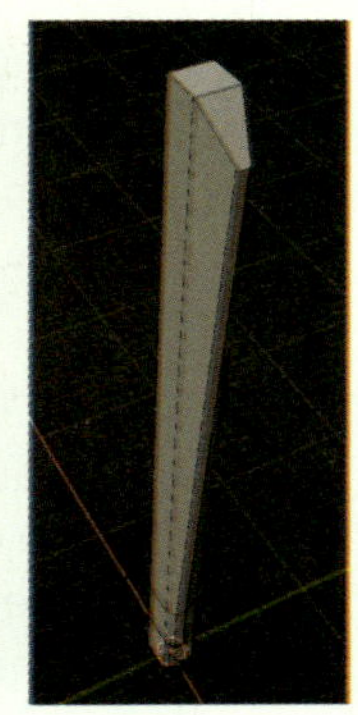

4. Selecciona, de las tres caras que quedan mirando hacia las X negativas (puedes guiarte por el gizmo de la esquina superior derecha), las dos de arriba. Pulsa **E** y luego escribe *2* para extruir las caras 2 metros. Ahora, manteniéndolas seleccionadas, escala las caras 0,3 en el eje Y.
5. Del conjunto de las dos caras que tienes seleccionadas, escoge únicamente la más cercana al plano del suelo y muévela 3 metros hacia arriba y 1,3 metros en el eje Y.
6. De las dos caras que quedan en el modelo mirando hacia arriba, selecciona la arista paralela al eje Y, que está en las X negativas, y bájala 2 metros.

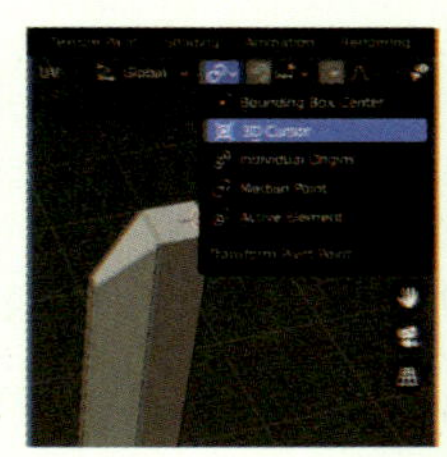

7. Selecciona, de las mismas dos caras referidas en el paso anterior, la arista que está en el lado positivo de las X y pulsa **SHIFT + S.** Elige **Cursor to Selected** para mover el cursor 3D al centro de la arista y despliega el menú **Transform Pivot Point.** Elige **3D Cursor** para que el pivote tanto de rotación como de escalado sea el cursor 3D.
8. Ahora selecciona las dos caras referidas en los pasos anteriores para escalarlas 0,3. Por último, pulsando la tecla **SUPRIMIR**, elimina la cara que está en contacto con el plano del suelo (en el desplegable elige **Faces**) y aplícale al modelo un modificador de tipo *subdivision surface*. Vuelve a cambiar el pivote de rotación a **Median Point.**

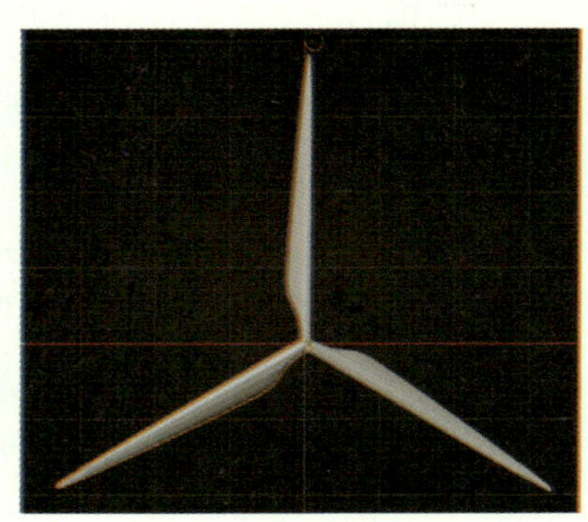

9. Cambia a **Object Mode**, selecciona la pala, pulsa **ALT + D** e **Intro** para crear una instancia que debes después rotar 120º en el eje Y. Repite el proceso partiendo de esta nueva instancia para obtener las tres palas dispuestas a 120º entre ellas.
10. Es conveniente asignarle a cada objeto un nombre descriptivo. Para ello, haz doble clic sobre el nombre de cada objeto y escribe el nombre que consideres más adecuado.

En Blender podemos generar animaciones utilizando los sistemas de jerarquías, ya que es posible generar la animación a partir de un padre, al cual seguirán sus hijos. De este modo se ahorra mucho tiempo de trabajo.

> Las **jerarquías** son una forma de establecer relaciones entre objetos creados en un proyecto. En ellas, establecemos un nivel de subordinación entre un objeto y otro.

Creamos animaciones en Blender

1 **Crea la torre y la góndola del aerogenerador.**

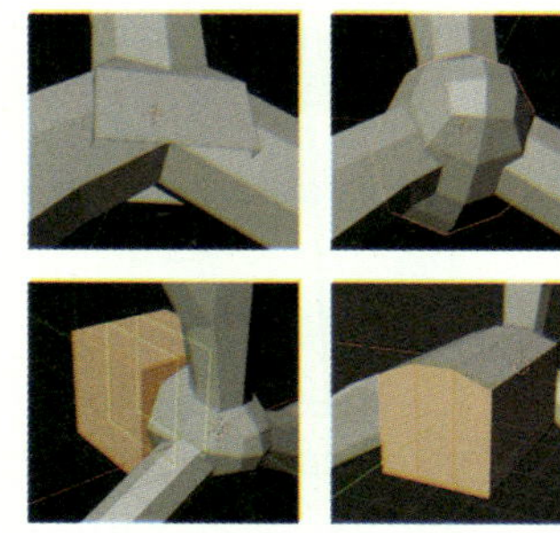

1. Para crear la nariz del aerogenerador, pulsa **SHIFT + S**, elige **Cursor to World Origin** para mover el cursor 3D al origen y, luego, añade un cubo a la escena.
2. Cambia a **Edit Mode**, después pulsa **CTRL + R, Intro** y haz clic don el botón derecho del ratón para crear un *loop cut* horizontal.
3. Escala la cara orientada hacia arriba 0,3 y borra la que orientada hacia abajo.
4. Cambia a **Object Mode**, aplícale un modificador **Subdivision Surface**, rótalo 90° en X y escálalo por 2.
5. Para crear la góndola añade un cubo, escálalo por 2, muévelo 3,3 m en Y, cambia a **Edit Mode** y añade 2 *loop cuts* que corten el cubo en tres secciones verticales.
6. Selecciona las dos aristas superiores que quedan a los lados derecho e izquierdo, muévelas –0,5 en Z y mueve 3 m en Y el conjunto de las tres caras que miran hacia las Y positivas.
7. Ahora cambia a **Object Mode**, crea la torre añadiendo un cilindro, muévelo 3,5 en Y, pasa a **Edit Mode**, mueve la cara inferior -80 metros en Z y escálala 2.

2 **Haz una animación en Blender. Para ello, sigue estos pasos:**

1. Establece las jerarquías para poder hacer las animaciones. Selecciona las tres palas, haz clic sobre una de ellas en el *outliner*, arrástralas hasta la nariz (sin salirte del *outliner*) y, pulsando **SHIFT**, suelta el clic. Ahora las palas son "hijas" de la nariz.
2. Ahora haz que la nariz sea hija de la góndola, y que esta sea hija de la torre. Una vez realizado, al mover la torre deberían moverse todas las piezas con ella.
3. Para animar con fotogramas la góndola, en **Modo Objeto**, selecciónala y rótala –30° en Z. Ve al *timeline*, en la parte inferior de la pantalla y haz clic en el fotograma 1 para mover el indicador del fotograma actual a dicho fotograma. Pulsa **I** para desplegar el menú de adición de fotogramas clave y elige **rotation**. Ya has creado un fotograma clave en la rotación de la góndola. Ahora clica en el fotograma 48, rota la góndola 60° en Z y repite el proceso de adición de fotogramas clave en la rotación. Sitúate de nuevo en el fotograma 1, y pulsa **Play** o la barra espaciadora para ver el resultado. Puedes seleccionar fotogramas clave (cuadrados amarillos en la *timeline*) y duplicarlos con **SHIFT + D**. Haz esto con el primer fotograma clave y coloca la copia en el fotograma 100. Ahora, en el campo **End** escribe "100" para que la animación termine en ese fotograma y vuelva a empezar.

4. Para hacer que las aspas giren constantemente usaremos *drivers*. Selecciona la nariz y, si todavía no lo tienes desplegado, despliega el menú lateral derecho mediante la tecla **N**. En la pestaña **Item**, haz clic en el campo **Y** de la rotación y escribe *#frame*12*pi/297*. De esta manera, el valor de dicho campo tomará el valor del fotograma actual y lo multiplicará por una cantidad que hace que a los 100 fotogramas las aspas hayan dado exactamente dos vueltas, y no se notará el reinicio de la animación. El campo debería haberse teñido de morado. Previsualiza la animación para comprobar que todo ha ido correctamente.

2.4. ¿Cómo diseñar el anemómetro?

La función principal de los anemómetros en los aerogeneradores es girar la góndola si hay una ráfaga muy fuerte de viento durante mucho tiempo y evitar que se sobrecargue. También hace que gire la góndola según la ráfaga de viento cuando esta tiene una intensidad y una duración determinadas.

Diseñamos y construimos un anemómetro

1 **Diseña un anemómetro en AutoCAD. Sigue estos pasos:**

1. Entra en AutoCAD y abre el archivo *Anemómetro*. Vas a diseñar tu anemómetro en el soporte dibujado. Fíjate que ya tienes creadas las capas que necesitarás.

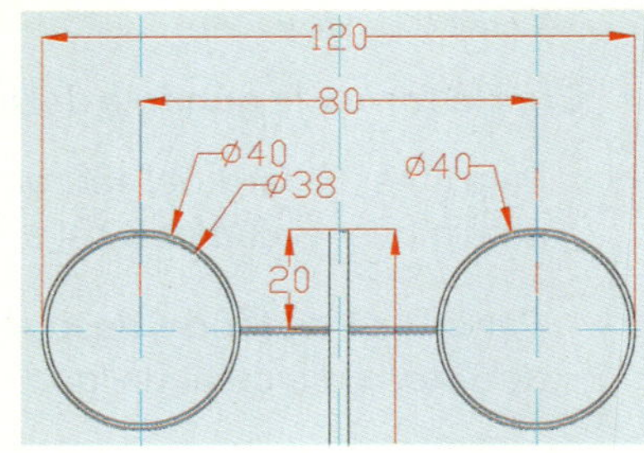

2. Dibuja dos circunferencias de 40 mm de diámetro. Utiliza como centro las intersecciones de la línea auxiliar horizontal superior con las de los extremos verticales.

3. Con **DESFASE**, crea una copia de las circunferencias del paso anterior y colócalas a 1 mm hacia el centro de la circunferencia. Para ello, selecciona uno de los círculos, teclea *1* y mueve el cursor del ratón hacia el centro de la circunferencia. Pulsa **Intro**.

4. A continuación dibujarás la varilla que hará de eje. Crea un rectángulo de 4 × 200 mm y sitúalo de manera que la línea auxiliar vertical central pase por el centro del lado de 4 mm. Para ello, teclea *MOVER* y, con la opción **Punto Medio** activada en el **Panel de referencias a objetos**, pincha en dicho punto y sitúalo en la línea auxiliar.

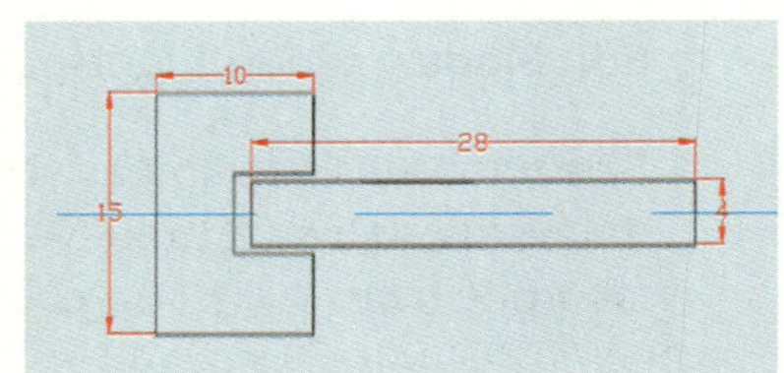

   Después, coloca la parte superior del rectángulo de manera que quede alineada con el cuadrante superior de las circunferencias. Para ello, ayúdate de las líneas auxiliares. Recuerda activar **Cuadrante** en el **Panel de referencias a objetos.**

5. Teclea *DESFASE* y crea dos copias de la línea auxiliar horizontal superior a 0,5 mm de ambos lados. Las líneas resultantes asígnalas a la capa *Dibujo*. Con **RECORTA** elimina las partes de las líneas sobrantes excepto las partes que unen la varilla con cada círculo. Ya tienes los brazos de tu anemómetro.

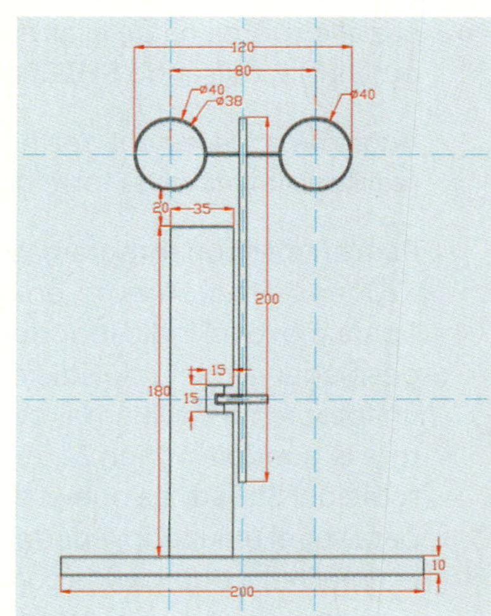

6. Dibuja el optoacoplador. Para ello, en el hueco de 15 × 15 mm del tablón, dibuja un rectángulo de 10 × 15 mm. A continuación, elimina la arista derecha de este rectángulo con **RECORTA**, para encajar después en él el disco ranurado.

   Ahora, desde el vértice superior derecho del rectángulo, traza una línea de 5 mm hacia abajo, y desde el punto resultante, otra de 5 mm a la izquierda. De nuevo crea otra línea de 5 mm hacia abajo desde la resultante; después, otra de 5 mm hacia la derecha, y una última línea de 5 mm hacia abajo para cerrar el optoacoplador.

7. Crea el disco ranurado. Para ello, dibuja un rectángulo de 28 × 4 mm. Sitúalo de manera que el centro del lado de 28 mm coincida con la línea del eje de giro, y el centro del lado de 4 mm pasará por la línea auxiliar horizontal inferior. De esta forma, quedará encajada con el optoacoplador.

2 **Construye el anemómetro con los siguientes materiales: varilla roscada M3 o M4, 3 hembrillas de diámetro interior ligeramente mayor al de la varilla roscada, tuercas del tamaño de la varilla, un listón de madera de 20 × 25 mm, una tapa metálica de un frasco de conservas, 2 pelotas de pimpón, rotulador, taladro, sierra, pegamento, alicates y llaves fijas para apretar tuercas. Ten cuidado y trabaja siempre bajo la supervisión de tu profesor. Sigue las normas de seguridad para evitar cualquier accidente.**

2.5. ¿Cómo medir la velocidad del viento en el anemómetro?

Para medir la velocidad con la que se mueve el eje del anemómetro se pueden usar varios métodos, uno de ellos es a través de un *encoder*.

Un ***encoder*** en un elemento que combina la mecánica, la óptica y la electrónica.

Para su funcionamiento se debe de disponer de los siguientes elementos:

Anillo

Debe estar ranurado y situado en el eje giratorio.

Fuente de luz

Está situada a uno de los lados, para que la luz pase a través de las ranuras.

Sensor

Está situado frente a la fuente de luz.

De esta manera, se están generando impulsos de luz y sombra sobre el sensor. A través de un dispositivo electrónico se contabiliza el número de veces que las ranuras han interrumpido el paso de la luz hacia el sensor. Sabiendo cuántas ranuras hay en el disco se pueden calcular fácilmente las revoluciones a las que gira el eje.

Un **optoacoplador** es un componente electrónico que se usa como transmisor y como receptor óptico.

Montamos todos los componentes en la placa Arduino

1 **Implementa un sistema que mida a qué velocidad gira en cada momento el anemómetro y que muestre esa velocidad de modo visual. Así mismo, debe incorporar un sistema de alarma que, cuando el viento supere una velocidad, nos avise mediante un sonido. Sigue los pasos que se indican a continuación:**

1. Para montar el *encoder* y el sistema de alarma, necesitarás los siguientes elementos.
   - Una placa Arduino UNO
   - Una pantalla LCD 1602A
   - Un módulo optoacoplador LM393
   - Un zumbador
   - Una *protoboard*
   - Cables *jumper*
2. Monta los elementos como se muestra en esta imagen:

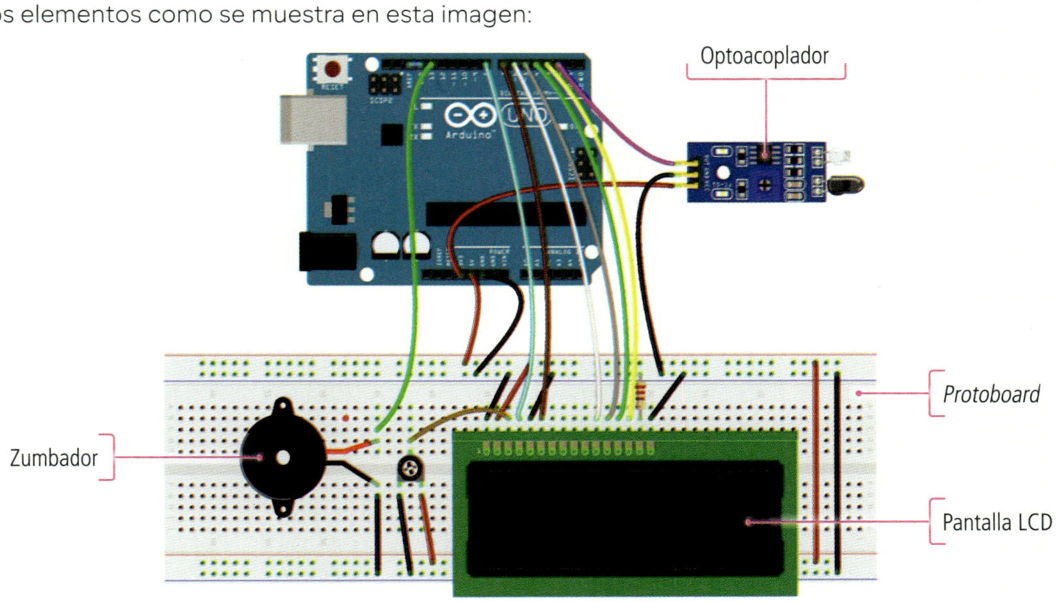

2.6. ¿Cómo programamos el anemómetro?

Ya tenemos montada la parte física del anemómetro. Nos queda programar en Arduino cómo ha de funcionar el sistema.

Para la programación recuerda que el optoacoplador está formado por un led que emite luz infrarroja sobre un fototransistor. Cada vez que se interrumpe la llegada de la luz al fototransistor se genera un **pulso**. En un pulso la tensión de salida, pin D0, pasa de 0 V a 3,3 V, pero cuando llega de nuevo la luz al fototransistor la tensión de salida vuelve a 0 V. Así, si un disco tiene cuatro ranuras, cada cuatro pulsos habrá girado una vuelta completa.

Programamos el anemómetro

1 Haz un programa para comprobar cómo funciona el optoacoplador cuando se gira manualmente el rotor del anemómetro.

Por cada vuelta completa del rotor el contador se incrementará en cuatro unidades. Se va a medir el tiempo entre un pulso y el siguiente para poder calcular la velocidad lineal con la que se mueve el rotor.

Para ello, escribe en el IDE el siguiente código.

```
int cont=0;                 // contador a 0
long t=0;                   // tiempo en el que se ha producido el último pulso
long ta=0;                  // tiempo anterior
long tt=0;                  // tiempo transcurrido entre los dos últimos pulsos
float v;                    // velocidad lineal de las cazoletas del rotor. Es de tipo float porque va a tener decimales
byte pinOpt=2;              // pin donde se conecta el encoder
const int d=250;            // diámetro en mm del rotor
bool estado=0;
bool estadoAnt=0;

void setup() {
  pinMode(pinOpt, INPUT);
  Serial.begin(9600);
  }

void loop() {
 estado=digitalRead(pinOpt);
 if (estado!=estadoAnt){    // para evitar rebotes se comprueba que el estado de la salida de encoder ha cambiado desde la última vez
   if(estado==1){
     t=millis();            // se contabiliza el tiempo
     cont++;                // el contador se incrementa en una unidad
     tt=t-ta;               // se calcula el tiempo que ha transcurrido desde el penúltimo al último pulso
     ta=t;
     v=3.1416*d/(4*tt);     // se calcula la velocidad del rotor
     Serial.print("n= ");
     Serial.print(cont);    // indica el número de pulsos que se han generado
     Serial.print("; tiempo transcurrido= ");
     Serial.print(tt);
     Serial.print(" milisegundos; velocidad= ");
     Serial.print(v);
     Serial.println(" m/s ;");
     Serial.print(v*3.6);
     Serial.println(" Km/h");
     }
     estadoAnt=estado;    // se almacena en memoria el último estado para compararlo con el siguiente
  }
```

Para terminar, haremos que la pantalla LCD nos indique la velocidad del motor serie. Además, instalaremos un sistema de alarma. Así, cuando la velocidad del aire supere un determinado límite sonará una alarma y aparecerá un aviso en la pantalla LCD.

Una **pantalla LCD** es un dispositivo diseñado para mostrar información de manera gráfica.

Un **zumbador** es un dispositivo capaz de enviar avisos a través del sonido. Puede ser mecánico, electromecánico o piezoeléctrico.

Terminamos la programación del anemómetro

1 **Añade al código anterior las siguientes variables y bibliotecas.**

```
#include <LiquidCrystal.h>   // importa la librería liquidCrystal
LiquidCrystal lcd(8,7, 6, 5, 4, 3);   // creamos un objeto llamado lcd de tipo liquidCrystal
float vKm;   // velocidad lineal de las cazoletas del rotor en km/h
int pinZum=9;   // conectamos el zumbador en el pin 9. Se puede conectar en cualquier pin con salida PWM si se usa la orden Tone()
int vMax=50;   // establecemos el límite máximo de velocidad en Km/h del viento para que salte la alarma
```

2 **Cambia las funciones *void setup* () y *void loop* () por el siguiente código.**

```
void setup() {
 pinMode(pinOpt, INPUT);        // declaramos el pin del
                                   optoacoplador como entrada. Esta
                                   línea es prescindible
 pinMode(pinZum, OUTPUT);       // declaramos el pin del zumbador
                                   como de salida
 Serial.begin(9600);
 lcd.begin(16, 2);   // inicializa a display de 16 columnas y 2 líneas
 }
void loop() {
 estado=digitalRead(pinOpt);
 if (estado!=estadoAnt){   // se comprueba si el estado de la salida del
                              encoder ha cambiado desde la última vez
   if(estado==0){
    t=millis();   // se contabiliza el tiempo
    cont++;   // el contador se incrementa en una unidad
    tt=t-ta;   // se calcula el tiempo que ha transcurrido entre dos
                  pulsos consecutivos
    ta=t;
    v=3.1416*d/(4*tt);     // se calcula la velocidad del rotor
    vKm=3.6*v              // velocidad en Km/h
    Serial.print("; n= ");   // se visualiza en el monitor serie el número
                                de pulsos que se han generado
    Serial.print(cont);      // Si no hay errores habrá 4 pulsos por
                                vuelta del rotor
    Serial.print(";T=");
    Serial.print(tt);   // se visualiza en el monitor serie el tiempo
                           transcurrido entre dos pulsos consecutivos
    Serial.print(" ms; V=");
    Serial.print(v);   // se visualiza en el MS la velocidad lineal en m/s
                          de las cazoletas, que es aproximadamente la
                          velocidad del viento
    Serial.print(" m/s;");
    Serial.print(vKm);   // se visualiza en el MS la velocidad en Km/h
    Serial.println(" Km/h");
    lcd.clear();               // borramos la pantalla LCD
    lcd.setCursor(0, 1);       // posiciona el cursor en columna 0 y línea
                                  1, arriba a la izquierda
    lcd.print("n=");           // escribe el texto entrecomillado
    lcd.setCursor(3, 1);       // ubica cursor en columna 3 y línea 1
    lcd.print(cont);           // escribe en la LCD el valor del contador
    lcd.setCursor(6, 1);
    lcd.print("t=");
    lcd.setCursor(8, 1);
    lcd.print(tt);             // escribe en la LCD el tiempo transcurrido
                                  desde la última medida
    lcd.setCursor(14, 1);
    lcd.print("ms");
    lcd.setCursor(0, 0);       // posiciona el cursor en columna 0 y línea
                                  0, abajo a la izquierda
    lcd.print("v=");
    lcd.setCursor(3, 0);       // ubica cursor en columna 3 y línea 1
    lcd.print(vKm);
    lcd.setCursor(8, 0);
    lcd.print(" Km/h");

   }

   estadoAnt=estado;          // se almacena en memoria el último
                                 estado para compararlo con el siguiente
 }

 if (vKm>=vMax){              // Si la velocidad del viento supera vMax
  tone(pinZum,440);           // suena un sonido de frecuencia 440 Hz
                                 (La) en el zumbador
  }
 else {                       // si la comparación anterior no se cumple
  noTone(pinZum);             // se apaga o sigue sin sonar el zumbador
  }
}
```

2.7. ¿Cómo monitoreamos el anemómetro?

Ya tenemos nuestro anemómetro funcionando y mostrando la velocidad, ahora vamos a subirlo a la nube para que podamos consultar los datos desde cualquier lugar. Para ello, vamos a utilizar la plataforma Arduino IoT Cloud.

Arduino IoT Cloud es una plataforma de aplicación de Internet de las Cosas muy sencilla de usar. De una manera fácil, se pueden desarrollar y gestionar aplicaciones en IoT que permiten centrarse en resolver problemas reales tanto en el ámbito laboral como en el personal.

Añadimos IoT al anemómetro

1 **Conecta la placa Arduino Nano IoT a los componentes, como en la imagen. Sube a la nube el programa:**

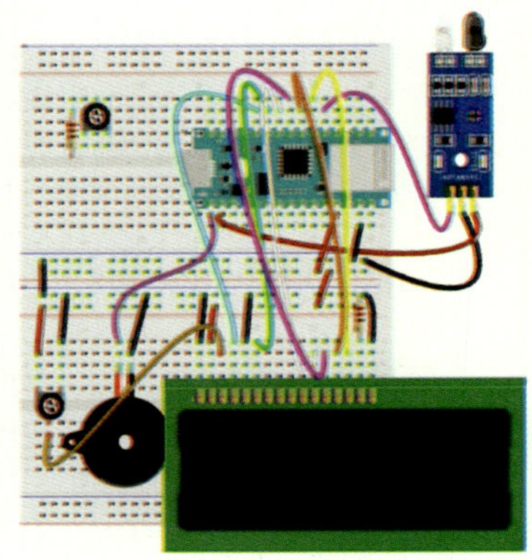

1. Entra en www.e-sm.net/revti1bach05_04 y pulsa **Login → CREATE THING.**
2. Entra en **ADD VARIABLE** y define las variables. En nuestro caso vamos a ver la velocidad en m/s y en km/s, así que definimos *v* para la velocidad en m/s y *vkm* para la velocidad en km/h. Ambas serán **Floating Point Number**, de solo lectura, **Variable Permission → Read Only**, y de actualización periódica una vez por segundo, **Variable Update Policy → Periodically → Every 1 s**. Clica en **DONE**.
3. Asocia la placa a la cuenta de Arduino Cloud. Conecta tu tarjeta al ordenador.
4. Accede a **Select Device → Set up an Arduino device.** Espera a que la tarjeta sea reconocida. Haz clic en **Configure** y asígnale un nombre al dispositivo. Si todo ha ido correctamente, tendrás instalada la tarjeta. Pincha en **DONE** para salir.
5. Configura la red wifi si no lo estaba previamente. Simplemente hay que indicar el nombre y la contraseña de la red a la que se va a conectar la tarjeta.
6. Ve a la pestaña **Sketch** y verás que se ha generado un *sketch* con unas cuantas líneas. Carga en el IDE de Arduino el programa que hemos creado. Selecciona las líneas de código anteriores a la función *setup()* y pégalas debajo de la línea *#include "thingProperties.h"* del *sketch* en la nube. Copia las líneas de código de la función *setup()* y pégalas en el *sketch* dentro de la función *setup()*. Copia las líneas de código de la función *loop()* y pégalas debajo de la línea *"//Your code here"*.
7. En el *sketch* de la nube borra las definiciones de las variables *v* y *vkm*, que son las que se van a visualizar en el *dashboard*, e incluye al final de la función *setup()* en una línea *v=0;* y *vkm=0;* en otra.
8. Haz clic en √. Si todo está correcto aparecerá un mensaje en verde. Si hay algún tipo de error, aparecerá un mensaje de error. Corrígelo y vuelve a comprobar.
9. Si has empleado librerías adicionales, como timeLib.h, para manejar con más facilidad los tiempos, saldrá un error. Para solventarlo haz clic en el botón **</> Open full editor.** Clica en la última pestaña con un triángulo negro apuntando hacia abajo. En la ventana emergente pulsa **Import file into Sketch.** Se abrirá otra ventana para que selecciones la librería que falta desde tu ordenador. Verás que se ha añadido una nueva pestaña con el nombre de la librería importada. Vuelve a comprobar el *sketch*. Si todo está correcto, pulsa **GO TO IoT CLOUD.**
10. Clica **Dashboards → BUILD DASHBOARD → ADD.** Selecciona el tipo de *widget*, en este caso *gauge*, indicador o *value*. Nómbralas. Enlaza el *widget* con la variable en **Link variable** y selecciona la variable *v*. Si es un *widget* indicador, habrá que definir el límite inferior y el superior de la escala. Si es un *widget* de valor, no es necesario.
11. Pulsa**Things**. Selecciona el *sketch* y pincha **Sketch**. Carga el *sketch* en la tarjeta haciendo clic en la flecha. Vuelve al *dashboard* y comprueba que todo funciona.

2.8. ¿Cómo hacemos cálculos eléctricos del aerogenerador?

Además de todos los elementos que ya has visto, un aerogenerador también dispone de circuitos eléctricos interconectados por los que circula la energía eléctrica. Cuando los circuitos son sencillos basta con aplicar la ley de Ohm, pero cuando son más complejos debes aplicar herramientas más avanzadas, como las leyes de Kirchhoff.

La **primera ley de Kirchhoff**, ley de los nodos o ley de la corriente (LCK), afirma que la suma de las corrientes que concurren en un nodo es igual a cero: $\sum i = 0$.

La **segunda ley de Kirchhoff**, ley de las mallas o ley de los voltajes (LVK), afirma que la suma de las caídas de tensión en las resistencias de un circuito cerrado es igual a la suma de las tensiones de las fuentes de alimentación: $\sum V = \sum (i \cdot R)$.

Resolvemos circuitos aplicando la ley de Kirchhoff

1 Resuelve un problema de circuitos para comprender las leyes de Kirchhoff. Para entender bien la ley de los nudos y la ley de las mallas, vas a resolver con todo detalle un circuito. Sigue estos pasos:

1. Asigna una letra a cada nudo del circuito.
2. Supón un sentido a las intensidades de cada una de las ramas y dibújalas. Si, al final, el sentido supuesto era el correcto, la intensidad tendrá signo positivo, y si no, negativo.
3. Aplica la primera ley de Kirchhoff a todos los nudos del circuito salvo uno. En el ejemplo solo hay dos nudos, así que lo aplicarás, por ejemplo, al nudo A: $i_1 = i_2 + i_3 \Rightarrow i_1 - i_2 - i_3 = 0$.
4. Aplica la segunda ley de Kirchhoff a todas las mallas del circuito menos a una, suponiendo de nuevo el sentido de circulación de la corriente en cada una de ellas. En nuestro caso, hay tres mallas posibles, así que elegimos dos:

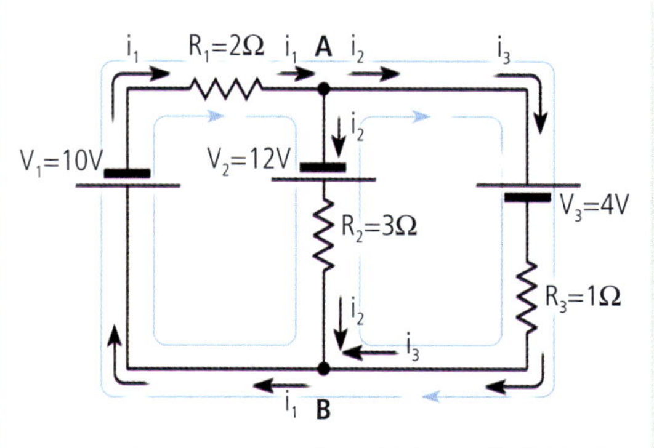

Malla 1: $-V_1 + V_2 = i_1 \cdot R_1 + i_2 \cdot R_2 \Rightarrow -10 + 12 = 2 \cdot i_1 + 3 \cdot i_2 \Rightarrow 2i_1 + 3i_2 = 2$

Malla 2: $-V_2 - V_3 = -i_2 \cdot R_2 + i_3 \cdot R_3 \Rightarrow -12 - 4 = -3 \cdot i_2 + 1 \cdot i_3 \Rightarrow -3i_2 + i_3 = -16$

5. Resuelve el sistema de tres ecuaciones con tres incógnitas:

$$\left\{\begin{array}{r} i_1 - i_2 - i_3 = 0 \\ 2i_1 + 3i_2 = 2 \\ -3i_2 + i_3 = -16 \end{array}\right. \Rightarrow \left\{\begin{array}{l} i_1 = -40/11 \approx -3{,}64 \text{ A} \\ i_2 = 34/11 \approx 3{,}09 \text{ A} \\ i_3 = -74/11 \approx -6{,}73 \text{ A} \end{array}\right.$$

2 Resuelve un circuito eléctrico, y compruébalo mediante simulación y conexión real. Sigue estos pasos.

1. Resuelve el circuito en tu cuaderno aplicando las leyes de Kirchhoff. Anota tus resultados.
2. Simula tu circuito con TinkerCAD y comprueba que los resultados que has calculado coinciden con los de la simulación.
3. Implementa el circuito en un *protoboard* y, por medio de un polímetro, comprueba que los valores medidos en la realidad son los mismos que los obtenidos en los apartados anteriores.

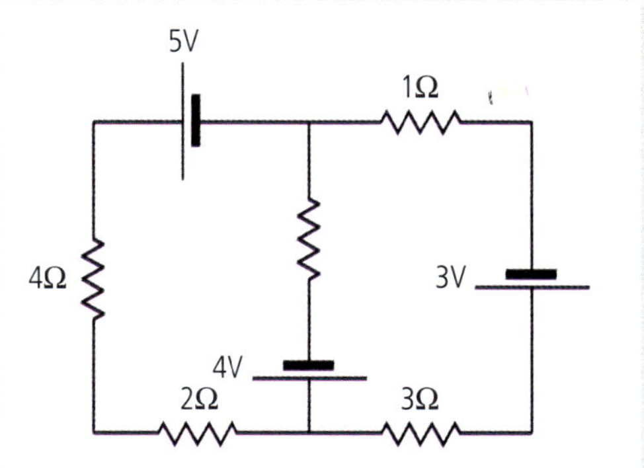

3 Publicación del proyecto

3.1. ¿Qué es una *webquest*?

Para profundizar en un determinado tema se usan determinadas herramientas como son las *webquest*.

> Una *webquest* está constituída por una serie de actividades estructuradas y guiadas que evitan búsquedas arbitrarias de información sobre un tema de estudio. Esto proporciona una tarea bien definida a los alumnos, además de los recursos y las consignas que les permiten realizarlas.

La estructura típica de una *webquest* es la siguiente.

Introducción

Se da una información preliminar de lo que se quiere conseguir y cómo hacerlo. Debe ser motivadora para despertar la curiosidad.

Tarea

Se define cuál es el objetivo final de la actividad, que puede ser una web, un póster, una exposición oral o una presentación multimedia.

Recursos

Describe los pasos que se deben seguir para llevar a cabo la tarea, con los enlaces incluidos en cada paso.

Proceso

Se debe incluir una lista con los sitios web, o materiales no virtuales que se han de consultar.

Evaluación

Se valora el grado de consecución de los objetivos fijados. Es conveniente usar plantillas de evaluación o rúbricas.

Conclusión

Es un resumen de la experiencia que trata de desencadenar una reflexión, no solo conocimientos.

Elaboramos una *webquest*

1. **Emplea Google Sites para elaborar, de manera grupal, una *webquest* acerca de las normas de seguridad y los usos de elementos eléctricos y electrónicos.**

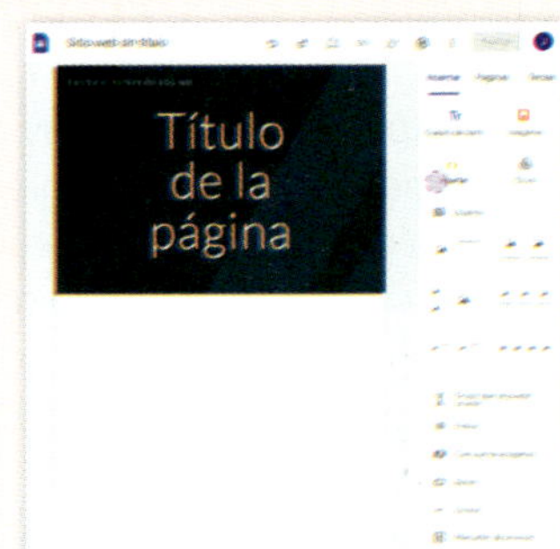

1. Abre un navegador y escribe "Google Sites". Haz clic en **Google Sites: inicio de sesión** y entra con tu cuenta de Google. Si no tienes, deberás crearte una.
2. Una vez dentro de Google Sites podemos usar una de las plantillas disponibles o, como en este caso, crear un sitio web desde cero. Pincha en **En blanco**. Clica en **Sitio web sin título** y escribe un nombre. Haz lo mismo con el título de la página.
3. En el menú de la derecha, pulsa en **Insertar**. Aquí podrás seleccionar diferentes objetos, que van a enriquecer las páginas, como imágenes, cuadros de texto, código HTML, diseños, y diversos documentos y elementos de Google.
4. Clica en **Imágenes**. Inserta una o más imágenes relacionadas con las normas de seguridad de elementos eléctricos y electrónicos. Así mismo, inserta un cuadro de texto y escribe una breve descripción.
5. En el menú de la derecha, pincha en la pestaña **Páginas**. Inserta una nueva página haciendo clic en el icono **+** que hay al pie. Asígnale el nombre *TAREA*. Repite el proceso para crear las páginas *RECURSOS, PROCESO* y *EVALUACIÓN*. Verás que conforme vas creando nuevas páginas sus nombres aparecerán en los encabezados, y al clicar en cualquiera de ellas te llevará a la página seleccionada.
6. Habrás de incluir, en las distintas páginas, fotos, textos y enlaces a webs que deseas que sean consultadas. Para insertar un enlace has de seleccionar un fragmento de texto o una imagen, hacer clic en el símbolo 🔗 y pegar la URL de destino, o bien seleccionar la página de las disponibles en tu sitio web.
7. En el menú de la derecha, clica en **Temas** y obtendrás una selección de diversos temas, como estilos de tipografías y paletas de colores de las páginas.
8. Una vez terminado, haz clic en **Publicar** y obtendrás la dirección de tu sitio web.

3.2. ¿Cómo hacemos una rúbrica?

Una fase de cualquier proyecto es la evaluación. La evaluación se puede llevar a cabo de múltiples formas, una de ellas es mediante rúbricas.

> Una **rúbrica** o **matriz de evaluación** consiste en una tabla de doble entrada en la que se valoran los logros conseguidos en los diversos apartados de un proyecto, de un aprendizaje o de un trabajo.

Si se va a utilizar una rúbrica para hacer la valoración de algo, esta debe ser conocida previamente, pues permitirá a los participantes del proyecto saber qué se les va a pedir y cómo se les va a valorar.

Fíjate en dos posibles indicadores que se podrían utilizar en una rúbrica de la construcción del anemómetro de nuestro proyecto.

	5	3	2	1
Rotor y *hardware* 50 %	El rotor está equilibrado. Gira sin vibraciones ni ruidos. El sensor está correctamente instalado y gira sin rozamiento. Buena estética, no hay cables enredados ni superfluos. Detalles cuidados.	El rotor está equilibrado, pero hay algo de vibración o ruido. La estética es correcta, aunque se escapa algún detalle.	El rotor está desequilibrado, vibra o golpea en alguna de las partes fijas del conjunto. Estéticamente deficiente. Detalles muy poco cuidados.	El rotor no gira, se atasca o se sale del soporte.
Programación en Arduino 50 %	El programa funciona. La velocidad indicada tanto en el monitor serie como el *display* LCD se ajusta a la realidad. El código está comentado e indentado, es elegante, no hay líneas superfluas ni redundantes.	El programa funciona, pero no está comentado o no está indentado. Hay líneas superfluas o redundantes. La velocidad marcada tiene ligeras diferencias con respecto a la real.	El programa no funciona correctamente. La velocidad indicada apenas se ajusta a la real, o no se refleja en el monitor o en el *display* LCD.	El programa no funciona. Hay errores graves de programación que impiden el funcionamiento del programa.

Creamos una rúbrica para evaluar nuestro proyecto

1 Elabora una rúbrica usando Rubistar.

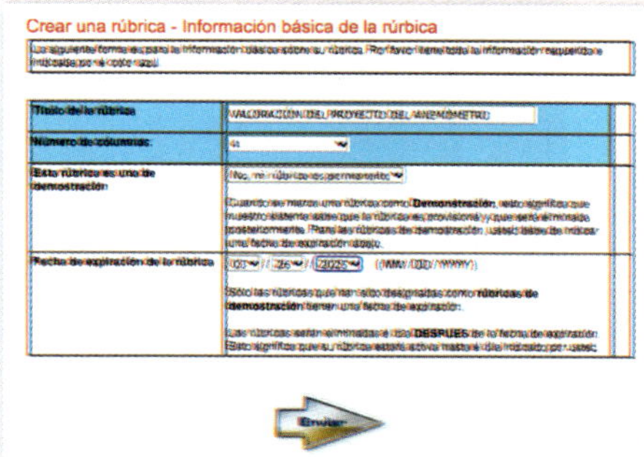

1. Entra en **www.e-sm.net/revti1bach05_05** y regístrate.
2. Pincha en **Haga clic aquí para crear una rúbrica completamente nueva.** Se abrirá una nueva página con una tabla.
3. Cumplimenta los campos requeridos y haz clic en **Enviar**. En la página de destino se mostrará un pequeño panel de control.
4. Selecciona **Edit Rubric Navigation** para acceder a los controles de filas y columnas. Clica en **Editar filas** y cumplimenta las dos primeras con *Rotor y hardware 50 %* y *Programación en Arduino 50 %*.
5. Pincha en **Add new row(s).** A continuación, pulsa en **Editar columnas.** Borra las columnas que vienen por defecto e inserta los valores que aparecen en el ejemplo de la teoría, *5, 3, 2* y *1*.
6. Clica en **Editar el contenido de las rúbricas**. Se mostrará un formato de tabla con la estructura de filas y columnas que acabamos de definir. Introduce en cada celda el texto correspondiente del ejemplo de la teoría.
7. Completa tu rúbrica con el resto de los indicadores que creas necesarios para evaluar tu proyecto del parque eólico.
8. Una vez finalices, pincha en **Enviar**.

CONCEPTOS CLAVE

Ingeniería ambiental

Energía

Es la capacidad de los cuerpos para realizar un trabajo y producir cambios en ellos mismos o en otros cuerpos.

Principio de conservación de la energía

La energía ni se crea ni se destruye, solo se transforma. Los motores y generadores son conversores de un tipo de energía en otro.

Las leyes de Kirchhoff

Se trata de herramientas que facilitan la resolución de circuitos eléctricos. Son:

Ley de los nodos / ley de la corriente (LCK): la suma de las corrientes que concurren en un nodo es igual a cero: $\sum i = 0$.

Ley de los voltajes (LVK): la suma de las caídas de tensión en las resistencias de un circuito cerrado es igual a la suma de las tensiones de las fuentes de alimentación. $\sum V = \sum (i*R)$.

Aerogenerador

Recoge la energía cinética del viento y la transforma en energía eléctrica gracias a un alternador.

Las partes fundamentales de un aerogenerador son el rotor, la góndola y la torre. Dentro de la góndola está el grupo multiplicador de velocidad de rotación y el alternador, además de los elementos de control.

La electricidad puede causar daños graves e incluso la muerte, por eso es fundamental atender a las normas de seguridad.

Encoder

Es un elemento que combina la mecánica, la óptica y la electrónica. Una fuente de luz se hace pasar a través unas ranuras hasta un sensor que se dispone frente a la fuente de luz. De esta manera se está generando un impulso eléctrico cada vez que hay un cambio de luz a sombra.

Webquest

Es una herramienta de aprendizaje colaborativo. A los alumnos se les presenta un escenario y una tarea, normalmente un problema para resolver o un proyecto para realizar. Los alumnos disponen de recursos de internet. Mediante estos,se les pide que analicen y sinteticen la información, y lleguen a sus propias soluciones creativas.

Rúbrica

Consiste en una tabla de doble entrada en la que se valoran los logros conseguidos en los diversos apartados de un aprendizaje, de un trabajo, proyecto, exposición…

Árbol

Elemento mecánico que sirve de soporte a otros elementos giratorios. Está sometido a torsión y transmite potencia.

Eje

Similar a un árbol, pero no transmite potencia, solamente sirve de sujeción.

Ruedas de fricción

Se trata del sistema más simple de transmisión y modificación del movimiento circular. Su estudio es aplicable tanto a poleas y correas como a engranajes.

La ley de transmisión para los tres sistemas viene dada por la fórmula: $N1*D1 = N2*D2$

Sistema epicicloidal

Elementos de un sistema epicicloidal: planeta, en el centro; corona, en la periferia, y satélites, interpuestos entre los dos elementos anteriores. Los satélites están unidos entre sí por la armadura portasatélites.

La ecuación que define el movimiento de un sistema epicicloidal es la fórmula de Willis $N_P * Z_P + N_C * Z_C = N_A * (Z_P + Z_C)$, en la que los subíndices *p*, *c* y *a* se refieren a *planeta*, *corona* y *armadura portasatélites*, respectivamente.

ACTIVIDADES FINALES

Energía

1. ¿Qué es la energía? Explica qué tipos de energía conoces y cita un ejemplo de cada uno.
2. ¿Es lo mismo el calor y la temperatura? ¿Qué es cada uno?
3. Haz una tabla en la que presentes las ventajas e inconvenientes de los diferentes tipos de fuentes de energía renovables: eólica, solar, mareomotriz, geotérmica, hidráulica...
4. ¿Qué es la generación termoeléctrica? ¿Qué tipo de centrales la emplean? ¿Cuáles son los elementos comunes a todas las centrales de producción termoeléctrica?

Aerogeneradores

5. Elabora un diagrama de un aerogenerador, en el que se aprecien todas sus partes, e indica sus nombres.
6. ¿Cuáles son los principales tipos de aerogeneradores de eje vertical? ¿Qué ventajas y desventajas presentan?
7. ¿Qué físico demostró que los aerogeneradores solo pueden transformar un determinado porcentaje de la energía del viento? ¿Cuál es ese porcentaje? ¿Por qué no se cumple en la realidad?

AutoCAD

8. ¿Qué ventajas presenta añadir diferentes capas en el diseño de un prototipo?
9. ¿Para qué se incluyen cotas en los diseños de AutoCAD? Indica qué comandos tienes que usar para acotar.
10. Explica del mejor modo que puedas para qué sirve la matriz polar en AutoCAD.
11. ¿Qué ventajas presenta hacer un boceto de un diseño con una herramienta de diseño por ordenador como AutoCAD frente a hacerlo a mano? Explícalas.
12. ¿Para qué sirve el comando DESFASE en AutoCAD?

Mecanismos

13. Escribe la fórmula de la relación de transmisión ¿Sobre qué sistemas es aplicable? ¿Qué información nos proporciona?
14. Dibuja un sistema de engranajes epicicloidales, nombra sus partes y realiza un esquema con las relaciones de transmisión dependiendo del elemento que esté bloqueado.
15. Explica qué es una palanca.
16. ¿Cómo se clasifican las palancas atendiendo a la posición del punto de apoyo respecto a las fuerzas que actúan sobre ellas?
17. En un sistema de ruedas de fricción, el eje de la rueda conductora gira tres veces más rápido que el de la conducida. Halla la relación entre sus diámetros.

Circuitos

18 ¿Qué es un *encoder*? Busca información y explica dos aplicaciones de un *encoder* que no sean las vistas en la unidad.

19 ¿Cuáles son las leyes de Kirchhoff? ¿Para qué se emplean?

20 Calcula en tu cuaderno la intensidad que circula por las ramas del siguiente circuito. Comprueba los resultados con *crocodile* clips.

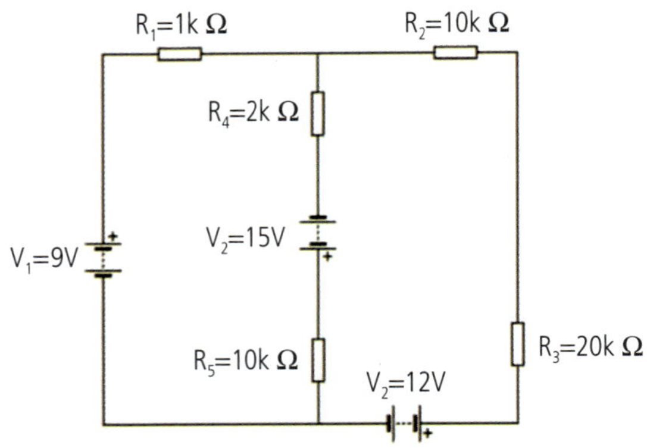

21 ¿Qué potencia disipan las resistencias de este circuito? Recuerda que la potencia viene dada por la fórmula $P = V \cdot I$. Comprueba los resultados con *crocodile* clips.

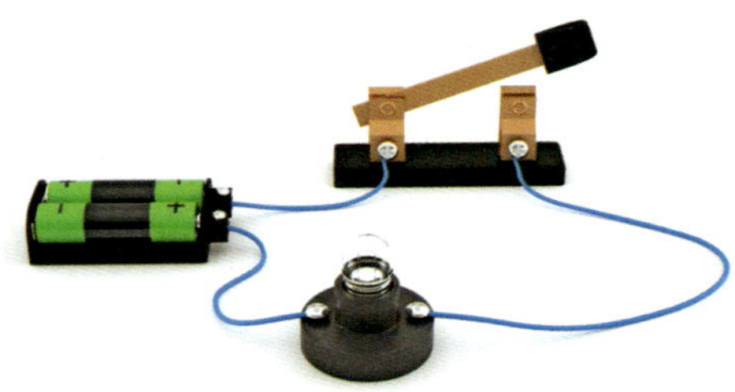

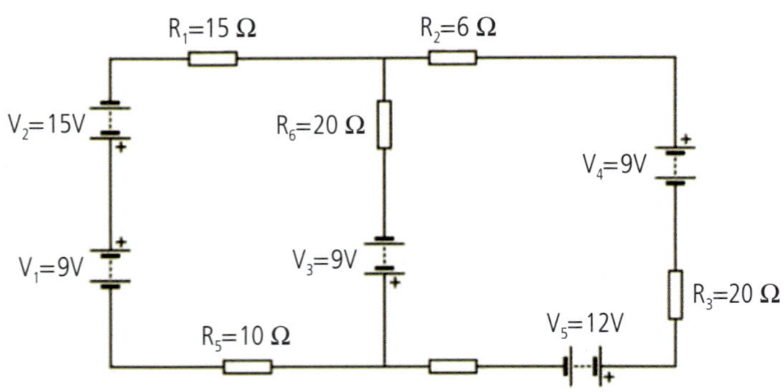

22 En un accidente eléctrico, ¿qué factores son los más influyentes a la hora de determinar la gravedad de sus efectos?

23 ¿Qué efectos puede provocar la corriente eléctrica sobre el cuerpo humano? ¿Influye sobre los efectos los puntos de contacto con la corriente? Busca información en internet para saber más.

24 Enumera las normas de seguridad que hay que tener en cuenta cuando se está trabajando con electricidad. Busca información en internet sobre ellas para encontrar alguna más.

Rúbricas y *webquests*

25 ¿Qué son las *webquests*? Explica su estructura y escribe cuatro situaciones diferentes en las que piensas que sería útil hacer uso de ellas.

26 ¿Qué es una rúbrica de evaluación? Además de en el ámbito académico, ¿en qué otras situaciones podrían usarse?

Mis competencias Autoevaluación

Ampliación del proyecto

1 **Partiendo del anemómetro que has construido a lo largo de la unidad, crea una estación meteorológica en la que, además de la velocidad del viento, se mida la temperatura y la presión atmosférica.**

Para este proyecto necesitarás:

- Placa Arduino UNO.
- Anemómetro.
- Sensor de temperatura y de presión atmosférica BMP 280. Para su uso se deben descargar de la librería Adafruit_BMP280.h.

Es muy recomendable utilizar, como base, el programa de ejemplo que encontrarás a través de la siguiente ruta: **Archivo → Ejemplos → Adafruit BMP280 Library>bmp280test.**

Ábrelo y haz las siguientes modificaciones:

- En la línea 22 cambia *#define BMP_SCK (13)* por *#define BMP_SCK (A5)*.
- En la línea 23 cambia *#define BMP_MISO (12)* por *#define BMP_MISO (A4)*.

Las conexiones debes realizarlas de la siguiente forma:

- Vcc → +3.3 V. Es muy importante no equivocarse, si se conecta a + 5 V, el sensor deja de funcionar definitivamente y habrá que sustituirlo.
- GND → GND.
- SCL → A5.
- SDA → A4.
- Los pines CSB y SDO no es necesario conectarlos.

Aplicación

2 **El aumento de la complejidad de los procesos industriales ha provocado que las personas encuentren más dificultades para realizarlos. En los años setenta se introdujo el control mediante los PLC, (Programadores Lógicos Programables). Estos elementos interconectados entre sí a través de un ordenador forman un sistema SCADA, *Supervisory Control And Data Acquisition*, Control Supervisor y Adquisición de Datos.**

Actualmente, los nuevos sistemas de IoT y *Big Data* potencian los sistemas SCADA; de hecho, el proyecto que se propone a continuación podríamos considerarlo como una aplicación de ese tipo.

Diseña un sistema que permita controlar automáticamente la extensión y recogida de un toldo de una terraza.

Para este proyecto necesitarás:

- Placa Arduino UNO.
- Relé.
- Sensor de iluminación LDR.
- Anemómetro.

Las condiciones para el funcionamiento serán:

- El toldo se recogerá cuando la velocidad del viento supere los 25 Km/h.
- Cuando el nivel de luz sea el adecuado, aproximadamente 35 Klx, y la velocidad del viento sea inferior a 25 Km/h el toldo de la terraza se desplegará de forma automática.
- Se dispondrá de un potenciómetro para regular la cantidad de luz que hará que el toldo se despliegue.

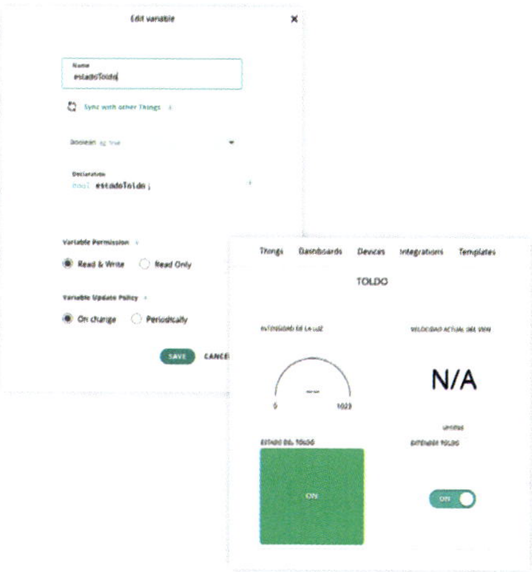

3.2 Tecnología aeroespacial

¡EMPEZAMOS!

Vas a colaborar con la NASA en un proyecto de divulgación de astrofísica. Debes conseguir explicar cómo se descubren planetas fuera del sistema solar, los llamados exoplanetas.

Para ello, deberás aplicar técnicas de Design Thinking y realizar las siguientes tareas:

- Investigar y desarrollar un prototipo explicativo del método de transición.
- Informarte sobre la exploración del espacio y los métodos que se usan para descubrir exoplanetas.
- Buscar exoplanetas a partir de datos obtenidos por telescopios.
- Aprender sobre los nuevos materiales que se usan en la industria aeroespacial.
- Usar herramientas CAD para el diseño de engranajes.
- Usar programas CAM para la fabricación digital de piezas.
- Programar placas de control para controlar el prototipo de sistema extrasolar.
- Tomar medidas de luminosidad y subirlas a la nube.
- Publicar tu proyecto en un blog.

HERRAMIENTAS QUE VAS A UTILIZAR

A lo largo del proyecto usarás herramientas informáticas, dispositivos electrónicos y máquinas de fabricación digital:

- Placas Arduino UNO y Arduino Nano 33 IoT.
- Sensores de luminosidad, LDR.
- Servomotor de rotación continua.
- Punto de acceso wifi para conectar tu dispositivo a la nube.
- Suite ofimática como Office, LibreOffice o Google Docs para los informes y presentaciones.
- Programas de CAD como Fusion 360.
- Programas de CAM como Cura.
- Herramientas de Design Thinking como Mural, para el seguimiento del proyecto y las puestas en común de tus colaboradores.
- Una plataforma del Internet de las Cosas, como Arduino IoT Cloud, para almacenar los datos de tus sensores y acceder a ellos.

RUTA DE APRENDIZAJE

PLANIFICACIÓN

1. Aplicar estrategias de Design Thinking en un proyecto de *startup* tecnológica.
2. Simular el funcionamiento de mecanismos de engranajes.
3. Conocer técnicas de fabricación digital, prototipado rápido y bajo demanda, así como nuevos materiales.

DESARROLLO

4. Usar herramientas CAD y CAM.
5. Renderizar una pieza usando la herramienta Fusion 360.
6. Controlar el funcionamiento de un modelo para explicar el método del tránsito en la búsqueda de exoplanetas.
7. Conocer dispositivos que pueden utilizarse en una placa Arduino.
8. Monitorear medidas de luminosidad en la nube utilizando el IoT.

PUBLICACIÓN

9. Elaborar documentación técnica de un proyecto.
10. Crear un blog para publicar los avances de un proyecto.

1 Planificación del proyecto

1.1 ¿Cómo exploramos el universo?

La motivación de este proyecto se remonta a la Antigüedad, pues desde siempre nos ha fascinado el cielo estrellado y los planetas que se mueven en él. Con el tiempo hemos ido aprendiendo que el Sol es la estrella alrededor de la cual giran los planetas del sistema solar. También que las estrellas son como nuestro Sol, pero las enormes distancias que nos separan de ellas las hacen mucho menos brillantes. Surge entonces la pregunta: ¿existen planetas orbitando alrededor de esas estrellas? Resulta que sí; es lo que conocemos como exoplanetas.

> Un **planeta extrasolar** o **exoplaneta** es un planeta que orbita una estrella diferente al Sol. El primero se detectó en 1995.

Desde el primer descubrimiento, han ido mejorando las técnicas de observación, con observatorios en el espacio, y se han encontrado miles de exoplanetas. De algunos de ellos se ha podido saber que tienen atmósferas o que podrían albergar agua.

El estudio de estos astros resulta de gran interés porque:

- Un conocimiento del universo puede dar respuestas existenciales sobre nuestro papel en él, sobre si hay vida más allá del mismo o si podremos viajar a otros mundos.
- Las tecnologías punteras empleadas en la industria aeroespacial terminan revirtiendo en la sociedad con nuevos materiales, sensores o procedimientos.
- Los avances tecnológicos producen nuevos conocimientos científicos y estos a su vez nuevos avances tecnológicos, lo que hace que las sociedades progresen.
- Tal vez algún día la humanidad se vea obligada a emprender la aventura de salir de nuestro sistema solar en busca de recursos o nuevos asentamientos.

Investigamos sobre la exploración aeroespacial y preparamos una entrevista

1 Investiga y haz una entrevista. Vas a investigar acerca de una serie de temas sobre el espacio, la tecnología aeroespacial y nuestra búsqueda de otros mundos. A continuación, harás una entrevista relacionada con ello. Sigue estos pasos:

1. Formad grupos de cuatro compañeros y repartíos los siguientes temas:
   - ¿Nos veremos obligados a abandonar la Tierra y vivir en otros planetas?
   - ¿En qué consiste la basura espacial?
   - ¿Qué tecnologías aeroespaciales terminaron siendo de uso cotidiano?
   - ¿Cuál es la historia de la exploración espacial?
2. Toma anotaciones y profundiza lo suficiente en tu tema como para sentirte preparado y poder contestar a las preguntas de una posible entrevista relacionada con él. Asimismo prepara preguntas por si fueras tú el entrevistador.
3. Escoge el formato de la entrevista. Existen muchas posibilidades. Puedes hacer una entrevista escrita o grabarla con algún dispositivo. También puedes hacer una mesa redonda con tus compañeros de equipo.
4. Realiza la entrevista y guárdala para publicarla más adelante en el formato que hayas elegido.
5. Por último, contesta a las preguntas de otro compañero para que él también pueda completar su tarea.

1.2 ¿Cómo detectamos exoplanetas?

La NASA quiere que les ayudes a explicar cómo se descubren exoplanetas a pesar de que son muy difíciles de ver al quedar ocultos por el resplandor de su estrella. Aun así, se han descubierto más de 4500, muchos utilizando el método del tránsito.

> El **método del tránsito** es una técnica que se basa en medir la luz que llega de una estrella, y detectar la pequeña pérdida de luminosidad que se produce cuando el exoplaneta pasa por delante y tapa la luz que de ella nos llega. Además, el método nos permite deducir el tamaño aproximado del planeta, así como la distancia a la que gira alrededor de la estrella.

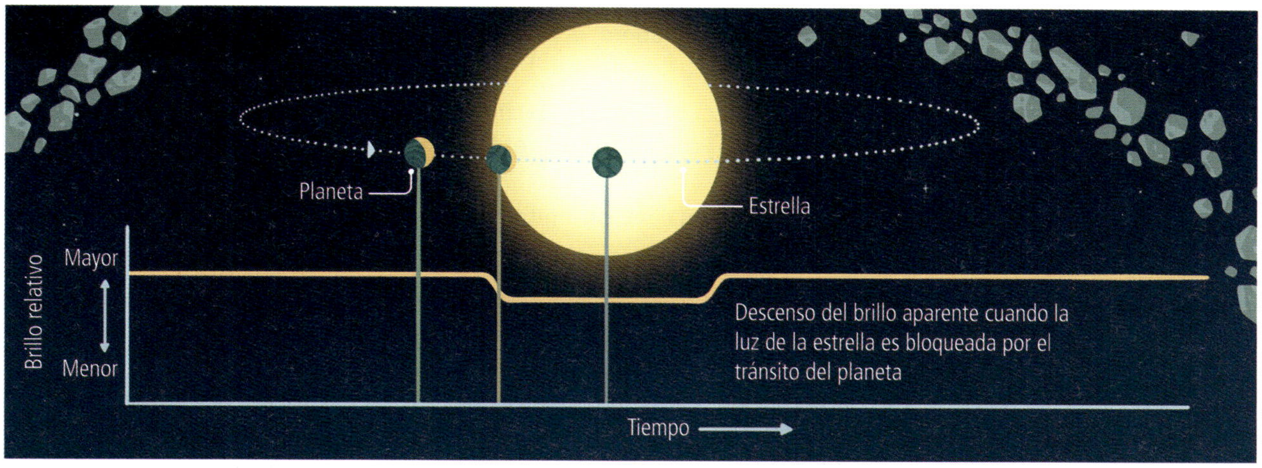

Con este método de detección de exoplanetas, muchos aficionados a la astronomía han descubierto exoplanetas. Sin embargo, el mayor *cazador* de planetas ha sido el telescopio espacial Kepler, enviado al espacio en 2009. Con este telescopio se descubrieron, haciendo uso de las medidas de luminosidad y el método del tránsito, casi 2600 planetas hasta el final de su misión en 2018.

Existen otras técnicas de detección de exoplanetas, entre las que destacan la de **velocidad radial**, la de **astrometría** y la de **imagen directa**.

Representamos la órbita de los siete exoplanetas que orbitan en torno a Trappist-1

1 **Profundiza en el conocimiento del sistema extrasolar de la estrella Trappist-1, que es una enana ultrafría en la constelación de Acuario en torno a la cual orbitan siete planetas. Representa la órbita de estos planetas. Para ello, sigue estos pasos:**

1. Fíjate en los tránsitos de los siete planetas. Ten en cuenta que todos los gráficos se sitúan en 1.00 del eje vertical, pero se han desplazado hacia abajo para no solaparse.
2. Abre una hoja de cálculo, como Excel o Calc, y elabora una tabla con los nombres de los planetas, su período (*P* en el gráfico), la proporción de luz perdida durante el tránsito y el tiempo que dura.
3. Investiga sobre la tercera ley de Kepler y úsala para calcular los radios de la órbita de cada planeta suponiendo que $R(Trappist-1b)=1\ unidad$. Añádelos a la hoja de cálculo.
4. Usa un programa de dibujo para hacer una representación del sistema Trappist-1. Para ello, dibuja circunferencias concéntricas de colores diferentes

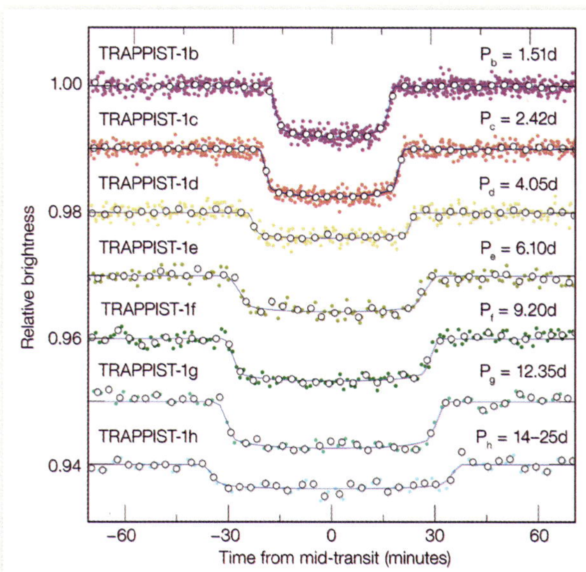

1.3 ¿Cómo calculamos el tamaño de los exoplanetas?

Como sabes, cuando un exoplaneta cruza por delante de su estrella, puedes obtener información valiosa sobre él mediante los cambios en la luminosidad.

> La **luminosidad** es, en astrofísica, la potencia emitida en todas las direcciones por un cuerpo celeste. Varía durante los tránsitos planetarios.

Sea una estrella de radio *R* y un planeta que la transita de radio *r*, si en ausencia de planeta percibimos una luminosidad *L*, cuando este se ponga delante de la estrella, veremos una nueva luminosidad *l*, y se cumplirá la relación:

$\frac{L}{l}=\frac{\pi\cdot R^2}{\pi\cdot R^2-\pi\cdot r^2}$ por lo que el radio del planeta se puede obtener como $r=\sqrt{\frac{L-l}{L}}\cdot R$

Cuanto mayor es un planeta, mayor proporción de la estrella cubre en su tránsito en torno a ella; por tanto, mayor será la disminución de la luminosidad. Por eso, los planetas grandes son más fáciles de observar.

A pesar de su extendido uso, el método del tránsito presenta una serie de limitaciones. Fíjate cuáles son:

- Solo unos pocos exoplanetas pueden observarse durante el tránsito; esto se debe a que desde la Tierra el plano de su movimiento no nos deja apreciarlos.
- Solo podemos detectar planetas relativamente grandes, pues los pequeños producen una disminución de luminosidad muy escasa, no medible.
- Si el planeta tiene un período de rotación muy grande, puede tardar años en producirse el tránsito, lo que dificulta observar el fenómeno justo cuando sucede.
- A veces ocurren "falsos tránsitos" que dan lugar a disminuciones de luminosidad debidas a distintos fenómenos. La Inteligencia Artificial permite separar estas detecciones.

Calculamos el tamaño de un exoplaneta

1 **Calcula el tamaño de un exoplaneta. Para ello necesitarás conocer el radio de la estrella en torno a la cual orbita. Los astrofísicos lo calculan a partir de dos datos: la distancia a la que está la estrella y el ángulo de visión de su resplandor. Conocido el radio de la estrella podrás calcular el del planeta. Sigue estos pasos:**

1. Fíjate en la figura donde una estrella de radio *R* es transitada por un exoplaneta de radio *r*.
2. Calcula el radio del planeta sabiendo que el radio de la estrella es $R=835000\ Km$.
3. Utiliza un programa de presentaciones (PowerPoint, Impress o Google Presentaciones) para mostrar tus resultados. Incluye el proceso completo, desde la toma de medidas hasta el cálculo del radio del exoplaneta.

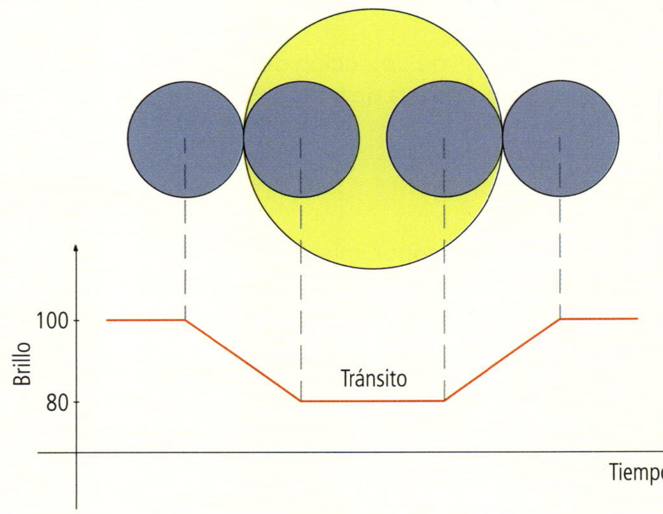

2 **Calcula el tamaño de la estrella de Teegarden en torno a la cual gira Teegarden b, considerado uno de los planetas más habitables conocidos. Para ello, sigue estos pasos:**

1. Ten en cuenta que la relación entre luminosidades es:

$$\frac{L}{l}=1{,}0043$$

2. Despeja el valor del radio estelar sabiendo que el radio de Teegarden es aproximadamente el radio terrestre: $r=6370\ Km$

1.4 ¿Cómo son los engranajes que usaremos en el proyecto?

Utilizarás engranajes como elementos de transmisión para simular tu sistema extrasolar. Los engranajes más sencillos son los de **dientes rectos**. Aunque hay muchos otros tipos, todos tienen una serie de características importantes que debes conocer:

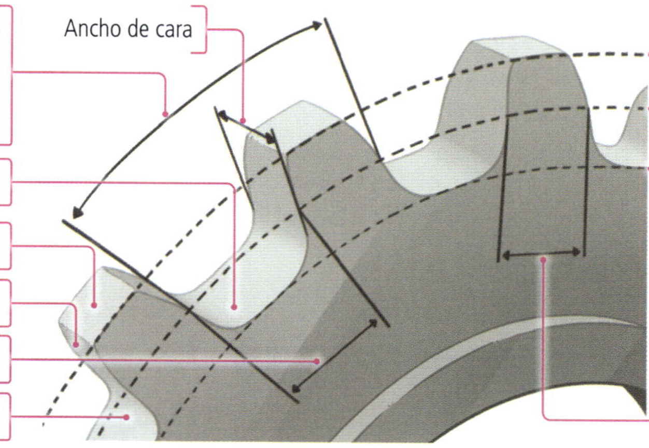

El **módulo**, ***m***, es el diámetro de una circunferencia cuya longitud fuera la del paso. Es decir, $p = \pi \cdot m$ Para que dos engranajes puedan engranar, deben tener el mismo módulo, para que en cada avance recorran la misma distancia.

Los engranajes y sus dientes presentan otras características importantes.

Simulamos la transmisión simple entre engranajes con Fusion 360

1 **Representa engranajes y únelos entre sí para transmitir movimientos en Fusion 360:**

1. Abre Fusion 360 y en **Utilidades → Complementos → Secuencias de comandos y Complementos**, selecciona el segundo **SpurGear** y pulsa **Ejecutar**.

2. Crea un engranaje de 24 dientes, módulo 2 y radio interior del diente (*Root Fillet Radius*) 1 mm.

3. Construye otro engranaje de 12 dientes y de módulo 2 para que pueda engranar con el anterior. Desplázalo y colócalo de modo que se toquen los diámetros primitivos de ambos.

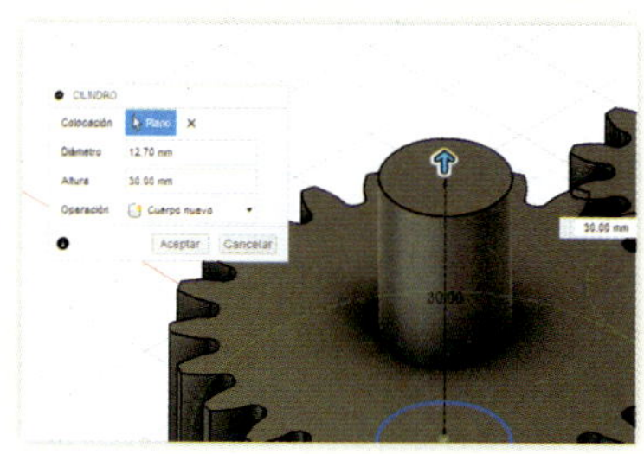

4. En **Sólido → Crear → Cilindro** crea sendos ejes de diámetro 12,7 mm y altura 30 mm. Para ello, selecciona el plano del círculo, sitúa el centro, e indica radio y altura. Dispón los cilindros en el centro de ambos engranajes.

5. Crea una unión entre cada cilindro y su rueda para que pueda rotar. Para ello, elige **Ensamblar → Unión**. Selecciona los dos objetos en el menú emergente y en **Tipo de movimiento: Revolución**. Ahora puedes rotarlo ligeramente para que los dientes encajen.

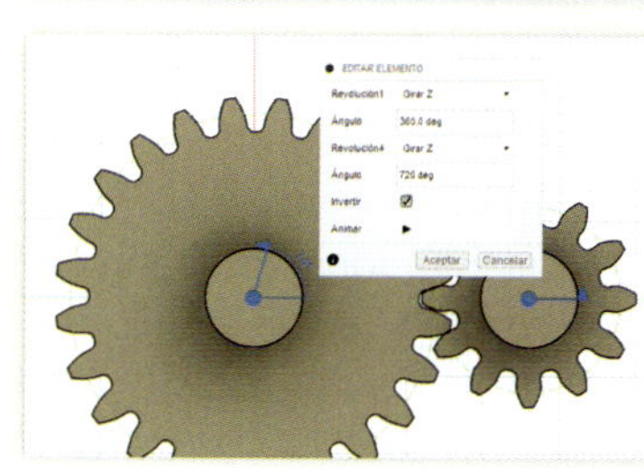

6. Para terminar, haz que los engranajes giren solidarios. Para ello, selecciona **Ensamblar → Vínculo de movimiento**. En el menú selecciona las dos uniones y asígnales la velocidad de giro: 360° para el engranaje grande y 720° para el pequeño que gira al doble de velocidad. Marca la casilla **Invertir**, ya que el sentido de giro es diferente en ambos. Usa el ratón para moverlos y comprueba que todo funciona.

1.5 ¿Qué nuevos materiales se usan en ingeniería aeroespacial?

Las tecnologías actuales y, en concreto, las relacionadas con el espacio, no serían factibles sin el uso de nuevos materiales. Piensa, por ejemplo, en las baterías de los teléfonos móviles, cada vez con más capacidad de carga, pero con un tamaño y peso menores.

> **Nuevos materiales** son aquellos cuyas propiedades y características han sido obtenidas gracias a la investigación en áreas como la Física, la Química o la Ingeniería. Resultan, así, idóneos para aplicarlos en nuevos objetos fruto del progreso y la innovación.

Los investigadores buscan materiales versátiles, aplicables en las tecnologías emergentes, sostenibles y que respeten el medioambiente. Ejemplos de nuevos materiales son:

Semiconductores

Permiten una escala de integración en dispositivos cada vez más pequeña, lo que lleva a que sean más rápidos y con menor consumo.

Superconductores

No ofrecen resistencia al paso de electricidad a temperaturas altas. Si lo hacen a temperatura ambiente se ahorrará mucha energía.

Nanomateriales

Poseen estructuras que les confieren propiedades únicas de conductividad, fortaleza y flexibilidad. Es el caso del grafeno.

Aleaciones de titanio

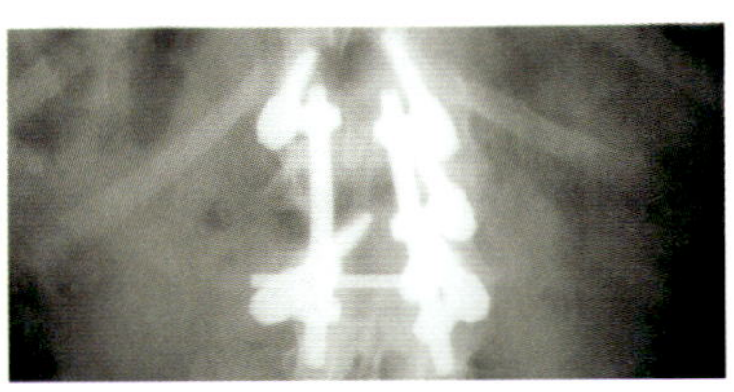

Se utilizan en biomedicina, electrónica, industria química o usos marinos, por su resistencia a la temperatura, corrosión y desgaste.

Fibras de carbono

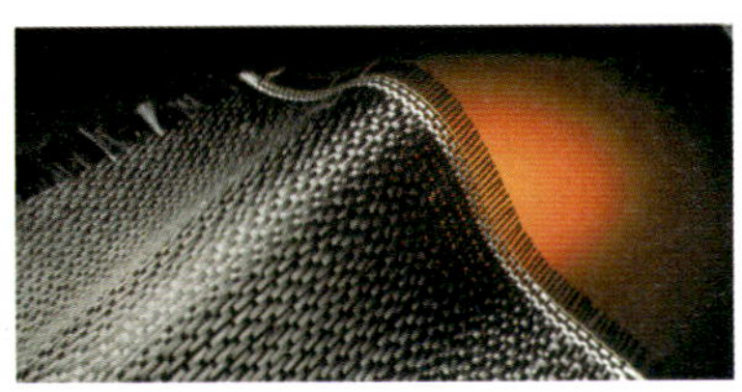

Poseen magníficas propiedades mecánicas, resistencia y ligereza, por lo que se usan mucho en las industrias aeroespacial y automovilística.

Siliconas

Tienen propiedades similares a las de las materias plásticas puramente orgánicas, pero son termoestables. Son aislantes eléctricos.

Escogemos los materiales para el telescopio que nos ayudará a descubrir exoplanetas

1 **Busca información sobre los materiales que se usaron en la construcción del telescopio Kepler que se envió al espacio para descubrir miles de exoplanetas. Sigue estos pasos:**

1. Ten en cuenta aspectos como los siguientes:
   - Condiciones en las que debería trabajar Kepler en el espacio.
   - Materiales de uso común en la industria aeroespacial.
   - Propiedades de los materiales empleados: resistencia mecánica, densidad, etc.
2. Presenta tus resultados mediante una infografía hecha con un programa de presentaciones como PowerPoint o Impress, en la que muestres el telescopio Kepler e indiques diferentes materiales usados en su construcción justificando su elección en función de las propiedades requeridas para su correcto funcionamiento.

1.6 ¿Cómo fabricamos digitalmente nuestros instrumentos?

Muchos de los instrumentos que permiten descubrir exoplanetas requieren un diseño y una confección posterior que se lleva a cabo digitalmente. Es lo que llamamos *fabricación digital*.

> La **fabricación digital** es el conjunto de procesos de diseño y fabricación de piezas y objetos en el que los datos digitales que se obtienen de un programa de CAD se transfieren a otro programa, de CAM (*Computer Aided Manufacturing*), fabricación asistida por ordenador) que los procesa para generar órdenes de control sobre herramientas específicas, como una cortadora láser, impresora 3D o fresadora CNC.

El proceso completo de fabricación digital sigue unos pasos muy concretos.

Existe una gran variedad de herramientas de fabricación digital: desde máquinas para aficionados o *makers* hasta otras mucho más complejas. Estas máquinas rompen la barrera entre el diseño y la fabricación, lo que permite acortar plazos en fases como el prototipado.

Las principales herramientas para fabricación digital son:

Torno

Crea piezas de revolución por acción de una pieza cortante paralela al eje de rotación.

Taladro

Permite hacer agujeros de forma muy eficaz con una broca.

Fresadora

Arranca material mediante el giro de su extremo, denominado *fresa*.

Centro de mecanizado CNC

Es torno, taladro y fresadora a la vez. CNC es la sigla de Control Numérico por Computadora.

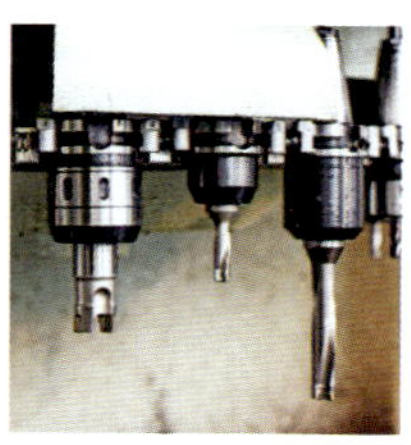

Cortadora láser

Corta piezas a partir de planchas de madera, plástico o metal. El corte se realiza en 2D.

Impresora 3D

Crea objetos añadiendo material en un proceso denominado *de fabricación aditiva*.

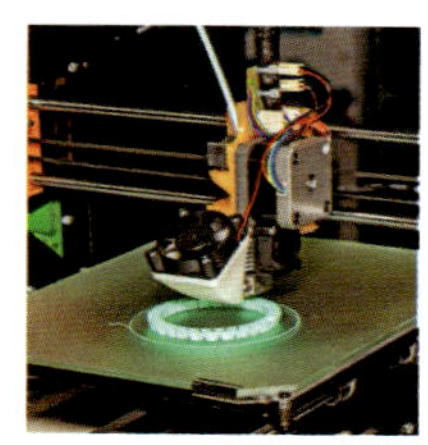

Elegimos las máquinas de fabricación digital de nuestro proyecto

1. **Realiza un boceto para la maqueta de tu proyecto. Para ello, recuerda que quieres simular el movimiento de los exoplanetas alrededor de su estrella.**

2. **Desglosa técnicas y máquinas de fabricación digital que podrían ser útiles en la construcción de tu proyecto teniendo en cuenta estos pasos:**
   1. Analiza los siguientes aspectos:
      - ¿En qué partes puedes separar la maqueta?
      - ¿Qué máquinas de fabricación digital usarías para dar forma a cada parte?
      - ¿Qué material es el más apropiado?
      - ¿Dispones de herramientas de fabricación digital? Si no es así, ¿sabes dónde podrían fabricarte los elementos? ¿Existe algún servicio de fabricación *online*?
   2. Elabora un informe en el que justifiques la elección más apropiada para cada uno de los componentes del proyecto. Estudia la viabilidad de la construcción de la maqueta.

2 Desarrollo del proyecto

2.1 ¿Cómo diseñamos nuestros engranajes?

Puedes fabricar engranajes caseros para tus proyectos con diferentes materiales: cartón o madera contrachapada, cortando su forma con tijeras o una segueta; plástico, usando una impresora 3D, partiendo de un fichero digital; o con una cortadora láser sobre madera.

La realidad es que los engranajes se han usado desde el siglo IV a. C. en China y, desde entonces, han evolucionado mucho, puesto que se han introducido tanto nuevos materiales como nuevas técnicas.

Los engranajes deben tener una construcción robusta, una alta eficiencia y una gran durabilidad. Suelen estar sometidos a constantes impactos que producen un fuerte desgaste. Deben resistir grandes fuerzas y fatiga.

Dependiendo del desempeño al que estén destinados los engranajes, se usan unos u otros materiales. Lo más habitual es usar el acero, aunque también los encontraremos de bronce, de fundición, de plástico o de materiales compuestos.

Las técnicas de fabricación también son variadas, e incluyen el moldeo, la pulvimetalurgia, o la extrusión, pero, sobre todo, el mecanizado.

> El **mecanizado** consiste en arrancar material de la periferia de un cilindro y así ir dando forma a los dientes. Para ello, una herramienta de corte se desplaza alrededor del disco girando a gran velocidad. Al finalizar el proceso, los dientes presentan imperfecciones que requieren de un acabado. Durante este proceso final se mejora la forma de la superficie del engranaje y su dureza aplicando tratamientos térmicos o termoquímicos.

Calculamos el tren de engranajes de nuestro proyecto

1. **Calcula las dimensiones de tu sistema extrasolar. Para conseguir que los exoplanetas de tu proyecto giren alrededor de su estrella, vas a utilizar un motor eléctrico y unos engranajes para modificar sus velocidades. Para ello, sigue estos pasos:**

   1. Ten en cuenta le tercera ley de Kepler: $\frac{T_1^2}{R_1^3} = \frac{T_2^2}{R_2^3}$.

   2. Sabiendo que el planeta interior tiene un período $T_1 = 4$ s y que el planeta exterior se moverá más despacio con un período, $T_2 = 8$ s calcula la relación entre los radios de las órbitas de tus exoplanetas. Determina la relación que habrá entonces entre las velocidades de giro y, con ello, la relación de transmisión.

   3. El sistema estará formado por dos engranajes (verdes) solidarios con el motor, de 24 y 16 dientes, con diámetros primitivos de 48 y 32 mm respectivamente. Conectarás un engranaje (azul) a la rueda dentada de 24 dientes donde estará el exoplaneta interior. De igual modo conectarás otro engranaje (rojo) con la rueda dentada de 16 dientes para el exoplaneta exterior. Calcula el número de dientes de los engranajes rojo y azul si este último mantiene la velocidad de su homólogo verde. Pensando en la colocación de los ejes, determina el diámetro primitivo del engranaje rojo si el del azul es de 48 mm.

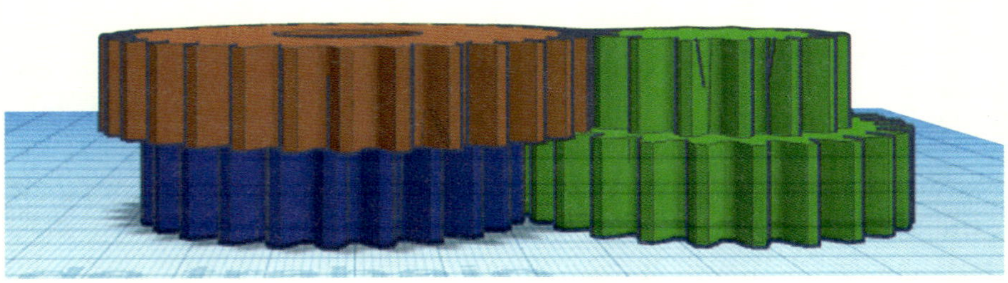

Diseñamos los engranajes y bielas de nuestro proyecto con Fusion 360

1 **Diseña los engranajes de tu proyecto con Fusion 360. Comenzarás diseñando los engranajes necesarios para tu proyecto. Para ello, sigue estos pasos:**

1. Inicia Fusion 360 y crea un diseño nuevo.
2. Empieza con los dos engranajes que unirás al motor. Dibuja un engranaje de 24 dientes, módulo 2 y 12 mm de anchura de diente. Añade un segundo engranaje de 16 dientes, módulo 2 y 24 mm de anchura de diente, centrado con el anterior. Elige para ellos un *Root Fillet Radius* de 1 mm.
3. Selecciona **Sólido → Modificar → Combinar y Unir** los dos engranajes para convertirlos en una sola pieza.
4. Para poder pegar la pieza al eje del servomotor, haz un agujero en su base de forma cilíndrica con 21 mm de diámetro y 2 mm de profundidad.
5. Dibuja el engranaje del planeta interior, cuyas características son 24 dientes, módulo 2 y 12 mm de anchura de diente.
6. Añade un cilindro de 20 mm de diámetro y 36 mm de altura. Únelo al engranaje y haz un agujero pasante por el centro del cilindro, de 16 mm de diámetro.
7. Dibuja el engranaje del planeta exterior con 32 dientes, módulo 2 y 16 mm de anchura de diente. Elige también un *Roof Fillet Radius* de 1 mm.

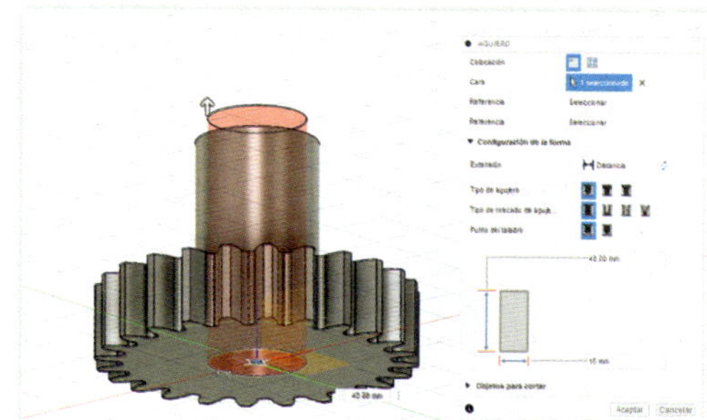

2 **Diseña las bielas de tu proyecto. Sigue estos pasos:**

1. Para crear la biela del planeta exterior selecciona **Superficie → Crear boceto**. Dibuja un círculo de 66 mm y centro coincidente con su engranaje. Dibuja otro círculo de 20 mm con centro separado 8 cm del anterior. Coloca, por aproximación, dos líneas de tangencia entre ambas circunferencias.
2. Selecciona en **Sólido → Extruir** la base recién creada y hazla de 4 mm de grosor. Únela a su engranaje y haz un agujero pasante de 21 mm de diámetro en el centro.
3. Crea ahora la biela del planeta interior, con círculos de 50 y 20 mm, y centros separados 50 mm. Hazla de 4 mm de grosor y agujero pasante de 20 mm de diámetro con centro coincidente con el primer círculo.

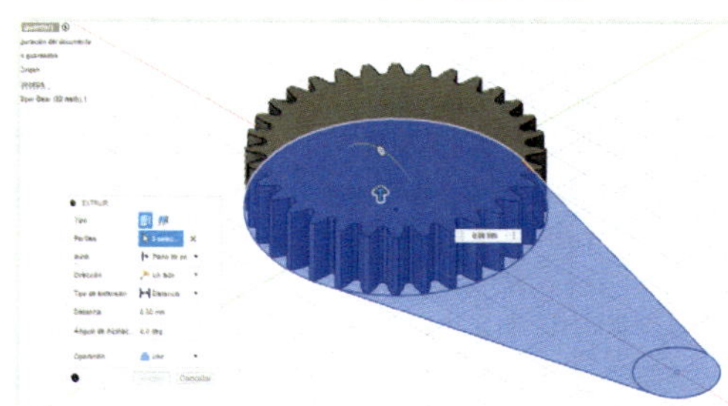
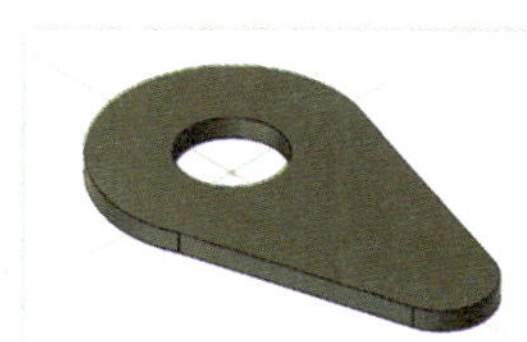

3 **Diseña la base de los engranajes y bielas que sujeta tu sistema. Sigue estos pasos:**

1. Dibuja un cilindro de 45 mm de diámetro y 45 mm de altura. Es posible que tengas que jugar con este último valor para ajustar las alturas de los engranajes de los planetas y las de los engranajes del servomotor. Haz un agujero horizontal de 22 mm de profundidad.
2. Dibuja un cilindro de 15 mm de diámetro y 85 mm de alto. Haz en él un agujero pasante de 12 mm de diámetro por el que se pasarán los cables de la bombilla que hará de estrella. Une entre sí todos los elementos y guarda tus diseños.

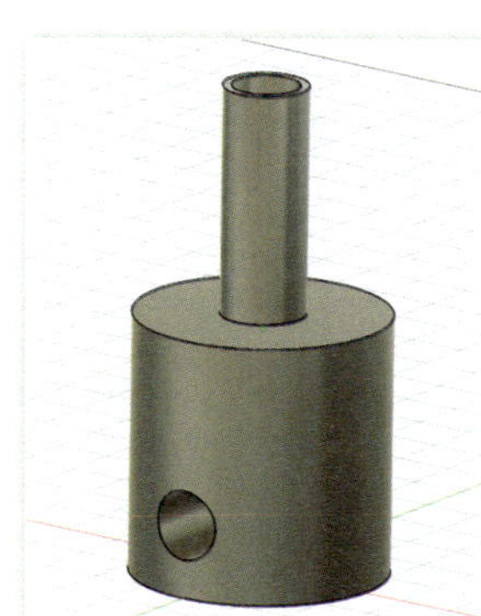

2.2 ¿Cómo imprimimos en 3D nuestros mecanismos y los ensamblamos?

Un modo interesante de crear nuestros mecanismos es utilizando una impresora 3D, cuyo uso se ha extendido mucho en los últimos años. La más utilizada en el ámbito escolar y el mundo *maker* es la FDM (*Fused Deposition Modeling* o Modelado por Deposición Fundida).

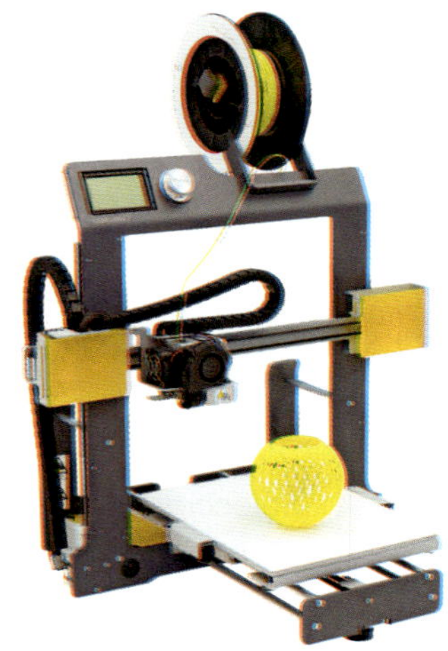

> Una **impresora FDM** es una impresora 3D que utiliza una bobina de hilo delgado de material plástico (PLA, PET, nailon, ABS...) que va depositando en capas gracias al movimiento de una cabeza extrusora que lo funde y hace pasar por un orificio muy fino para reducir su diámetro. Una vez que la capa se ha completado y enfriado, solidificando, la cabeza imprime encima la siguiente, y así sucesivamente hasta completar el objeto.

Para poder imprimir un objeto, se parte de un fichero digital del diseño realizado con un programa CAD, como Fusion 360, tal y como ya hemos hecho. Luego, otro programa, en este caso de fabricación asistida por ordenador (CAM), convierte el fichero digital con la geometría del objeto en una secuencia de órdenes de movimiento para la cabeza extrusora. El formato de este nuevo fichero es .gcode, y también depende de las características de cada impresora. El programa CAM más sencillo para esta operación es Cura. También se utiliza mucho Repetier Host.

Hay mucho más que aprender sobre las impresoras 3D.

Imprimimos en 3D las piezas de nuestro proyecto

1 **Exporta tus objetos diseñados con Fusion 360 en formato .stl. Empezarás exportando tus diseños al formato adecuado para poder imprimirlos si dispones de impresora 3D. Para ello sigue estos pasos:**

1. Abre tus diseños en Fusion 360.
2. Expórtalos en formato .stl. Para ello, sigue la ruta **Utilidades → Crear → Impresión 3D**. Selecciona el objeto, escoge **Formato stl (binario)** y **Refinado Alto** para la máxima calidad.

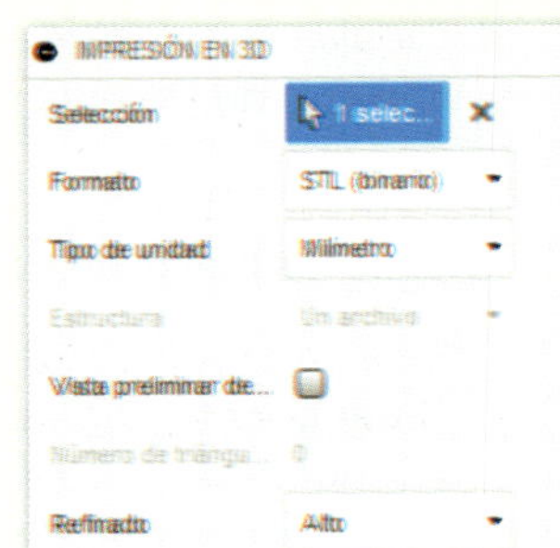

2 **Imprime tus piezas en 3D. Es el momento de fabricar tus piezas. Para ello, necesitas cargar los ficheros .stl en un *software*; este se encargará de extraer las sucesivas capas que se irán imprimiendo una encima de otra. Sigue estos pasos:**

1. Visita www.e-sm.net/revti1bach06_01 para descargar e instalar la última versión de Cura.
2. Inicia Cura y selecciona tu impresora de entre todas las disponibles. Si no aparece, puedes personalizar los ajustes de la tuya.
3. Escoge el tipo de plástico que usarás para la impresión; en nuestro caso, PLA genérico.
4. Carga la pieza que vas a imprimir seleccionando el archivo en formato .stl.
5. Edita los valores de la calidad de impresión, velocidad, uso de soportes, etc.

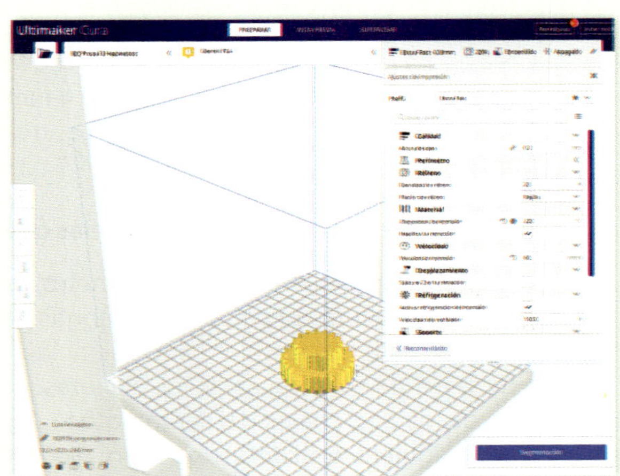

6. Pulsa sobre **Segmentación (*Slice*)** para que el programa genere las capas o lonchas (*slices*). Cuando termine te mostrará el tiempo estimado de impresión y el consumo de material.
7. Pulsa en **Guardar archivo** para generar el fichero *gcode* con las órdenes para el extrusor de la impresora. Carga el programa en la máquina y empieza a imprimir.

Ensamblamos los mecanismos de nuestro proyecto

1 **Ensambla las piezas de tu sistema extrasolar. Una vez impresas tus piezas, es el momento de colocarlas para que la parte mecánica del proyecto quede terminada. Dispones de cinco elementos de plástico:**

- Los engranajes conductores, que se pegan sobre el eje del servomotor.
- El soporte y eje de los engranajes conducidos.
- El engranaje del planeta exterior.
- El engranaje y biela del interior.
- La biela del exterior.

Entre los elementos móviles colocarás arandelas de acero de 1 mm de grosor para separar las piezas de plástico y evitar su fricción de las piezas de plástico, separándolas. Sigue estos pasos para el montaje:

1. Pega el soporte sobre una base plana de contrachapado.
2. Sitúa en el eje una arandela separadora de acero.
3. Desliza por el eje el engranaje del planeta interior.
4. Coloca otra arandela de acero.
5. Da la vuelta a la biela con engranaje del planeta exterior y deslízala en el cilindro del engranaje anterior.
6. Pega la biela del planeta interior a la parte del cilindro de su engranaje que asoma por arriba.
7. Atornilla el accesorio circular del servomotor. Luego, pega sobre él el doble engranaje motor.
8. Mueve el conjunto del servo y sus engranajes hacia el soporte de los elementos conducidos, de forma que engranen con un poco de holgura. Comprueba que todo gira bien y pega la base del servo al contrachapado.
9. Observa cómo giran las bielas. Si lo hacen con dificultad, desliza entre los cilindros y sus ejes un trozo de papel de revista satinado para disminuir la fricción.

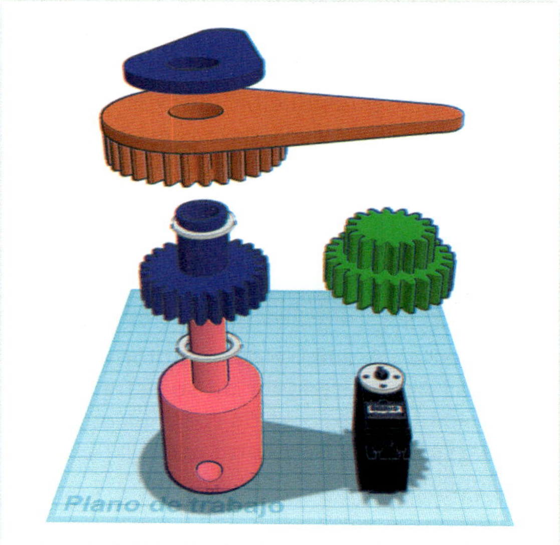

2 **Sitúa los exoplanetas de tu proyecto. Como ya viste, la tercera ley de Kepler determina la posición de los planetas en su viaje alrededor de su estrella. Coloca sobre las bielas tus dos exoplanetas. Para ello:**

1. Usa un palo de piruleta como soporte del planeta interior, que harás con plastilina. Haz un taladro para fijarlo a la biela azul, a 5 cm del centro.
2. Obtén la posición R_2 del exoplaneta exterior, despejando de la tercera ley de Kepler y recordando que $T_1 = 4$ s y $T_2 = 8$ s.
3. Mide la distancia obtenida sobre la biela correspondiente. Haz el taladro y coloca el planeta con un tamaño diferente.

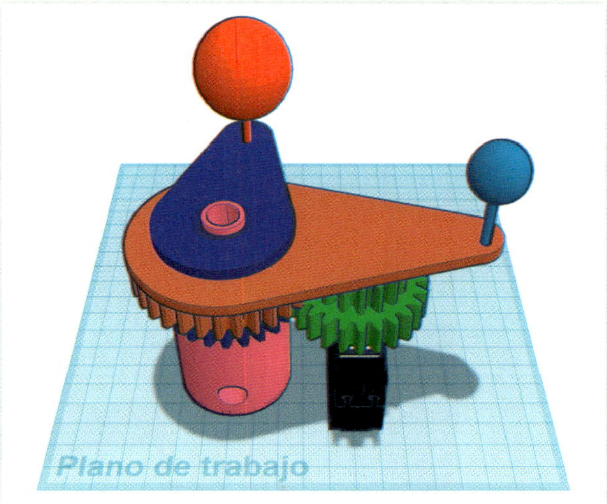

2.3 ¿Cómo damos movimiento a nuestro sistema extrasolar?

Los motores eléctricos convierten la energía eléctrica en energía cinética de rotación. Existen muchos tipos, pero en nuestro proyecto trabajaremos con servomotores.

Un **servomotor** es un motor eléctrico de corriente continua cuyo eje de salida se acopla a una serie de engranajes que reducen su velocidad de salida, aumentando su par mecánico. Además, incorporan un potenciómetro unido al eje que permite conocer su posición exacta. Se controlan mediante el envío de pulsos cuya duración determina su movimiento. Son motores muy utilizados en todo tipo de proyectos y en robótica. Sus movimientos son precisos y pueden ser fácilmente controlados mediante microcontroladores como la placa Arduino, que generan los pulsos necesarios para controlar su movimiento.

Disponemos de una gran variedad de servomotores, de diferentes tamaños, potencia y, sobre todo, de dos tipos de movimiento: de **rotación limitada** y de **rotación continua**. Los primeros pueden girar hasta un ángulo máximo (generalmente 180°), manteniendo una posición hasta que se les pide cambiarla por otra. Los segundos pueden girar en ambos sentidos, variando también su velocidad.

Aspectos importantes que hay que considerar son la tensión a la que se deben conectar, generalmente entre 4 y 9 V, y la máxima intensidad que pueden llegar a absorber, que puede ser elevada, por lo que es aconsejable alimentarlos no directamente de a través de tu placa Arduino, sino mediante algún tipo de fuente externa.

Conectamos el servomotor y el potenciómetro a nuestra placa de Arduino

1 **Conecta a Arduino el servomotor y el potenciómetro. Vas a necesitar que los exoplanetas giren alrededor de su estrella. Para ello, vas a incorporar a tu proyecto un servomotor de rotación continua que dotará de movimiento a tu maqueta. Además, usarás un potenciómetro para fijar el sentido de giro de los planetas y su velocidad. Sigue estos pasos para hacerlo:**

1. Reúne los siguientes componentes:
   - Placa Arduino.
   - Servomotor de rotación continua.
   - Potenciómetro de 10 kΩ.
   - Pila de 9 V o, en su lugar, portapilas con cuatro o seis pilas de 1,5 V.
   - Cables de conexionado.
2. Monta el circuito de la figura, observando que la placa Arduino se alimenta a través del conector exterior y que el servomotor lo hace conectándose a *Vin*. Esto es muy importante porque, de este modo, la corriente la toma directamente de la pila, sin pasar por la placa, que tiene una limitación de corriente máxima.

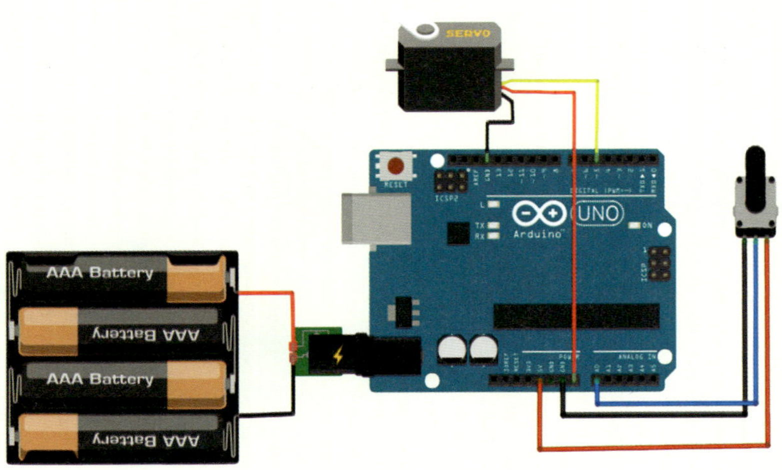

Para programar el movimiento del servomotor se puede utilizar el IDE de Arduino. Para ello, utilizarás una biblioteca llamada Servo.

> La **biblioteca Servo** permite a una placa Arduino controlar servomotores. Genera pulsos eléctricos para conseguir el ángulo, la velocidad o el sentido de giro deseados.

Para controlar el ángulo, el comando que utilizarás será *miServo.write(angulo)*.

Es el comando que también sirve para controlar los servos de rotación continua, aunque estos hayan sido modificados para poder girar todo el tiempo. La diferencia es que ahora el argumento que se introduce no refleja el ángulo en el que el servo se posiciona, sino el sentido de giro y la velocidad. Observa la siguiente gráfica para entender su funcionamiento:

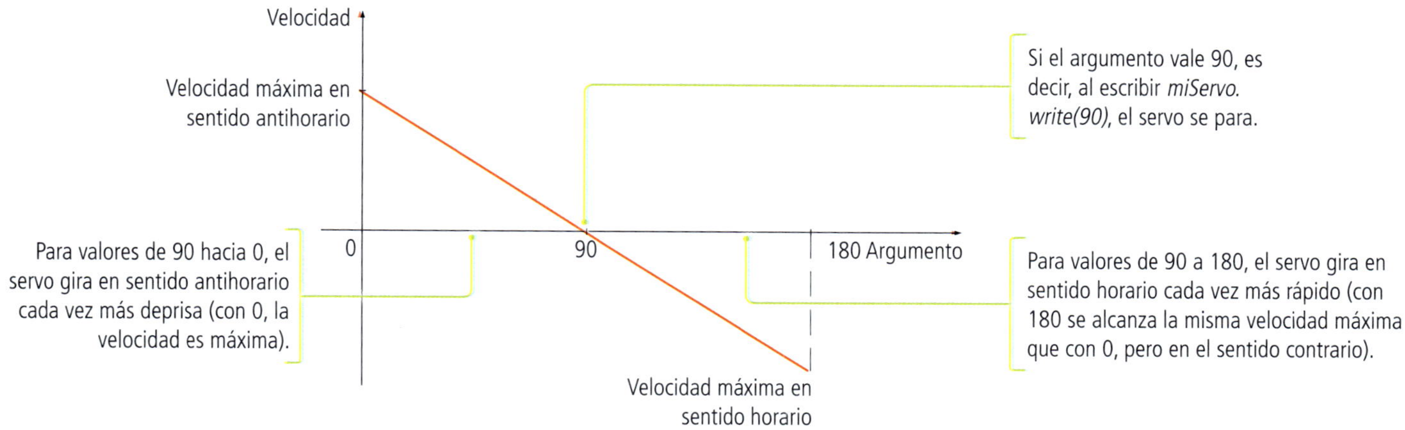

Programamos el giro de nuestros exoplanetas

1 Programa el potenciómetro giratorio para hacer girar los exoplanetas. Utilizarás el potenciómetro conectado a A0. Según lo gires desde su posición intermedia, los planetas girarán en un sentido u otro, cada vez más deprisa. Sigue estos pasos:

1. Crea un nuevo *sketch* e importa la biblioteca Servo, preinstalada en el IDE:

```
#include <Servo.h>
```

2. Define las variables que vas a usar:

```
int potenciometro = 0; //variable para el pin analógico
int valor; //variable para el valor leído desde el potenciómetro
```

3. En la función *setup*, asigna el pin digital en el que has conectado el servomotor, usando el método *attach* de la biblioteca Servo:

```
void setup() {
miServo.attach(5);
}
```

4. En la función principal *loop*, empieza asignando a la variable *valor* la medida que envía el potenciómetro a través del pin analógico 0. Luego, escala los valores admisibles como argumento para el potenciómetro, que pueden valer entre 0 y 180 teniendo en cuenta que puede leer valores de 0 a 1023. Aplica un desfase para que al servomotor le dé tiempo a alcanzar la posición pedida:

```
void loop() {
        valor = analogRead(potenciometro);
        valor = map(valor, 0, 1023, 0, 180);
        miServo.write(valor);
        delay(15);
}
```

5. Conecta tu placa Arduino al ordenador y descarga el programa. Comprueba que, según mueves el potenciómetro, el servomotor cambia su movimiento, modificando su sentido de giro y su velocidad.

2.4 ¿Cómo detectamos los cambios de luminosidad?

Como ya vimos, el método del tránsito para descubrir exoplanetas se basa en detectar la pérdida de luminosidad que se produce cuando el planeta pasa por delante de la estrella. Para poder medir esa variación, necesitamos usar un sensor de luz, como una LDR.

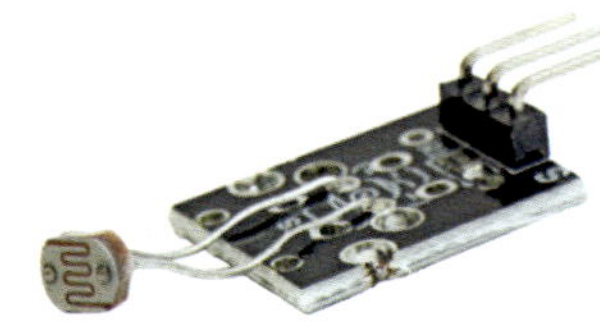

Una **LDR o resistencia detectora de luz** es una fotocélula cuya resistencia varía en función de la cantidad de luz que cae sobre su superficie.

La LDR que utilizaremos en nuestro proyecto formará parte de un divisor de tensión.

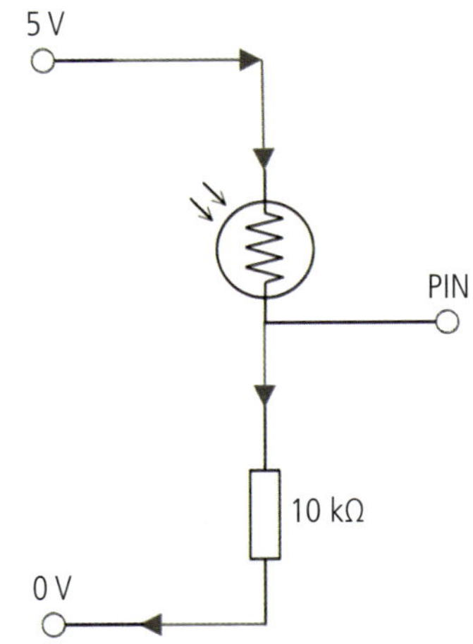

Un **divisor de tensión** es un fragmento de circuito eléctrico que divide el voltaje de entrada en otros dos más pequeños a la salida.

Observa el divisor de tensión de la figura. La corriente viaja desde los 5 V hasta la tierra, a 0 V, y pierde tensión al pasar por cada resistencia. A mayor resistencia, mayor proporción de voltaje se deja la corriente para poder continuar.

Distinguimos dos situaciones según la luminosidad recibida:

Antes del tránsito

- Toda la luz llega a la LDR.
- La resistencia tiene un valor bajo.
- A la salida hay un valor alto de voltaje.

Durante el tránsito

- Parte de la luz no llega a la LDR.
- La resistencia tiene un valor alto.
- A la salida hay un valor bajo de voltaje.

Montamos y programamos nuestro sensor de luz

1 **Añade el sensor de luz a tu proyecto y prográmalo. Vas a usar la misma placa de Arduino a la que conectaste el servomotor y el potenciómetro. Sigue los pasos que se detallan a continuación:**

1. Reúne los componentes: la LDR, un potenciómetro de 20 kΩ y los cables.
2. Añade al circuito de tu placa Arduino los componentes, fijándote en el esquema.
3. Modifica el programa de la placa, haciendo que lea la entrada analógica A2, guardando el valor en la variable luminosidad y mostrándola en el monitor serie, para que la puedas registrar. Tu programa completo quedará así:

```
#include <Servo.h>
Servo miServo;
int potenciometro = 0;
int sensor = 2;
int valor;
int luminosidad;

void setup() {
  miServo.attach(5);
  Serial.begin(9600);
}

void loop() {
  valor = analogRead(potenciometro);
  valor = map(valor, 0, 1023, 0, 180);
  miServo.write(valor);
  luminosidad = analogRead(sensor);
  Serial.println(luminosidad);
  delay(100);
}
```

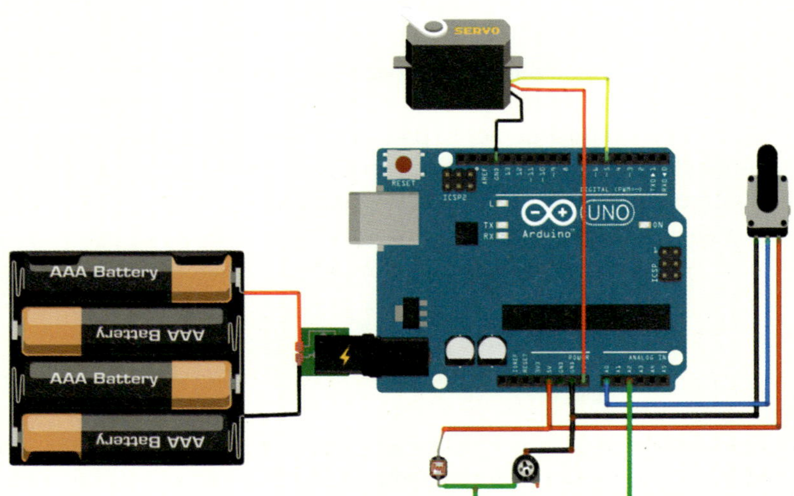

2.5 ¿Cómo monitorizamos datos usando protocolos de comunicaciones?

En proyectos como el nuestro puede surgirnos la necesidad de transferir datos o instrucciones entre una placa Arduino y un número considerable de sensores o actuadores. Para ello, es muy posible que necesitemos más pines de los disponibles. A esto nos ayudan protocolos de comunicaciones como el protocolo I2C.

> El **protocolo I2C o IIC** (Inter-Integrated Circuit) permite comunicar circuitos integrados usando solo dos cables que forman un bus de datos al que se conectan todos ellos. Envía información serie usando una línea para datos (SDA) y otra para el reloj (SCL). Solo requiere de dos pines y dos resistencias de *pull-up* para poder conectar más de 100 dispositivos de forma sencilla y consistente.

El protocolo I2C define dos roles separados para los dispositivos: maestro y esclavo.

Añadimos una pantalla LCD para monitorizar la luminosidad usando I2C

1 **Utiliza una pantalla LCD que incluya un módulo I2C y prográmala. Hasta ahora has empleado pantallas sencillas que requerían de hasta siete pines para transferir datos. Los pines empiezan a escasear; por ello, vas a emplear una pantalla LCD que incluya un módulo I2C, lo que reducirá el número de pines a 2. Si tu pantalla no incluye la conexión I2C, puedes usar la de proyectos anteriores y soldar el siguiente módulo como se indica en el enlace: www.e-sm.net/revti1bach06_02. Sigue estos pasos:**

1. Conecta la pantalla LCD a los pines analógicos A4 (SDA) y A5 (SCL) de tu placa.

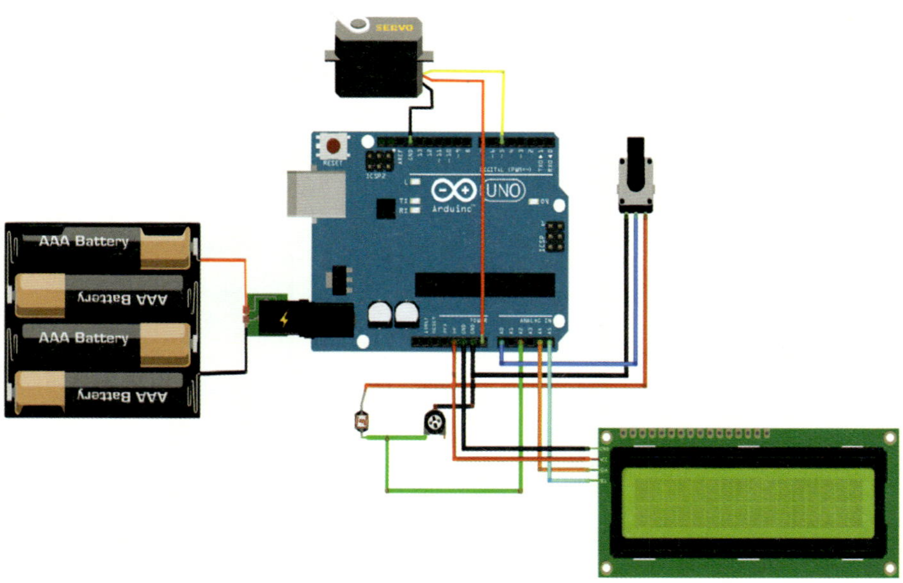

2. Para conocer el nombre predefinido de la pantalla, pues no siempre lo proporciona el fabricante, carga el programa I2C Scanner que encontrarás dentro de los ejemplos que incluye el IDE de Arduino. Para ello, sigue la ruta **Archivo → Ejemplos → Ejemplos para Arduino UNO: Wire → i2c_scanner**. Ejecútalo, y en el monitor serie verás la dirección o nombre de la pantalla, 0×27.

3. Instala la librería LiquidCrystal_I2C para poder utilizar el protocolo I2C.

4. Modifica el código de tu proyecto haciendo que la luminosidad se muestre en la pantalla LCD además de en el monitor serie. Para ello, añade al comienzo: #include <Wire.h> así como #include <LiquidCrystal_I2C.h>; también debes incluir tras la creación de las variables int: `LiquidCrystal_I2C lcd(0x27, 16, 2); Servo miServo`. Tras `Serial.begin(9600);` añade: `lcd.begin(); lcd.backlight()`. Por último, antes del desfase `delay(100)` añade `lcd.clear(); lcd.setCursor(4,0); lcd.print(luminosidad)` para completar tu programa.

2.6 ¿Cómo diseñamos el soporte del sensor de luz y de la pantalla LCD?

El **soporte** es un elemento de gran importancia en todo trabajo de tecnología, ya que sirve de apoyo o sostén al conjunto de partes que conforman el proyecto.

En nuestro caso, para poder medir la luminosidad que llega desde la estrella, debemos colocar el sensor de luz que acabamos de construir a la misma altura a la que orbitarán los exoplanetas, y, para ello, tendrás que diseñar un soporte adecuado. Además, podrás incluir en él un espacio para fijar la pantalla LCD que mostrará la medición en todo momento.

Diseñamos el soporte del sensor de luz y de la pantalla LCD con Fusion 360

1 **Diseña un soporte adecuado para tu LDR y LCD. Tienes que colocar el sensor de luz a la misma altura a la que orbitarán los exoplanetas, es decir, unos 12 cm en el modelo que has construido. Deberás tener en cuenta los siguientes aspectos:**

- Intenta que llegue a la LDR solo la luz de la bombilla. Para ello, vas a introducirla dentro de un tubo cilíndrico, cuyo diámetro interior será de unos 10 mm.
- La LDR debe estar a la misma altura que la bombilla, por lo que el tubo anterior en el que se alojará ha de estar elevado con respecto a la base.
- El soporte debe ser estable, con una base suficientemente grande.
- Aprovecharás la base del soporte para dejar espacio suficiente en ella para situar la placa Arduino que controla todo el modelo de sistema planetario.
- La base incluirá en su lateral unos resaltes para fijar en ella verticalmente la pantalla LCD que nos muestra las medidas de luz en cada instante.

A continuación, sigue estos pasos:

1. Diseña tu propia propuesta dando rienda suelta a tu creatividad. Pueden inspirarte estas imágenes:

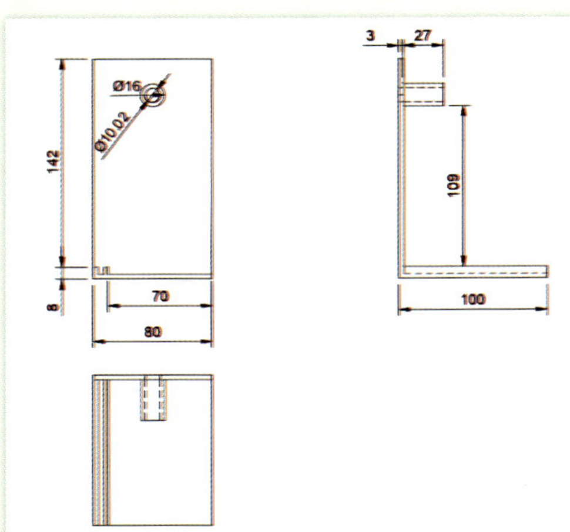

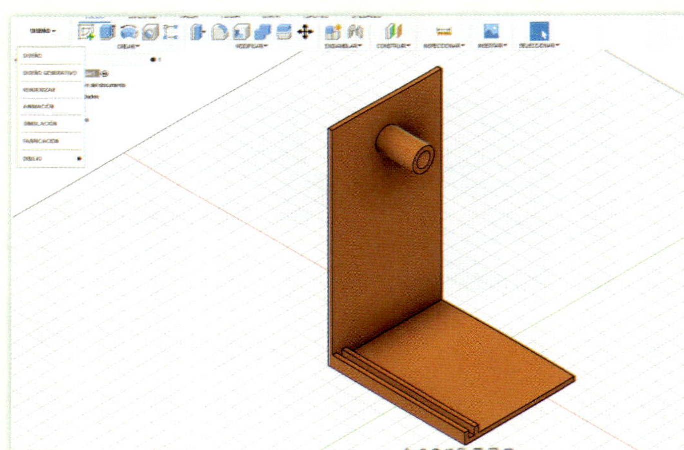

2. Construye tu soporte. Para ello, puedes usar madera contrachapada, cartón, o imprimirlo si dispones de impresora 3D. Para esto último, recuerda que debes exportar el fichero desde Fusion 360 al formato .stl que necesitará el programa Cura para preparar las instrucciones de movimiento del cabezal extrusor.

3. En **Utilidades → Crear → Impresión en 3D**, configura el formato de salida del fichero, que será STL (binario), la calidad de refinado en **Alto** y **Enviar a la utilidad** de impresión **Cura**.

4. Para completar el proceso, carga el fichero .stl en el programa Cura, selecciona tu impresora 3D, y genera el fichero .gcode para ejecutarlo en la máquina y crear el soporte.

2.7 ¿Cómo testeamos nuestro proyecto planetario?

Llegado el momento de ensamblarlo todo, montarlo y probar su funcionamiento, tenemos que someter el proyecto a un control, para verificar que cumple todas las expectativas.

Probamos nuestro proyecto y recogemos los primeros datos

1 **Ensambla y prueba tu modelo de sistema extrasolar. Sigue estos pasos:**

1. Sitúa sobre una base rígida, de contrachapado o cartón, el sistema planetario y el servomotor. Pégalos a la base con un pegamento adecuado o una pistola termofusible.
2. Toma una bombilla pequeña y suelda dos cables para alimentarla, uno a la base y otro a la rosca. Introduce los cables por el eje de la base de los engranajes de los planetas y sácalos por el agujero lateral. Utiliza unas pinzas para ayudarte, si es necesario. La bombilla puede conectarse directamente a Vin de la placa Arduino y a tierra (GND).
3. Usa palitos de piruletas o chupachups cortados a la medida adecuada para pegar los planetas a la altura del sensor, unos 12 cm de la base del conjunto.
4. Pega con velcro tu placa Arduino en la base del soporte de la LDR.
5. Introduce la LDR en el tubo del soporte y aloja la pantalla LCD en su lugar previsto. Comprueba todas las conexiones.
6. Conecta el portapilas a la placa y el servomotor empezará a girar junto con los exoplanetas. Ajusta el potenciómetro para fijar la velocidad y el sentido de rotación. Observa la pantalla LCD y comprueba los cambios en el valor de la luminosidad.

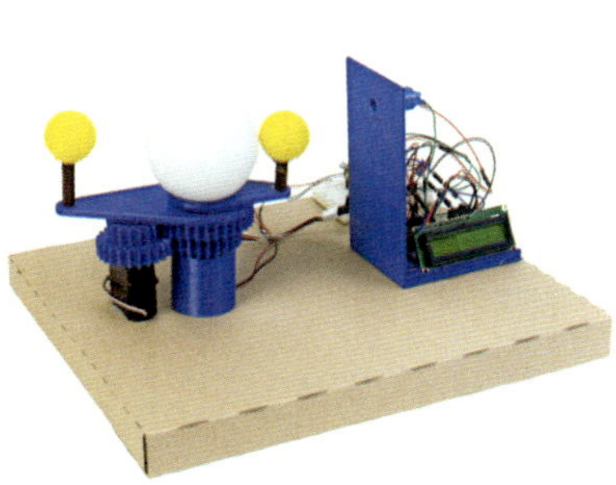

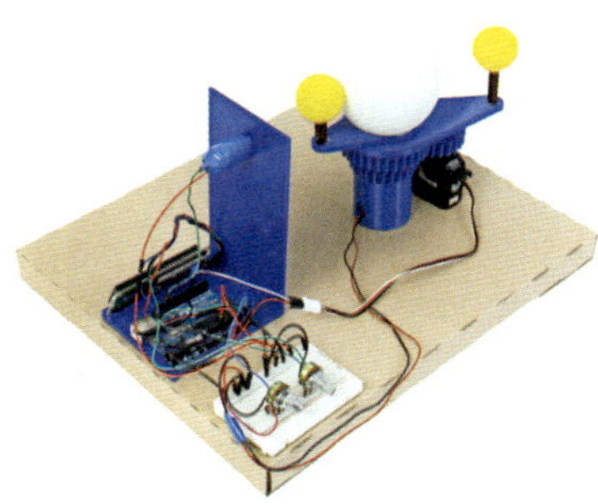

2 **Recopila y analiza los datos. Usa el monitor serie del IDE y sigue estos pasos:**

1. Usa un cable USB para conectar la placa Arduino a tu ordenador.
2. Inicia el IDE de Arduino, selecciona el puerto al que se ha conectado la placa y abre el monitor serie. Aparecerán los valores de luminosidad, los mismos que en la LCD.
3. Usa la herramienta del IDE de Arduino que permite dibujar gráficas de los datos enviados al puerto serie. Selecciona **Herramientas → Serial Plotter**. Se abrirá una ventana en la que en el eje *X* se representa el tiempo y en el *Y*, la variable luminosidad.
4. Observa en la gráfica el tránsito del exoplaneta. Mide en ella el tiempo del tránsito, el tiempo entre dos tránsitos seguidos y la disminución de luminosidad.
5. Escribe un informe sobre el período de rotación, el radio de giro y el tamaño del exoplaneta. Discute el efecto en las medidas al ser dos los planetas que orbitan.

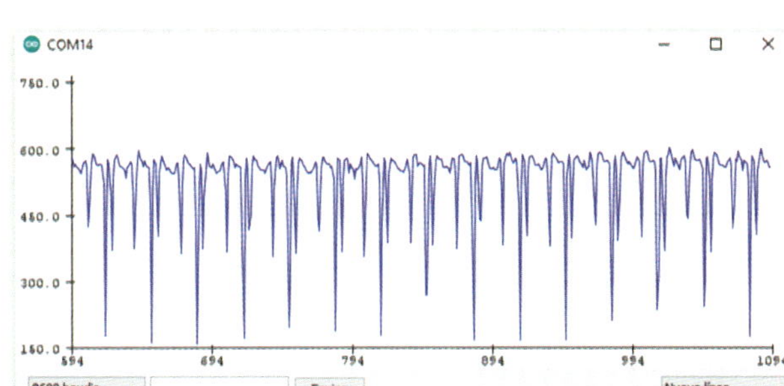

2.8 ¿Cómo enviamos y almacenamos nuestras medidas en la nube?

Los sistemas inalámbricos resultan útiles para conectarse a la nube y subir tus medidas; de este modo puedes acceder a ellas en cualquier momento.

Enviamos y almacenamos nuestras medidas en la nube

1 **Conéctate a la nube y sube tus medidas de luminosidad. Sigue estos pasos:**

1. Sustituye tu placa Arduino por otra que tenga conectividad wifi. Utiliza la placa Arduino Nano 33 IoT. Sin mover ni desmontar los sensores y el servo de tu proyecto, cambia la placa, fijándote en las conexiones.
2. Observa que la Arduino Nano 33 IoT necesita solo 3.3 V para sus sensores y el servomotor. La pantalla LCD necesita 5 V a través de Vin, que los proporciona si usas el conector USB para alimentarla.
3. Entra en www.e-sm.net/revti1bach06_03 y accede con tu cuenta. Si es la primera vez, regístrate.
4. Crea una nueva Cosa (*Thing*) y llámala *Exoplanetas*. Reutiliza la placa y las credenciales de tu red, su SSID y contraseña.

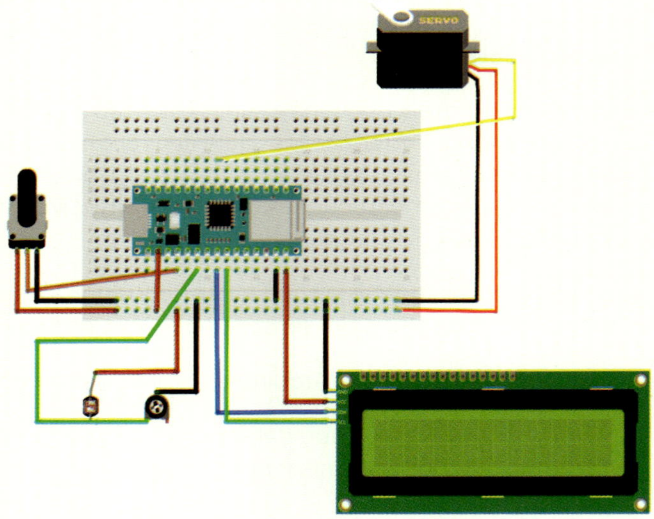

5. Crea una variable llamada *luminosidad* y caracterízala con **Entero**, de **Solo lectura** y **Actualizable** con cada cambio.
6. Abre el editor completo *online* y añade el resto del programa, copiándolo de la versión que usaste para la Arduino UNO. Selecciona la nueva placa y descárgalo en la Arduino Nano 33 IoT.
7. Crea un nuevo Panel de control (*Dashboard*) e incluye un *widget* que muestre la luminosidad.
8. Añade un segundo *widget* que muestre en una gráfica cómo varía la luminosidad con el tiempo.
9. Pon a funcionar el modelo de sistema extrasolar y comprueba que la placa se conecta a internet y transmite los valores que lee el sensor de luz. Observa en el *Dashboard* cómo se aprecian los tránsitos, aunque con más dificultad porque la variable solo se actualiza una vez por segundo. Para minimizar este problema, mueve el potenciómetro para que los planetas giren lo más despacio posible.

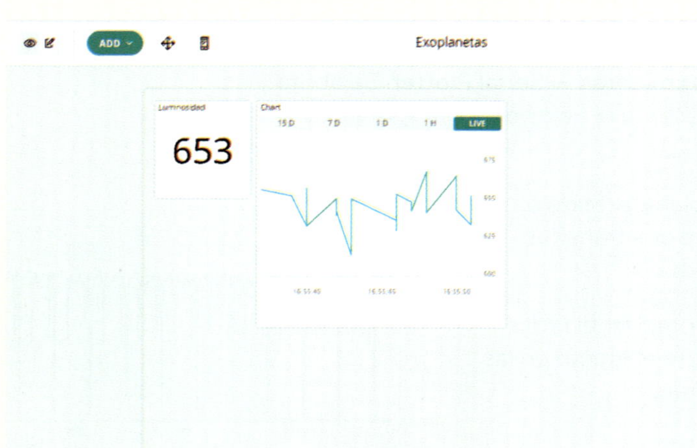

2.9 ¿Cómo mejoramos nuestro programa usando funciones en C?

Dividir el código de un programa en diferentes **funciones** permite que creemos pequeños módulos de código que desempeñan una tarea y que podemos reutilizar tantas veces como queramos. Para ello, cuando la función es "llamada", el programa salta al código de la misma, lo ejecuta y luego vuelve a la línea siguiente desde la que fue llamada. Se emplean sobre todo cuando queremos ejecutar la misma tarea muchas veces.

Las ventajas de usar funciones son:

- Mejora de la legibilidad del programa, poniendo orden en él.
- Facilidad para repetir tareas modificando o repensando funciones.
- Reducción de la posibilidad de errores si el código ha de cambiarse.
- Programas más pequeños y compactos.

Al programar tu placa Arduino con su IDE, hay dos funciones que siempre deben aparecer: **void setup()** y **void loop()**. Cualquier otra función debe ser creada fuera de estas dos, delante o detrás de ellas. Por otro lado, las funciones pueden realizar una tarea, pero no devolver un resultado, usando la palabra *void* delante de su nombre, o, por lo contrario, devolver un valor, en cuyo caso empiezan con el tipo de datos que encaja con el del resultado devuelto. Veamos un ejemplo. Usaremos una función que sume dos valores enteros, *x* e *y*, mostrándolo en el monitor serie:

```
void miFuncionSuma(int x,int y){
        int resultado = x+y;
        Serial.println(resultado);
}
```

En el programa llamaríamos a la función así:

```
miFuncionSuma(10,12);
```

```
int miFuncionSuma(int x, int y){
        int resultado = x+y;
        return resultado;
}
```

En el programa llamaríamos a la función así:

```
Serial.println(miFuncionSuma(10,12));
```

Mejora tu programa usando funciones

1 **Separa las tareas que ejecuta tu programa en funciones. Vas a mejorar la comprensión de tu programa separando las diferentes tareas que ejecuta en funciones. Además, cuando tengas que modificar alguna parte del código, podrás encontrar de forma más sencilla dónde hacerlo. Para ello, sigue estos pasos:**

1. Define una función llamada *moverPlanetas*, que abarque las instrucciones que tienen que ver con el movimiento del servo:

```
void moverPlanetas(){
        valor = analogRead(potenciometro);
        valor = map(valor, 0, 1023, 0, 180);
        miServo.write(valor);
}
```

2. Crea otra función llamada *mostrarLuminosidad*, que lea y muestre la cantidad de luz recibida.

3. Modifica el programa para que la función principal del programa quede así:

```
void loop(){
        moverPlanetas();
        mostrarLuminosidad();
        delay(10);
}
```

3 Publicación del proyecto

3.1 ¿Cómo comercializamos nuestro proyecto en un blog?

Una forma muy interesante de dar a conocer tu proyecto sería publicarlo en un blog.

> Un **blog** o **bitácora** es un sitio web personal donde alguien escribe sobre cualquier tema o asunto de su interés. La información, que se sube en forma de publicaciones o *posts*, se va ordenando cronológicamente, de modo que lo último en publicarse es lo primero que aparece. Además, las personas que lo leen o lo siguen pueden comentar las publicaciones e iniciar interesantes debates.

Los blogs contienen texto y recursos multimedia. Las herramientas de publicación de blogs permiten incrustar todo tipo de objetos, incluidos *widgets* que aportan funcionalidades específicas como contadores de visitas. Son útiles para hacer el márquetin y la comercialización de productos. Las más usadas son Blogger, WordPress y Tumblr.

Es muy importante categorizar los contenidos, sobre todo cuando el blog va creciendo, para poder facilitar la búsqueda de información dentro de él.

Un blog es muy interesante si quieres:

- Compartir experiencias y conocimientos sobre cualquier tema.
- Formar parte de una comunidad y darte a conocer dentro de ella.
- Informar a tu familia y amigos sobre tus actividades.

Uno de los aspectos más importantes que se han de cuidar es la frecuencia con la que se publican nuevos aportes. Es difícil mantener seguidores asiduos si las aportaciones al blog se hacen de manera irregular o muy espaciadas en el tiempo. También es muy importante atender a tus seguidores, contestar y agradecer sus comentarios.

Creamos un blog desde cero con Blogger para nuestro proyecto

1 Crea un blog para dar a conocer tu proyecto. Vas a utilizar Blogger para hacerlo, ya que es accesible desde una cuenta de Google. Para ello, sigue los pasos:

1. Desde tu navegador entra en **www.e-sm.net/revti1bach06_04**.
2. Pulsa sobre **Crea tu blog** e introduce tus credenciales de Google. Crea una cuenta si no dispones de una. Fíjate que la Unión Europea obliga a que informes a los visitantes de tu blog del uso de las *cookies* y datos que puedas recopilar. Google incrustará de forma automática ese aviso cada vez que alguien acceda a tu blog por primera vez.
3. Elige un nombre para tu blog. Este paso es muy importante, ya que debe ser informativo sobre el tema del blog, atractivo y fácil de recordar.
4. Elige la URL o dirección de tu blog. Fíjate que no todas están disponibles ya que pueden haber sido escogidas por otras personas con anterioridad.
5. Selecciona el nombre o *nickname* con el que aparecerás al publicar. No siempre interesa que sea tu nombre real, por lo que puedes utilizar un alias.
6. Una vez que has llegado hasta aquí debes darle un aspecto atractivo a tu blog. A la izquierda tienes las opciones de tu blog: crear entrada nueva, estadísticas, comentarios, ingresos, etc. Comienza seleccionando uno de los temas disponibles. Puedes previsualizar el blog y personalizar muchas de sus características en cualquier momento. Pulsa sobre **Personalizar** para cambiar la imagen de fondo si así lo prefieres. No olvides guardar los cambios en la parte inferior, a la derecha.
7. Ya tienes todo listo para hacer tu primera publicación.

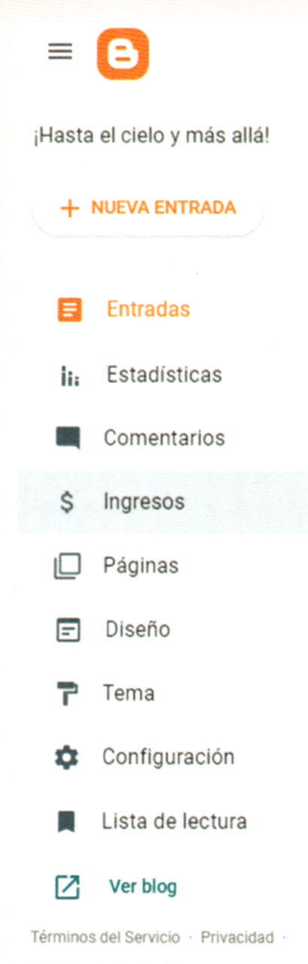

Las publicaciones de los blogs, además de contener vídeos o imágenes, también suelen incluir elementos muy efectivos como etiquetas o *gadgets*.

Una **etiqueta** es una palabra o expresión corta que sirve para categorizar una publicación y facilitar que otras personas puedan encontrar el blog e interesarse por él.

Un ***gadget*** es un pequeño programa que se inserta en una web o en un blog y que tiene una funcionalidad específica, como contar visitas, hacer encuestas, presentaciones, etc.

Publicamos la entrevista y añadimos *gadgets* a nuestro blog

1 Publica tu entrevista en el blog. Aunque la principal manera en la que los blogueros se comunican con sus seguidores es a través de artículos escritos, puedes insertar cualquier tipo de archivo multimedia. Vas a publicar tu primer *post* y en él añadirás la entrevista que grabaste a tus compañeros al principio del proyecto. Para ello, solo tienes que seguir estos pasos:

1. Entra en tu blog usando tus credenciales.
2. Pulsa sobre **Nueva entrada**. Escribe un breve texto en el que te presentes y comentes el objetivo de tu blog. Presenta tu proyecto de búsqueda de exoplanetas.
3. Fíjate en el editor que permite dar formato a tu documento. Verás que incluye iconos para añadir imágenes, vídeos, emoticonos y enlaces. Selecciona **Añadir vídeo** y súbelo desde tu ordenador o YouTube.

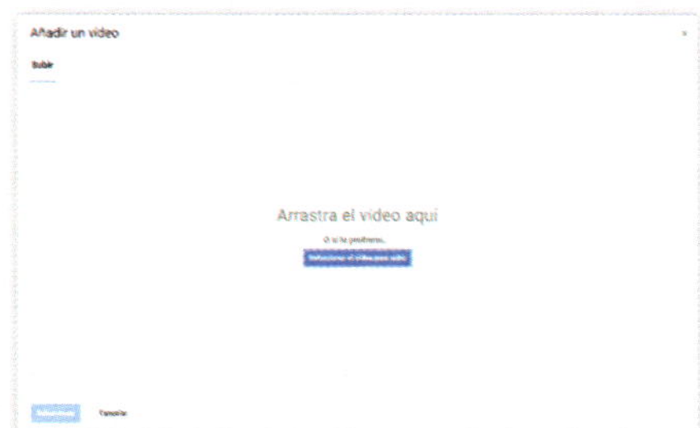

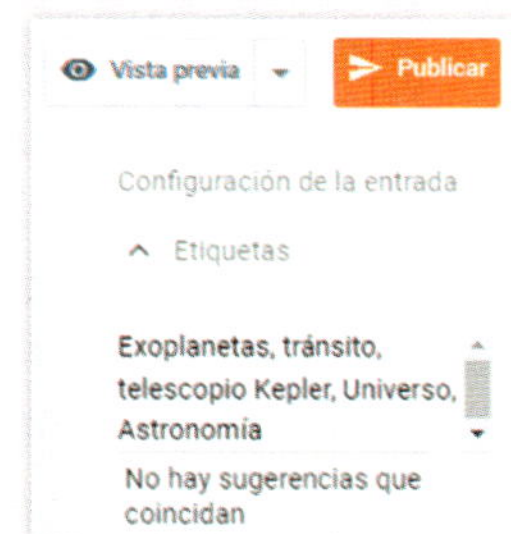

4. Antes de publicar el contenido, no te olvides de añadir etiquetas; para ello, pulsa en la pestaña **Etiquetas** y añade palabras separadas por comas.
5. Usa la vista previa para comprobar cómo ha quedado tu *post* y modifica lo que no te guste.
6. Pulsa sobre **Publicar** para subir el *post* inmediatamente al blog. También puedes escribir un *post* y dejarlo sin subir, en modo borrador; incluso programar en qué momento se hará público.

2 Añade *gadgets* a tu blog. Vas a añadir a tu blog un contador de visitas que te permitirá saber fácilmente si tu blog está siendo visto. Para ello, sigue estos pasos:

1. Entra en tu blog y despliega la opción **Diseño** que se encuentra en el menú, a la izquierda. Verás que la estructura de la página, su cabecera, cuerpo, etc. vienen prefijadas por el tema que escogiste.
2. Añade un *gadget* pulsando en **Añadir un *gadget***. Se desplegará una lista con muchas utilidades que van desde la inclusión de anuncios con los que monitorizar las visitas, enlaces de suscripción que avisan a tus seguidores de que hay nuevas publicaciones, formularios de contacto, y muchos más. Selecciona **Estadísticas del blog**, que es un contador de visitas. Configura el aspecto que quieres darle, sitúalo en el pie de página y guarda los cambios.
3. Visualiza el blog y verás cómo en la parte inferior ha quedado tu contador de visitas.

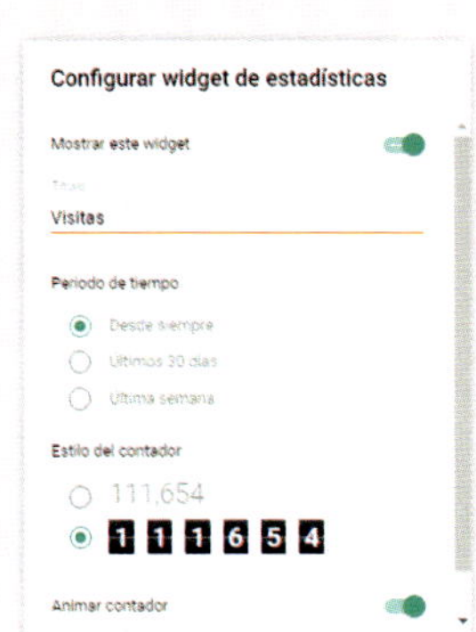

3 Presenta tu proyecto a la comunidad. Para ello, recopila la información de todo lo que has ido trabajando y preséntalo en sucesivas publicaciones. Inserta imágenes y vídeos de tu prototipo. Y no olvides contestar a los comentarios de tus visitantes.

CONCEPTOS CLAVE

Tecnología aeroespacial

Detección de exoplanetas

Un **exoplaneta** o **planeta extrasolar** es aquel que orbita una estrella que no es el Sol. El telescopio espacial Kepler ha encontrado más de 2600. Nuevas tecnologías permiten descubrirlos cada día.

El método del tránsito nos permite descubrir exoplanetas por la disminución de la luminosidad que se produce cuando el planeta se cruza por delante de la estrella al observarla desde telescopios terrestres o espaciales.

El tamaño de un exoplaneta se puede obtener a partir de la disminución de la luminosidad de la estrella durante su tránsito.

Engranajes

Los engranajes están formados por un cilindro en cuya periferia se han tallado dientes que encajan con los del engranaje siguiente en la cadena de transmisión.

Las características más importantes de un engranaje son: circunferencias primitiva, exterior e interior; número de dientes; módulo, y paso.

Módulo m y paso π están relacionados por la expresión: $p = \pi \cdot m$

Nuevos materiales y fabricación digital

Los **nuevos materiales** son fruto del progreso y la innovación. Los más importantes son: semiconductores, superconductores, nanomateriales (grafeno), aleaciones de titanio, fibra de carbono y siliconas.

La **fabricación digital** toma los datos de diseño de objetos que se obtienen de un programa de CAD, los procesa, y genera órdenes de control sobre máquinas y herramientas para su manufactura (CAM).

Las principales herramientas de fabricación digital son: torno, taladro y fresadora, centro de mecanizado CNC, cortadora láser e impresora 3D.

Una **impresora DMF** utiliza un hilo delgado de material plástico (PLA, PET, nailon, ABS) que va depositando en capas gracias al movimiento de una cabeza extrusora que lo funde y hace pasar por un orificio muy fino, para ir dando forma al objeto por adición de material.

Componentes

Un **servomotor** es un motor eléctrico de corriente continua cuyo eje de salida se acopla a una serie de engranajes que reducen su velocidad de salida, aumentando su par mecánico. Los servomotores se pueden controlar fácilmente mediante microcontroladores.

Un **sensor de luminosidad** puede fabricarse con un divisor de tensión formado por una LDR (Resistencia Detectora de Luz) y una resistencia en serie.

Blog

Un **blog** es un sitio web personal donde alguien escribe sobre cualquier tema o asunto de su interés. La información, que se va subiendo en forma de publicaciones o *posts* es compartida con la comunidad y puede ser comentada. Resulta útil para el márquetin y comercialización de productos.

ACTIVIDADES FINALES

Exploración espacial

1 Calcula la variación de luminosidad que detectaría una civilización extraterrestre al observar los tránsitos de los planetas de nuestro sistema solar. Para ello, busca y ten en cuenta los radios del Sol y los planetas. Dibuja en tu cuaderno las curvas de tránsito.

Expresión gráfica

2 Utiliza Fusion 360 para diseñar un mecanismo reductor de velocidad, de relación de transmisión 1:4, usando dos engranajes cuyos ejes estén separados 10 cm. Simula su funcionamiento.

3 Utiliza Fusion 360 para diseñar un soporte para cargar tu teléfono móvil o ver vídeos. Exporta el fichero para poder imprimirlo en 3D. Usa Cura para conocer cuánto tiempo llevaría la impresión y cuánto costaría el plástico, sabiendo que una bobina de PLA de 1 kg tiene un precio de 20 €.

Fabricación digital

4 ¿Qué es un FabLab? ¿Dónde se encuentra el más cercano a tu localidad?

5 Las cortadoras láser se han popularizado en los últimos años gracias a la facilidad y rapidez para construir piezas de madera contrachapada que pueden ensamblarse. Explica cómo funcionan. ¿Crees que podrían usarse en el proyecto de búsqueda de exoplanetas en el que has trabajado? Compara los costes de producción con los de la impresión 3D.

6 La Estereolitografía es una tecnología de impresión 3D diferente de la Modelado por Deposición Fundida que hemos visto en este proyecto. Explica brevemente cómo funciona. Compara las dos tecnologías, e indica las ventajas y los inconvenientes de cada una de ellas.

Automatización de procesos

7 Programa la aguja de un minutero usando una placa Arduino y un servomotor de rotación continua. La aguja debe completar una vuelta completa cada hora, parándose durante un minuto en cada uno de los 60 minutos.

8 ¿Cuál es la única modificación que deberías hacer en el programa del ejercicio anterior para que la aguja sea la del segundero?

9 Programa el movimiento de un servo de rotación continua para que gire cada vez más deprisa. Debe empezar parado y pasar a girar a máxima velocidad al cabo de cinco segundos, acelerando de forma constante.

10 Utiliza Tinkercad Circuits para diseñar, programar y simular un dispositivo que controle un servo de rotación limitada que haga de pestillo de una puerta, de manera que al pulsar un botón se abra y al pulsar otro se cierre.

Engranajes

11 Cierto eje gira a una velocidad de 300 rpm. Queremos que haga girar a otro situado a 16 cm de distancia, a una velocidad de 100 rpm. Para ello, utilizamos dos engranajes de módulo 2. Calcula el número de dientes de cada uno de ellos, así como sus diámetros primitivos.

12 Dos ruedas dentadas de 12 y 36 dientes y módulo 16 mm engranan entre sí. Calcula sus diámetros primitivos, la distancia entre centros y su relación de transmisión.

13 Una bicicleta tiene tres platos de 54, 42 y 28 dientes, y cinco piñones de 12, 15, 19, 23 y 28 dientes. ¿Cuál es la combinación de plato-piñón para ir a la máxima velocidad? ¿Y la que permitirá afrontar las cuestas más pronunciadas? ¿Por qué?

14 Dos ruedas dentadas de módulo 3 tienen que engranar entre sí. Si una de ellas tiene 60 mm de diámetro primitivo y la relación de transmisión es i = 2, calcula el diámetro primitivo de la otra, el número de dientes de cada una y su paso.

15 Para el tren de engranajes de la figura, calcula:

a. Las relaciones de transmisión entre cada par de ruedas y la total.

b. La velocidad angular del eje motor si la del eje de salida es 200 rpm.

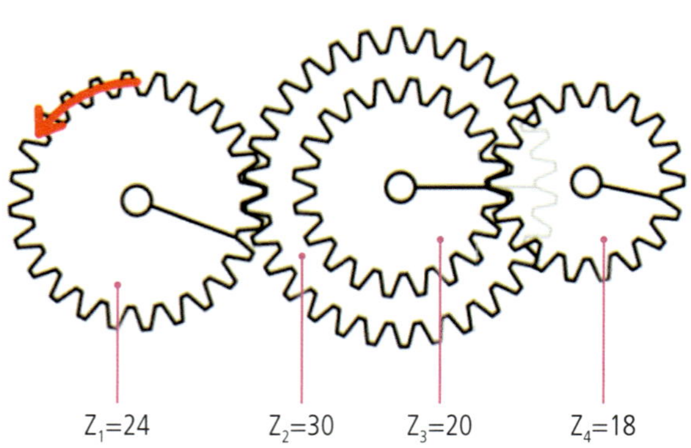

Herramientas de publicación

16 Añade a tu blog un *gadget* que permita a los visitantes buscar rápidamente un contenido dentro de las publicaciones y comentarios.

17 Publica en tu blog un artículo sobre la misión del telescopio espacial James Webb. Explica su relación con el telescopio Kepler. Incluye en el blog imágenes y algún vídeo.

18 Busca algún blog relacionado con el espacio que te parezca atractivo. Explica por qué te gusta y enumera los *gadgets* que reconozcas en él.

Investigación

19 Recopila información junto a tus compañeros sobre los diferentes tipos de engranajes que existen. Realiza una presentación colaborativa de los resultados en Mural.

20 Busca en internet las tres leyes de Kepler. Haz una infografía en las que las enuncies con algún dibujo explicativo. Usa alguna aplicación como Genially o Piktochart.

21 Newton explicó la tercera ley de Kepler diciendo que la fuerza de atracción gravitatoria entre la estrella y el planeta produce una aceleración normal en el planeta que le hace girar. Busca la demostración y averigua el valor de la constante para los planetas que orbitan alrededor de una estrella.

Mis competencias | Autoevaluación

DA UN PASO MÁS

Ampliación del proyecto

1 **El IDE de Arduino no es la mejor herramienta para realizar un análisis de los datos recogidos por tu buscador de exoplanetas. Es mucho más apropiado utilizar una hoja de cálculo. Para exportar los datos que recopila tu placa Arduino, sigue estos pasos:**

1. Pon en funcionamiento tu modelo de buscador de exoplanetas, de modo que tu placa Arduino esté conectada a su IDE. Abre el monitor serie.
2. Cuando los planetas hayan completado unas cuantas vueltas y tengas mediciones suficientes, selecciona y copia los datos que han sido recogidos en el monitor serie.
3. Abre una hoja de cálculo (utiliza Excel o Calc) y pega los valores copiados en una columna.
4. Inserta una nueva columna a la izquierda de la tabla, donde registrarás el tiempo en el que se produjo cada medida. En la primera celda asigna un valor de 0,1 s y en las siguientes incrementa una décima de segundo (recuerda que la placa registra diez valores por segundo).
5. Dibuja una gráfica en la que aparezca el tiempo en el eje de las abscisas y la luminosidad medida en el de ordenadas. Observa cómo se observa el tránsito de los exoplanetas delante de su estrella.
6. Extrae conclusiones a partir de los datos obtenidos y realiza un informe.

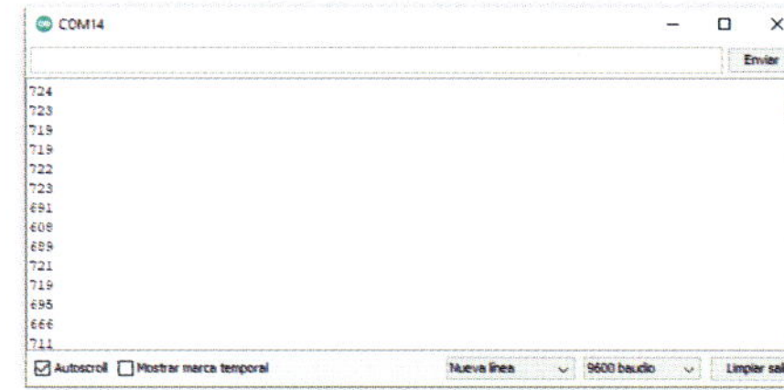

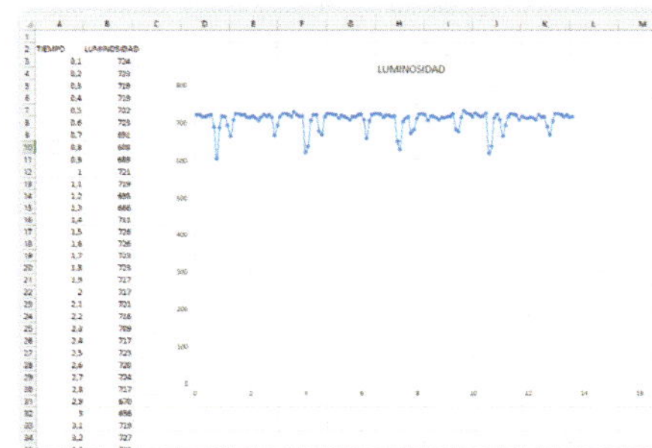

Aplicación

2 **Diseña un sistema de control automático del encendido y apagado de una farola. Para ello, usarás una placa Arduino, un sensor de luz como el que has utilizado en este último proyecto, y un relé para conectar y desconectar la farola, ya que funciona con 230 V y Arduino no puede soportar estas tensiones. Sigue estos pasos:**

1. Empieza definiendo en qué pines de tu placa Arduino conectarás los diferentes elementos:
   - El sensor de luz formado por una LDR en divisor de tensión con una resistencia, en un pin analógico, por ejemplo, A0.
   - Un potenciómetro usado como divisor de tensión, para definir el valor de luminosidad a partir del cual se encenderá la farola, conectado a otro pin analógico, por ejemplo, A2.
   - El relé que cerrará el circuito de la farola, en un pin digital de salida como puede ser D5.
2. Conecta todos los elementos a tu Arduino usando una placa *protoboard*.
3. Programa la placa Arduino con su IDE. Sigue la secuencia de siempre: medir la luminosidad, compararla con el valor de referencia y decidir si el circuito de los contactores del relé debe estar abierto o cerrado.
4. Descarga el programa a la placa Arduino. Como no dispones de una farola, será suficiente con utilizar en su lugar un pequeño circuito con una bombilla como la que usaste para la estrella de tu proyecto.
5. Prueba el funcionamiento de tu dispositivo ajustando el nivel de luz al que la bombilla se encenderá, y oscureciendo la habitación o el aula en el que lo tengas.

El libro de **Tecnología e Ingeniería** de **1.º Bachillerato** forma parte del Proyecto Editorial de Bachillerato de SM.

Autoría
Víctor Gallego Le Forlot, José Domingo Fernández Herranz, Javier Simón Ruiz, Miguel Ángel del Peso Menchero, Equipo SM

Edición
Esther Sánchez, Pedro Morillas, Juan Sánchez

Revisión técnico-científica
Miguel Ángel del Peso Menchero

Corrección
Susana Collazo Rodríguez

Ilustración
Eiden Marsal Zamora; iStock; Shutterstock; Archivo SM, OTHER LANDS (cubierta)

Fotografía
Sergio Cuesta; Red Eléctrica de España, Comisión Europea, LibreOffice®, Microsoft Office®, AutoCAD®, PowerPoint®, LibreOffice Impress®, Microsoft Excel®, Google®, YouTube®, WordPress®, Wikimedia Commons, Google Earth, ARDUINO, mural.co, Fusion360® / AUTODESK®, Blynk Inc, Thinger.io, ThingSpeak, Prezi Inc, Genially, Tinkercad® / AUTODESK®, Loom, Inc, Inventor® / AUTODESK®, Blender, Scribus, CURA, Tumblr, Blogger, The Legend of Zelda / Nintendo Entertainment Planning and Development, Visme, Tom's Planner, Miro, Huskylens, OpenShot, RubiStar, tendalsgirona.cat / Somfy; Sergio Cuesta / Archivo SM; CONTACTO; Photodisc; PHOTOALTO; Thinkstock; 123RF; Shutterstock; iStock; Getty Images; Age Fotostock; ARCHIVO SM. La obra "Computer Components" (https://skfb.ly/HV9P), de crimsonfalcon, tiene una licencia Creative Commons Attribution (http://creativecommons.org/licenses/by/4.0/). La obra "Dream Computer Setup" (https://skfb.ly/6QW96), de Daniel Cardona, tiene una licencia Creative Commons Attribution (http://creativecommons.org/licenses/by/4.0/). La obra "Micro SD card" (https://skfb.ly/FssY), de struffelproductions, tiene una licencia Creative Commons Attribution (http://creativecommons.org/licenses/by/4.0/). La obra "Robot-100" (https://skfb.ly/6XqxN), de iRuis910, tiene una licencia Creative Commons Attribution (http://creativecommons.org/licenses/by/4.0/). La obra "INTEL CPU" (https://skfb.ly/o7NoN), de Kuat-Entralla 3D Engineering, tiene una licencia Creative Commons Attribution (http://creativecommons.org/licenses/by/4.0/).

Iconografía
Sergio Cuesta / Fidel Puerta

Diseño de cubierta e interiores
Estudio SM

Maquetación
Paco Sánchez, Olga Peñaranda

Responsable de desarrollo
Esther Sánchez Salillas

Responsable de producto
Laura Pérez, Ángel Rubio

Gerencia de desarrollo
Yolanda Hernández

Gerencia de Arte
Mario Dequel

Gerencia de Producto
Charo Zazo

Gerencia de Producción
Antonio de Pedro

Dirección editorial
Jorge Lite

Todas las actividades contenidas en este libro han de ser realizadas en un cuaderno aparte, nunca en el propio libro. Los espacios incluidos son meramente indicativos y su finalidad es puramente didáctica.

Gestión de las direcciones electrónicas

Debido a la naturaleza dinámica de internet, SM no puede responsabilizarse de los cambios o las modificaciones en las direcciones y los contenidos de los sitios web a los que remite en este libro. Con el objeto de garantizar la adecuación de las direcciones electrónicas de esta publicación, SM emplea un sistema de gestión que redirecciona las URL que con fines educativos aparecen en la misma hacia diversas páginas web; entre otras de uso frecuente: http://es.wikipedia.org, www.youtube.es. SM declina cualquier responsabilidad por los contenidos o la información que pudieran albergar, sin perjuicio de adoptar de forma inmediata las medidas necesarias para evitar el acceso desde las URL de esta publicación a dichas páginas web en cuanto tenga constancia de que pudieran alojar contenidos ilícitos o inapropiados. Para garantizar este sistema de control es recomendable que el profesorado compruebe con antelación las direcciones relacionadas y que comunique a la editorial cualquier incidencia a través del correo electrónico ediciones@grupo-sm.com.

ISBN: 978-84-1120-222-0
Impreso en la UE / *Printed in EU*